十一五 普通高等教育

U0185208

C 语言程序设计

（第4版）

主　编　丁亚涛

副主编　韩　静　吴长勤　黄晓梅

高等教育出版社·北京

内容简介

　　本书在延续第 3 版编写风格的基础上，根据近几年计算机技术特别是 C 语言的发展，结合作者多年教学实践与研发经验，并考虑到读者的反馈信息，对各个章节的内容、结构等进行了修订、调整、完善和补充。全书分为 12 章，主要内容包括概述，数据类型、运算符和表达式，结构化程序设计，数组，函数，指针，结构、联合与枚举，位运算，文件，C 语言进阶。本书采用"案例驱动"的编写方式，以程序设计为中心，语法介绍精炼，内容叙述深入浅出、循序渐进，程序案例生动易懂，具有很好的启发性。每章均配备教学课件和精心设计的习题，典型案例配套视频讲解，读者通过扫描二维码即可访问。另外，本书继续配套应用多年的新版题库及软件测试系统，可供平时练习和课程测试之用。

　　本书既可以作为本专科院校 C 语言程序设计课程的教材，又可以作为自学者的参考用书，同时还可供各类考试人员复习参考。

图书在版编目（CIP）数据

　　C 语言程序设计／丁亚涛主编. --4 版. --北京：高等教育出版社,2020.10
　　ISBN 978-7-04-053626-3

　　Ⅰ.①C…　Ⅱ.①丁…　Ⅲ.①C 语言-程序设计-高等学校-教材　Ⅳ.①TP312.8

　　中国版本图书馆 CIP 数据核字（2020）第 015213 号

C Yuyan Chengxu Sheji

| 策划编辑　武林晓 | 责任编辑　武林晓 | 封面设计　王　鹏 | 版式设计　杜微言 |
| 插图绘制　于　博 | 责任校对　窦丽娜 | 责任印制　刘思涵 | |

出版发行	高等教育出版社	网　　址	http://www.hep.edu.cn
社　　址	北京市西城区德外大街 4 号		http://www.hep.com.cn
邮政编码	100120	网上订购	http://www.hepmall.com.cn
印　　刷	北京新华印刷有限公司		http://www.hepmall.com
开　　本	787mm×1092mm　1/16		http://www.hepmall.cn
印　　张	25.75	版　　次	1999 年 8 月第 1 版
字　　数	530 千字		2020 年 10 月第 4 版
购书热线	010-58581118	印　　次	2020 年 10 月第 1 次印刷
咨询电话	400-810-0598	定　　价	50.00 元

本书如有缺页、倒页、脱页等质量问题,请到所购图书销售部门联系调换
版权所有　侵权必究
物 料 号　53626-00

C语言程序设计 (第4版)

丁亚涛

1 计算机访问 http://abook.hep.com.cn/1852152，或手机扫描二维码、下载并安装 Abook 应用。

2 注册并登录，进入"我的课程"。

3 输入封底数字课程账号（20位密码，刮开涂层可见），或通过 Abook 应用扫描封底数字课程账号二维码，完成课程绑定。

4 单击"进入课程"按钮，开始本数字课程的学习。

课程绑定后一年为数字课程使用有效期。受硬件限制，部分内容无法在手机端显示，请按提示通过计算机访问学习。

如有使用问题，请发邮件至 abook@hep.com.cn。

电子教案

微视频

程序源代码

扫描二维码
下载 Abook 应用

○ 前言

经过前 3 版教材的广泛使用和多年的经验积累与资源建设,C 语言程序设计第 4 版终于顺利出版了,本次修订改版坚持原版教材的特色,内容充实、文字简练、案例丰富有趣、语法经典,加入一些新的优秀案例和新的语言元素,这些将使新版在继承传统教材的基础上,又具有新的亮点和特色。

本书为"普通高等教育'十一五'国家级规划教材"、教育部大学计算机基础课程改革规划教材、省级十二五、十三五规划教材、计算机水平考试指定参考教材。本书编写团队通过教育部大学计算机课程改革项目,如"面向计算思维的医药院校大学计算机基础课程改革"等项目的研究工作,结合最新 C 语言发展和应用的特点,立足经典,敢于创新,注重思维能力的培养,通过循序渐进的案例,引导读者主动思考和解决问题。在配套的实训教材中,加强读者自助学习和评测的机制,增加更具思维能力培养的实训案例和题目,从而体现以能力培养为主旨的编写风格。

C 语言是主流的编程语言,是很多其他流行语言如 C#、C++、Java 等的语法基础,最近流行的 Python 语言在很多方面也是借鉴了 C 语言。当前计算机技术发展很快,学好 C 语言非常重要。为了继续适应不断发展的教学和考试需求,新版教程及时更新补充,以满足符合潮流的教学改革的需要。

本书在第 3 版基础上进行了修订,其中包括以下几方面。

1. 删除关于 Turbo C 的部分,增加了 Visual Studio 2010 相关的内容

第 3 版为了兼容部分读者,保留了部分 Turbo C 部分。从目前的应用需求来看,特别是教学与考试,平台基本上都调整为 Visual C++ 6.0 或 Visual Studio 2010,本版对平台的更新作了修订。

2. 精选案例,调整运行结果的展现形式

本次修订更换了部分案例,这些案例被普遍认为更有价值。当然,原先大部分优秀的案例仍然保留,特别是有配套资源的部分。

另外,本版调整了程序运行的展现形式,不再采用抓图的形式,避免抓图中部分文字对读者的误导,为方便读者阅读,代码和结果的排版采用了较为清晰的段落层次并套色印刷。

3. 新语言元素

本次改版加入了关于 Python 的简单介绍,目的在于告知初学者哪些计算机语言的发展需要多加关注,这样的设计是对目前相关教材的补充,同时也能让读者感受到 C 语

言作为经典的计算机语言在当前语言系列中的地位，为高等院校的学生今后快速走向应用指明方向。

4. 强大的配套资源

本书的特色之一是资源非常丰富。丰富的配套资源来源于多年的积累和打磨，其中包括典型案例的视频讲解、配套的《C 语言程序设计实训与考试指导（第 4 版）》、成熟的久经考验的考试系统和大型题库、资料丰富的教学网站、精致的教学课件、程序源代码等。其中《C 语言程序设计实训与考试指导（第 4 版）》还包括了目前主要的计算机考试的考试指南和样卷分析等。所以，本编写团队实际上已经构建了一套完整的立体化学习体系。

需要特别介绍的是，本次修订所更新的软件又有了长足的进步，其稳定性和各种功能都得到了实际应用很好的验证，特别是命题系统、考务系统、成绩回收和分析系统等，在很多高校的课程考试中得到了充分的肯定，该系统基于特性组装课程的设计理念，使得软件系统兼容性更强，适应性更广，20 多种题型能自主组装构建各种新的课程，目前有些高校不仅将其作为课程考试之用，还作为高考自主招生考试系统。

本书主要面向高等院校学生，也适合作为其他大中专学生、各类工程技术人员自学教材或参加各类考试的参考书。课时紧张的情况下，书中带 * 号的章节建议留作自学。

本版由丁亚涛任主编，韩静、吴长勤、黄晓梅任副主编，其中丁亚涛负责第 2、8 章，韩静负责第 3、6 章，朱薇负责第 1 章，汪采萍负责第 5 章，马春负责第 4 章，王世好负责第 10、11 章，杨晔负责第 7 章，黄晓梅负责第 9 章，袁琴负责第 12 章。参加编写和资源建设的还有王永国、杞宁、刘涛、谢杨梅、程一飞、谢啸等。教育部大学计算机基础课程教学指导委员会副主任、解放军第四军医大学卢鸿冰教授，对本书的再版给予了全力的支持并提出很多宝贵意见，许多从事教学工作的同仁也给予了关心和帮助，他们对本书提出了很多宝贵的建议。在此一并表示感谢。

由于作者水平有限，难免会有一些不足，希望读者不吝指教，以便再版时修正。读者如果需要查找更多的资料，可以与作者联系。

联系方式如下：

电子邮件：375066556@126.com

○ 目录

第 1 章　C 语言概述

第 2 章　数据类型、运算符和表达式

第 3 章　简单程序设计

第 4 章　选择结构程序设计

第 5 章　循环结构程序设计

第 6 章 数 组

第 7 章 函 数

第 8 章 指 针

第 9 章 结构、联合与枚举

第 10 章 位 运 算

第 11 章 文 件

第 12 章　C 语言进阶

第 1 章
C 语言概述

学习目标：

（1）理解计算机语言及程序设计的基本概念。

（2）了解 C 语言的历史、发展和基本特点，掌握 C 语言程序的基本结构和组成。

（3）掌握计算机算法的基本概念和算法描述的基本工具，学会运用传统流程图描述一个具体的算法。

（4）熟悉 C 语言编程环境 Visual C++ 6.0 和 Visual Studio 2010，了解编程环境 Dev C++，并学会调试简单的程序。

（5）了解计算思维的基本思想。

1.1　程序设计和 C 语言

计算机系统由**硬件系统和软件系统**构成,其中软件系统主要由程序组成,没有软件的计算机系统几乎做不了任何事情。软件来源于程序开发,而程序开发的平台是各种**计算机程序设计语言**。

1.1.1　程序的概念

日常词汇中,程序(program)是事情进行的先后次序,例如"工作程序""法律程序"等。

计算机程序指的是存储在计算机中的可以被计算机识别并运行的一系列指令。

人们为了完成某种任务而编写一系列指令的过程就是**程序设计**。由于任务的复杂性和多样性,程序设计一般很难做到一次就能达到要求,程序的设计过程中还需要反复不断地修改和完善,这个过程称为**调试**和**测试**。

一个程序应该包括以下两方面的内容。

(1) 对数据的描述。在程序中要指定数据的类型和数据的组织形式,即**数据结构**(data structure)。

(2) 对操作的描述。即操作步骤,也就是**算法**(algorithm)。

1.1.2　程序设计的一般过程

程序设计(programming)的过程通常包括问题分析与描述阶段、编写程序代码阶段、编译运行与调试阶段。

问题分析与描述阶段是对问题理解的基础上进行数据描述和功能描述,进而为编写代码提供依据,指定任务。

编写程序代码阶段是问题在计算机上实现的过程。就像把人的思想写成有条理的文字一样。

编译、运行与调试阶段是验证代码正确与否的过程,也是代码和计算机硬件契合的过程。软件毕竟需要在硬件系统上执行,其运行过程与结果是否符合需求还需要进一步的验证。

例如一个 C 语言程序的设计过程如图 1.1 所示。

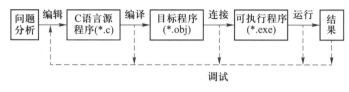

图 1.1　程序设计一般过程

1.1.3　程序设计的方法

程序设计方法主要包括面向过程的程序设计方法和面向对象的程序设计方法。

面向过程是指把程序代码的编写看成是对数据加工的过程,采用"自顶向下,逐步求精"的方法,按层次对系统进行模块划分,从而实现复杂问题的模块化解决方案。

面向对象是当今比较流行的软件设计和开发技术,包括面向对象的分析、设计、编程、测试和维护等。其不同于面向过程的主要特点在于"代码重用"问题的解决方案。当软件系统逐渐增大,功能不断增加和变得复杂时,按功能的模块化划分设计会越来越困难,设计完成的系统也难以维护并且不稳定。面向对象的程序设计方法则是从数据入手,以数据为中心来描述系统,将人类日常生活习惯和思维方式贯穿在程序设计之中,用"对象"描述事物,用"属性"和"方法"描述对象的特征和行为,用"类"抽象化"对象"。

面向对象所建立的系统模型其实是现实世界事物在计算机中的模拟和组织,或者说是为了完成特定的任务而设计的一种数据模型及其实现,所以更容易理解和应用。

1.1.4　C 语言的历史和发展

C 语言是国际上最流行的高级程序设计语言。与其他高级语言相比,C 语言的硬件控制能力和运算表达能力强,可移植性好,效率高,所以,C 语言仍然是当今最流行、最受欢迎的计算机语言之一,应用面非常广,许多大型软件如 UNIX、dBase 以及 Windows 和 Office 的核心程序都使用 C 语言编写,目前很多计算机语言如 C++、C#、Java、Python 的基本语法还是以 C 语言为基础。C 语言既可以编写系统应用程序,也可以作为应用程序设计语言,编写不依赖计算机硬件的应用程序。它的应用范围广泛,具备很强的数据处理能力,不仅仅是在软件开发上,各类科研都需要用到 C 语言。

C 语言起源于一种面向问题的高级语言 ALGOL60 语言。正式以"C 语言"命名之前经历了 CPL 语言、BCPL 语言和 B 语言，1972 年美国贝尔实验室的肯·汤普森（Kenneth Lane Thompson，一般称 Ken Thompson，C 语言前身 B 语言的作者）和丹尼斯·里奇（C 语言之父、Dennis M. Ritchie，尊称 DMR）对其完善和扩充，提出了 C 语言，1987 年美国标准化协会制定了 C 语言标准"ANSI C"，即现在流行的 C 语言。国际标准化组织 ISO 接受的 C 语言标准主要有 C89（又称 C90）、C99（1999）、C11（2011）、C18（2018）。

C99 大部分向后兼容 C90，但在某些方面更加严格，C99 引入了几个新功能，包括内联函数、几个新的数据类型（包括 long long int 型和表示复数的复杂类型）、可变长度数组和灵活的数组成员、对 IEEE 754 浮点的改进支持、对可变宏（可变 Arity 的宏）的支持以及对单行注释的支持（增加"//"注释符），如在 BCPL 或 C++中。其中许多已经作为扩展在几个 C 编译器中实现。

C11 标准为 C 和库添加了许多新功能，包括类型通用宏、匿名结构、改进的 Unicode 支持、原子操作、多线程和边界检查函数。它还使现有 C99 库的某些部分成为可选的，并提高了与 C++的兼容性。

C18 是 C 语言编程语言的现行标准。它没有引入新的语言特性，只是对 C11 中的缺陷进行了技术修正和澄清。

ANSI C 和 C89 差别很小，考虑到大多数 C 程序的共同特点，本书继续以 ANSI C 标准为参考基准，个别程序可能涉及新的标准，不过书中会作相应的说明。

本书以 Visual C++ 6.0 和 Visual Studio 2010 为编程调试平台，64 位 Windows 系统建议安装后者或更高的版本，这两种平台支持部分 C99 标准。Linux 系统可以选择 gcc 作为编译器。编辑器还有 Dev C++、Code Block 等，具体如何使用这里就不一一给出了。

1.2　历史上的第一个 C 语言程序

程序源代码 1.1：
c1_1. c

微视频 1.1：例
1.1 调试过程

【例 1.1】在计算机屏幕上输出"Hello, World！"。

程序代码：

```
/*  c1_1.c  */               /* 注释信息，编译时删除 */
#include <stdio.h>           /* 预处理命令，用"#"号开头，包含文件
                                stdio.h */
int main()                   /* main() 主函数，程序的入口和出口 */
{                            /* 函数体开始 */
    printf("Hello World!\n"); /* 输出 Hello World! 并换行，\n 是换
                                行符 */
    return 0;                /* 返回 0 */
```

```
}                           /* 函数体结束 */
```

运行结果：

```
Hello World!
```

（1）程序中 main 是**主函数**名，C 语言规定必须用 main 作为主函数名，函数名后的一对圆括号不能省略，圆括号中的内容可以是空的。一个 C 程序可以包含任意多个函数，但必须有且只有一个主函数。一个 C 程序总是从主函数开始执行，最后在主函数结束。

（2）函数体需要用一对花括号括起来，左花括号表示函数体的开始，右花括号表示函数体的结束，其间可以有定义（说明）部分和执行语句部分。

（3）每一条语句都必须用分号"；"结束，语句的数量不限，程序中由这些语句向计算机系统发出指令，本程序函数体内只有一条输出语句，双引号内的内容原样输出，"\n"表示输出字符后换行。

（4）main( )前面的 int 表示主函数的**数据类型**是整型，return 0 表示函数返回值为 0。

（5）#include <stdio.h>是一条预**处理**命令，用"#"号开头，后面不能加"；"，stdio.h 是系统提供的头文件，其中包含有关输入输出函数的信息。也可以写成

```
#include "stdio.h"
```

用双引号表示编译时首先从项目当前路径搜索该文件，再到系统目录下搜索，前者直接到系统目录下搜索。

注意：

读者在编辑程序时，以上代码右侧的注释说明文字无须录入，本书其他代码部分类同。

1.3　计算圆柱体底面积和体积

程序源代码 1.2：c1_2.c

微视频 1.2：例 1.2 调试过程

【例 1.2】输入圆柱体的底圆半径和高，计算底面积和体积。

程序代码：

```
#include<stdio.h>
#define  PI 3.1415926    /* 定义符号常量 PI,在程序中代替 3.1415926 */
double  s,v;             /* 定义两个全局变量 s、v,其他函数也可以使用 */
double  area(double  x)  /* 函数 area,x 是参数,用来接收数据 */
{
```

```
    return   PI * x * x;                    /* 计算并返回圆的面积 */
}
double   volume (double h)                  /* 函数 volume 计算体积,底面积 s
                                               需先计算好 */
{
    return   s * h;                         /* 函数 volume 可以使用全局变量 s */
}
void main()                                 /* void 表示主函数 main 不要返回
                                               值 */
{
    double   r,h;                           /* 定义局部变量 r 和 h */
    scanf("%lf,%lf",&r,&h);                 /* 键盘输入 r 和 h,%lf 用来控制输
                                               入格式 */
    s = area(r);                            /* 调用函数 area,将 r 传递过去,结
                                               果交给 s */
    printf("area is %lf \n",s);             /* 输出 s */
    v = volume(h);                          /* 调用函数 volume 计算体积,结果
                                               交给 v */
    printf("volume is %lf \n",v);           /* 输出 v */
}
```

运行结果:

3,5

area is 28.274333

volume is 141.371667

输出结果中 3、5 是用户通过键盘输入的(本书中凡是用户输入的部分采用加粗格式)。

本程序由主函数 main 和被调用函数 area、volume 组成,在主函数中输入底半径 r 和高 h,然后通过语句 s = area(r)调用函数 area,计算结果由 return 语句返回给主函数。同样通过语句 v = volume(h)调用函数 volume,计算结果由 return 语句返回给主函数。这三个函数在位置上是独立的,可以把主函数 main 放在前面,也可以把主函数 main 放在后面。

scanf 和 printf 是 C 语言提供的标准输入输出函数,&r 和 &h 中的"&"的含义是"取地址",程序中 scanf 函数的作用是将从键盘上输入的两个数输入到变量 r 和 h 所标志的内存单元中,或者称对 r、h 赋值。

main()前面的 void 表示函数是 void 类型(空类型),该类型的函数不需要用 return

返回一个值。

1.4 C 语言的特点

C 语言具有以下基本特点。

（1）**C 语言是具有低级语言功能的高级语言**。它把高级语言的基本结构和语句与低级语言的实用性结合起来，是处于汇编语言和高级语言之间的一种程序设计语言，也可称其为"**中级语言**"。C 语言生成目标代码质量高，程序执行效率高，C 语言描述问题比汇编语言迅速，工作量小、可读性好，易于调试、修改，而代码质量与汇编语言相当。C 语言一般只比汇编程序生成的目标代码效率低 10%～20%。

（2）**C 语言简洁、紧凑，使用方便、灵活**。C 语言一共只有 32 个关键词，9 种控制语句，新的 C 语言标准作了增强和扩展。C 程序书写形式自由，主要用小写字母表示，相对于其他高级语言源程序更短。

（3）**运算符丰富，表达式能力强**。C 语言共有 34 种运算符，范围广泛，除一般高级语言所使用的算术、关系和逻辑运算符外，还可以实现以二进制位为单位的位运算，并且具有如 a++、--b 等单目运算符和+=、-=、*=、/=等复合运算符等。

（4）**数据结构丰富，便于数据的描述与存储**。C 语言具有丰富的数据结构，其数据类型有整型、浮点型、字符型、数组类型、指针类型、结构类型、联合类型、空类型等，因此能实现复杂的数据结构的运算。

（5）**C 语言是结构化、模块化的编程语言**。程序的逻辑结构可以使用顺序、选择和循环三种基本结构组成。C 语言程序采用函数结构，便于把程序分割成若干相对独立的功能模块，为程序模块间的相互调用以及数据传递提供了便利。

（6）**编译预处理**。C 语言程序中，可使用文件包含、宏定义、条件编译等编译预处理语句，为编程提供了方便。

（7）**允许直接访问物理地址，对硬件进行操作**。由于 C 语言允许直接访问物理地址，可以直接对硬件进行操作，因此它既具有高级语言的功能，又具有低级语言的许多功能，能够像汇编语言一样对位、字节和地址进行操作，而这三者是计算机最基本的工作单元，可用来写系统软件。

（8）**可移植性好**。与汇编语言相比，C 程序基本上不作修改就可以运行于各种型号的计算机和各种操作系统。

（9）**不足之处**。C 语言运算符及其优先级过多、语法定义不严格等，对于初学者有一定的困难。

由于 C 语言具有上述特点，因此 C 语言得到了迅速推广，成为人们编写大型软件的首选语言之一。许多原来用汇编语言处理的问题可以用 C 语言来处理了。

从程序语法的角度来看,C 语言有以下特点。

(1) 书写格式自由,一行内可以写几条语句,一条语句也可以写在多行上,每条语句后必须以";"作为语句的结束。复合语句要以一对{}括起来。

(2) C 程序的执行总是从 main 函数开始,并在 main 函数中结束。main 函数的位置在程序中是任意的,其他函数总是通过函数调用语句来执行。

(3) 函数之间可以相互调用,通常**不宜也没有必要**调用 main 函数。不过下面的程序可以输出 5 次"Hello World!"。

```c
#include<stdio.h>
int x = 5;
int main()
{
    printf("Hello World!\n");
    x = x-1;
    if(x>=1) main();                    /* 主函数调用主函数 */
    return 0;
}
```

(4) C 语言本身没有输入输出语句。输入和输出操作是由调用系统提供的输入输出函数来完成的。

1.5   计算 1+2+3+…+100

程序源代码 1.3:
c1_3.c

微视频 1.3:例
1.3 调试过程

【例 1.3】计算 1+2+3+…+100。

程序代码:

```c
#include <stdio.h>
int main()
{
    int i,s;            /* 定义两个变量 i 和 s */
    i = 1;              /* i 用来计数,从 1 一直到 100 */
    s = 0;              /* s 用来求和,将 i 累加起来,一开始让其等于 0 */
    while(i<=100)       /* 一个循环结构的控制语句,条件是 i≤100 */
    {
        s = s+i;        /* 将 i 累加到变量 s 中, = 相当于← */
```

```
        i = i+1;                    /* i 加 1,准备下一个数的累加 */
    }
    printf("s=%d \n",s);    /* 输出最后累加的结果 s */
}
```

运行结果:

```
s = 5050
```

程序中为了计算 100 个不同的数的和,使用了累加的算法,具体实现由循环结构和变量 i、s 配合完成。当然可以用简单的数学公式

$$s = \frac{100 \times (100+1)}{2}$$

即

$$s = (100+1) \times 50$$

来完成。但如果是下面的求和呢?

$$1 + \frac{1}{2} + \frac{1}{3} + \frac{1}{4} + \frac{1}{5} + \cdots + \frac{1}{99} + \frac{1}{100}$$

其实,有很多问题都需要设计针对性的解决方案,有时候简单,但很多情况下可能非常复杂,这就是下节要研究的"算法"。

1.6 算法

1.6.1 算法概述

算法是指解决问题的方法和步骤。

编写程序是让计算机解决实际问题,是算法的程序实现。一般编制正确的计算机程序必须具备两个基本条件:一是掌握一门计算机高级语言的语法,二是掌握解题的方法和步骤。

计算机语言只是一种工具。简单地掌握语言的语法规则是远远不够的,最重要的是学会针对各种类型的问题,拟定出有效的解题方法和步骤的算法。

正确的算法有以下几个特征。

(1)**可行性**。每一个逻辑块必须由可以实现的语句来完成。

(2)**确定性**。算法中每一步骤都必须有明确定义,不允许有模棱两可的解释,不允许有多义性。

(3)**有穷性**。算法必须能在有限的时间内完成,即能在执行有限个步骤后终止,包

括合理的执行时间的含义;算法要能终止,不能造成死循环。

(4)**输入**。一个算法有 0 个或多个输入,以刻画运算对象的初始情况,所谓 0 个输入是指算法本身定出了初始条件。

(5)**输出**。一个算法有一个或多个输出,以反映对输入数据加工后的结果。没有输出的算法是毫无意义的。

下面的图 1.2 描述的就不是一个正确的算法。

如果利用计算机执行此过程,从理论上讲,计算机将永远执行下去,即**死循环**。

而图 1.3 描述的就是一个正确的算法。

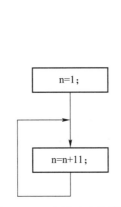

图 1.2　一个不正确的算法

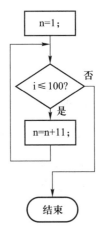

图 1.3　一个正确的算法

实质上,算法反映的是解决问题的思路。许多问题,只要仔细分析对象数据,就容易找到处理方法。

1.6.2　算法的表示

算法的表示方法很多,主要有传统流程图、N-S 图、伪代码、自然语言和计算机程序语言等。这里重点介绍传统流程图。

用图形表示算法,直观形象,易于理解。流程图是用一些图框来表示各种操作。美国国家标准协会 ANSI 规定了一些常用的流程图符号,如表 1.1 所示。

表 1.1　流程图常见图形及含义

图形	名称及含义
▭	处理框(矩形框),表示一般的处理功能
◇	判断框(菱形框),表示对一个给定的条件进行判断,根据给定的条件是否成立决定如何执行其后的操作。它有一个入口,两个出口

续表

图形	名称及含义
	起止框(圆弧形框),表示流程开始或结束
○	连接点(圆圈),用于将画在不同地方的流程线连接起来。用连接点可以避免流程线的交叉或过长,使流程图更加清晰
→	流程线(指向线),表示流程的路径和方向
⌐	注释框,是为了对流程图中某些框的操作作必要的补充说明,以帮助阅读流程图时能更好地理解流程图的作用。它不是流程图中必要的部分,不反映流程和操作
▱	输入输出框(平行四边形框)

菱形框的作用是对一个给定的条件进行判断,根据给定的条件是否成立来决定如何执行其后的操作。它有一个入口,两个出口,其流程如图 1.4 所示。

菱形框两侧的"Y"和"N"表示"是"(YES)和"否"(NO)。

【例 1.4】画出例 1.3 求 1+2+3+⋯+100 之和的流程图。流程图如图 1.5 所示。

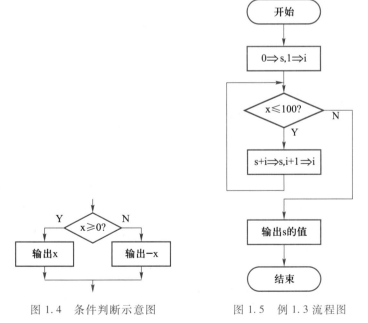

图 1.4 条件判断示意图   图 1.5 例 1.3 流程图

1.7 C 语言编程环境

1.7.1 Visual C++ 6.0 编程环境

Visual C++ 6.0 是美国微软公司开发的 C++集成开发环境,它集源程序的编写、编译、连接、调试、运行以及应用程序的文件管理于一体,是当前 PC 上最流行的 C++程序开发环境。Visual C++ 6.0 也可以编写控制台程序,系统中也包含 C 语言的编译器,可以用来编译 C 程序,不过要求源程序文件的扩展名必须是".c"。

1. Visual C++ 6.0 界面

Visual C++ 6.0 集成开发环境被划分成 4 个主要区域:菜单和工具栏、工作区窗口、代码编辑窗口和输出窗口,如图 1.6 所示。

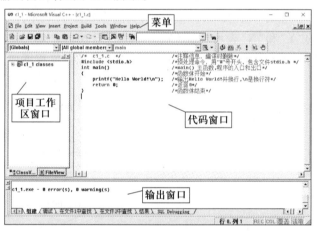

图 1.6 Visual C++ 6.0 集成开发环境

(1)菜单栏。Visual C++ 6.0 菜单栏包含了开发环境中几乎所有的命令,它为用户提供了代码操作、程序的编译、调试、窗口操作等一系列的功能。与一般 Windows 应用程序一样,有"文件""编辑""视图""插入""工程""组建""工具""窗口"和"帮助"等菜单。

(2)工具栏。通过工具栏,可以迅速地使用常用的菜单命令。最常用的工具栏是标准工具栏,当鼠标指向这些工具时,通常有信息提示工具的含义,因此,也比较容易掌握。若要显示或隐藏某个工具栏,则在任一工具栏的快捷菜单中选择相应的命令即可。

(3)项目工作区。项目是开发一个程序时需要的所有文件的集合,而工作区是进行项目组织的工作空间。利用项目工作区窗口可以观察和存取项目的各个组成部分。在 Visual C++ 6.0 中,一个工作区可以包含多个项目。

项目工作区有 Class View、Resource 和 File View 三个选项卡,分别用来浏览当前项目所包含的类、资源和文件。

在 Visual C++ 6.0 中,项目中所有的源文件都是采用文件夹的方式进行管理的,它将项目名作为文件夹,在此文件夹下包含源程序代码文件(.c、.h),项目文件(.dsp)以及项目工作区文件(.dsw)等。若要打开一个项目,只需打开对应的项目工作区文件即可。

Class View:显示当前项目的类,全局的变量和函数也在这里显示。

File View:显示当前项目的源文件、头文件、资源文件等。

(4)代码窗口。一般位于开发环境中的右边,各种程序代码的源文件、资源文件、文档文件等都可以通过该窗口显示。

(5)输出区。输出区有多个选项卡,最常用的是"组建"。在编译、组建时,这里会显示有关的信息,供调试程序用。

(6)状态栏。状态栏一般位于开发环境的最低部,它用来显示当前操作状态、注释、文本光标所在的行、列号等信息。

2. C 程序的开发过程

在 Visual C++ 6.0 中,一个简单 C 程序的编写、运行过程如下。

创建一个空工程→创建一个 C 源文件,输入源程序→进行编译、连接、运行。

操作步骤如下。

(1)创建空工程。

① 选择"文件"→"新建"命令。

② 选定"工程"选项卡,选择 Win32 Console Application("32 位控制台应用程序")选项,输入工程名:c1_1,确保单选按钮"创建新的工作空间"被选定,输入工程位置:d:\c\c1_1,注意 d:\c 文件夹需要事先建好,如图 1.7 所示。

③ 在随后弹出的向导对话框中,选择"一个空工程"选项,并单击"完成"按钮,显示新建工程的有关信息。

④ 单击"确定"按钮,创建空工程的工作结束。

此时为工程 c1_1 创建了 d:\c\c1_1 文件夹,并在其中生成了 c1_1.dsp、c1_1.dsw 等文件,用在 Debug(调试)模式下会产生 Debug 文件夹,Release 模式下直接创建结果文件。

(2)创建 C 源文件。

① 选择"文件"→"新建"命令。

② 选定"文件"选项卡,选择 C++ Source File 选项,并输入源程序文件名 c1_1.c,如图 1.8 所示。注意扩展名是".c"。

③ 输入、编辑源程序。在这个阶段,d:\c\c1_1 文件夹中创建了 c1_1.c。

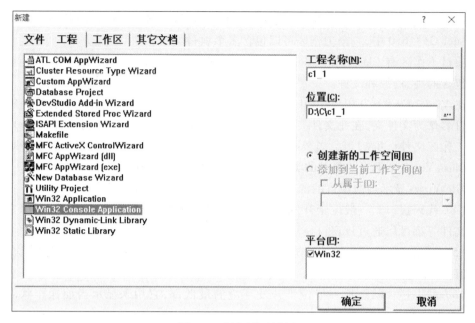

图 1.7 "新建"对话框

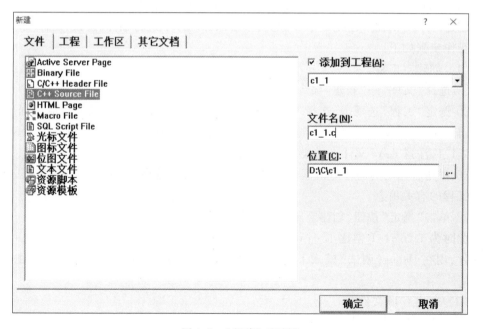

图 1.8 "新建"对话框

提示:如果省略第(1)两步,在第(3)步编译时也会提示创建新的工程。

（3）编译、连接和运行。选择"编译"→"执行 c1_1.exe"命令进行编译、连接和运行，会在输出区中显示有关信息，如图 1.9 所示。若程序有错，则进行编辑。

图 1.9　编译和运行的界面

编译、连接和运行可以分别执行。

① 编译（Ctrl+F7）。选择"编译"→"编译 c1_1.c"命令。编译结果显示在输出区中，如果没有错误，则生成 c1_1.obj。

② 连接（F7）。选择"编译"→"组建 c1_1.exe"命令。连接信息显示在输出区中，如果没有错误，则生成 1_1.exe。

③ 运行（Ctrl+F5）。选择"编译"→"执行 c1_1.exe"命令。

在 d:\c\c1_1\Debug 中生成了 c1_1.obj、c1_1.exe 等文件，如图 1.10 所示。c1_1.obj 是编译后产生的目标代码文件，c1_1.exe 是最终生成的可执行文件。

至此，一个简单 C 程序的编写、调试过程结束。

c1_1.c 文件是最重要的一个文件，源程序就保存在这个文件中，其他文件一般都是系统自动生成的。但是，在 Visual C++ 6.0 中，仅有 .c 文件是不能直接编译、连接的，需要首先用"组建"命令让系统自动创建一个工程并将 c1_1.c 文件加入该工程中，然后才能执行各种操作。程序员可以只复制 .c 文件，若要复制整个工程的文件夹，也请删除 Debug 文件夹，因为它占用了相当多的存储空间。

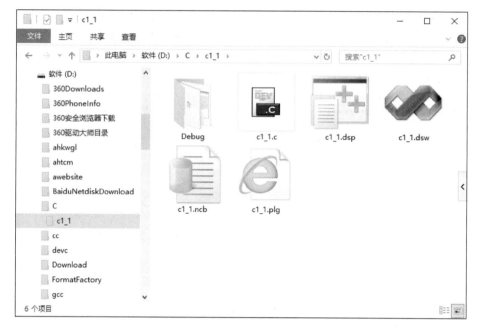

图 1.10　c1_1 工程的文件夹

1.7.2　Visual Studio 2010

Visual C++ 6.0 可能在 Windows 的一些平台上有兼容性的问题,特别是 64 位的机器,而 Visual Studio 2010 是目前常用的开发工具,内置 C 编译器,调试 C 程序也很方便,很多读者已经转向该工具。另外,Visual Studio 2010 Express 版简洁方便,非常适合 C 语言的学习和研究,虽然是 Express 版,但其功能并不弱,作为 C 语言的学习和开发应用平台完全可以胜任。

1. 安装和运行

下载 Visual Studio 2010,运行其中的 setup.exe 安装,安装后运行"开始"菜单中的 Microsoft Visual Studio 2010 程序或者找到主程序双击运行,例如:C:\Program Files(x86)\Microsoft Visual Studio 10.0\Common7\IDE\devenv.exe。如果是 Express 版,文件名是 VCExpress.exe。

首次运行界面如图 1.11 所示。

2. 编程环境与使用

选择 File("文件")→New("新建")→Project("项目")命令,选择 Win32 Console Application("Win32 控制台应用程序")选项,如图 1.12 所示。

Name(名称)为 c1_1,Location(位置)为 D:\c\,取消勾选 Create directory solution("为解决方案创建目录")复选框(不取消也可以,只不过会创建子文件夹 c1_1),注意

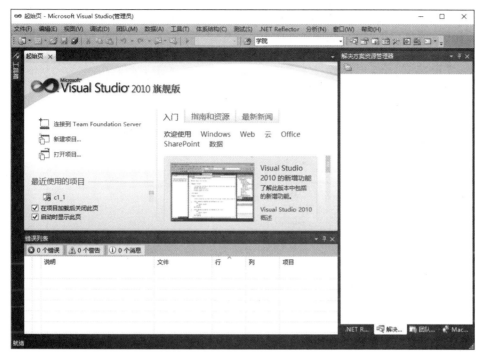

图 1.11　Visual Studio 2010 运行界面

图 1.12　新建 Win32 控制台应用程序

在后续的选项中选择 Console application("控制台应用程序")单选按钮,勾选 Empty Project("空项目")复选框,如图 1.13 所示。

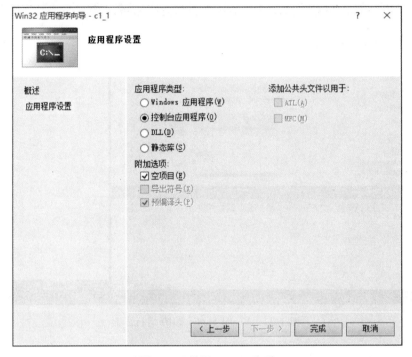

图 1.13 设置 Project 选项

创建好 Project(项目)后,在左侧 Project(项目)名称"c1_1"上右击,添加 Item(新建项),如图 1.14 所示。

输入程序文档名称,例如"c1_1.c",注意扩展名为".c",如图 1.15 所示。

然后,编写代码,如图 1.16 所示。

选择 Debug→Build Solution 或者直接按 F7 键,编译程序,生成 c1_1.exe 文件,然后按 F5 键运行。运行效果和 Visual C++ 6.0 类似。编译运行后将创建 Debug 或 Release 文件夹,文件夹及主要文件如图 1.17 所示。

图 1.17 的左窗口为取消勾选 Create directory solution 复选框后创建的项目文件夹。如果是 Release 方式,Debug 文件夹将改为 Release。

在 Visual Studio 2010 中主要的快捷键有以下几个。

F5:调试运行。

F7:编译。

F10:Step into(单步运行,进入函数)。

F11:Step over(单步运行,不进入函数,把函数当成一条语句)。

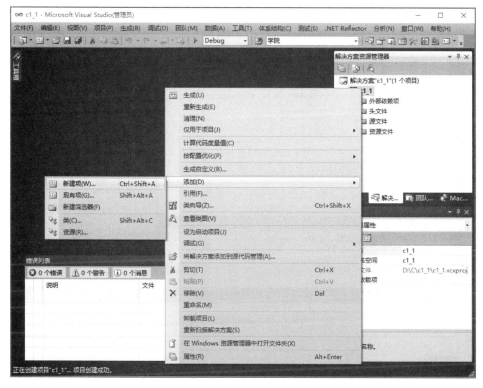

图 1.14 添加新建项

图 1.15 新建 c1_1.c 源程序文件

图 1.16　编辑输入代码

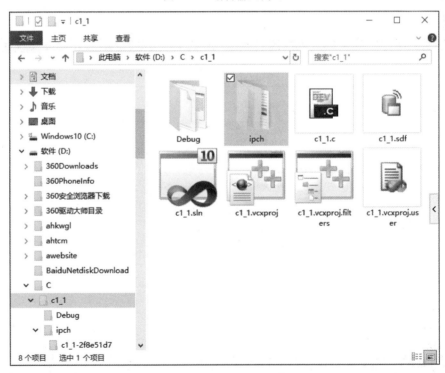

图 1.17　c1_1 项目主要文件列表

注意：

本书中的所有程序如果在 Visual Studio 2010 中进行调试的话，请进行以下修改。

（1）将 void main( ) 改成 int main( )。

（2）在主函数最后一行插入 getchar( )；或 getch( )；（Visual C++ 6.0、Dev C++不用加）。

（3）打开程序也可以直接在 .c 文件的图标上右击，选择用 Visual Studio 2010 打开，如图 1.18 所示，并在菜单中选择"文件/从现有代码创建项目"，如图 1.19 所示。

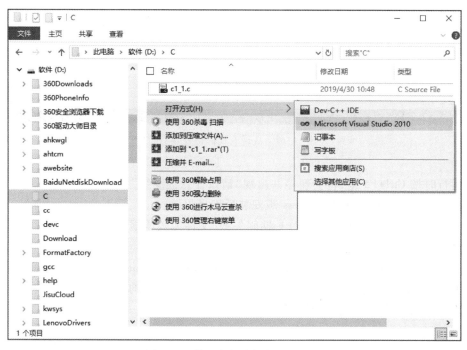

图 1.18　使用鼠标右键打开 c1_1.c

在后续的选项中，设置所在文件夹、项目名称，类型为 Windows Console 等即可。

程序代码的最后一行可以加上 **getchar( )；或 getch( )；** 程序运行后将暂停，这样方便观察运行结果。也可以加上语句 system(" pause")；，不过需要在前面加上一条预处理命令：

```
#include <stdlib.h>
```

也可以在右侧项目（**c1_3**）上右击，在弹出的快捷菜单上选择"属性"命令，在左边的一栏里展开"配置属性"→"链接器"→"系统"项，单击"系统"项后，在右边栏的"子系统"区域中将项的值配置为"控制台（/SUBSYSTEM：CONSOLE）"。

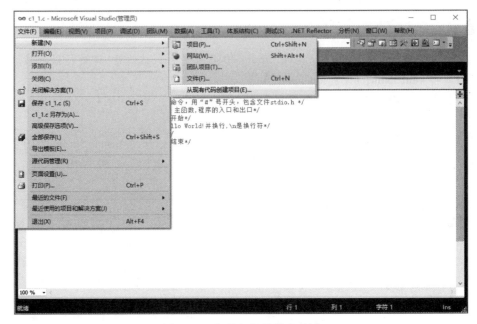

图 1.19 从现有代码创建项目

运行时按 Ctrl+F5 键,将会暂停并出现"请按任意键继续"的提示。

部分 Visual Studio 2010 Express 版安装后编译报错:

fatal LNK1123:转换到 COFF 期间失败,文件无效或损坏

这是由于日志文件引起的错误,调整如下。

选择"项目"→"属性"→"配置属性"(Configuration Properties)命令,选择"清单工具"(Manifest Tool)项"输入和输出"(Input And Output)项中的"嵌入清单"(Embed Manifest)项,将"是"(Yes)改成"否"(No)即可。

1.7.3 Dev C++

Dev C++是一个 Windows 环境下 C 和 C++开发工具,它是一款自由软件,遵守 GPL 协议。它集合了 GCC、MinGW32 等众多自由软件,并且可以取得最新版本的各种工具支持。Dev C++是一款非常实用的编程软件,多款著名软件均由它编写而成,它在 C 的基础上,增强了逻辑性。

用 Dev C++ 调试 c1_3. c 程序的界面如图 1.20 所示。

Dev C++编辑器可以同时编辑多个源程序,并且以页框的形式显示,比较简单方便,另外 Dev C++对 C99 标准的支持较好。缺点是版本较旧,没有更新,但对于 C 语言的学习和研究已经足够,所以,Dev C++也是很多用户喜爱的 C 编辑器。

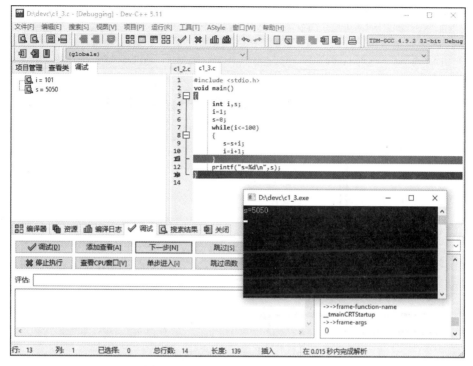

图 1.20　Dev C++编辑运行程序界面

1.7.4　调试程序和错误处理

下面以例 1.3 为例,了解如何在 Visual C++ 6.0 下调试程序和处理错误,其他平台类似。

1. 调试运行程序

选择"组建"→"开始调试"→GO 命令(F5),程序组建并调试运行。运行后,在信息窗口的调试栏可以看到调试运行的信息,如图 1.21 所示。

2. 设置断点

在 while(i<=100)语句行上右击或者按 F9 键或者单击工具栏 按钮,可以插入断点,这时候调试运行程序将停在该行,不再继续运行,如图 1.22 所示。

调试运行后的状态如图 1.23 所示。

程序中变量 i、s 的值在下面有显示。所以,设置断点可以让程序的运行暂时停下来,以便观察程序运行的状态,特别是一些关键变量的值的变化,是否达到预期的效果。

3. 单步执行

也可以采用单步执行的方式,让程序向前走一步。

按 F10 键单步执行,如图 1.24 所示可以看出变量 s 的值变成 1,这是因为单步执行了 s=s+i。

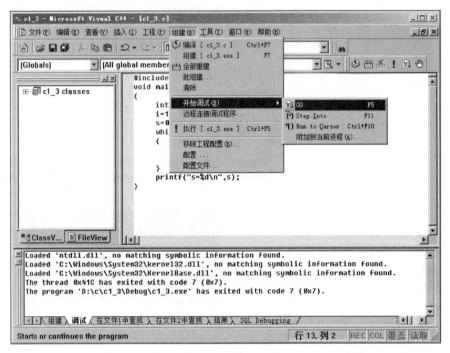

图 1.21　调试运行的界面

图 1.22　插入断点

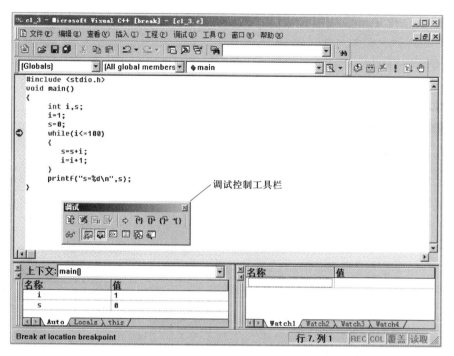

图 1.23 设置断点后调试运行

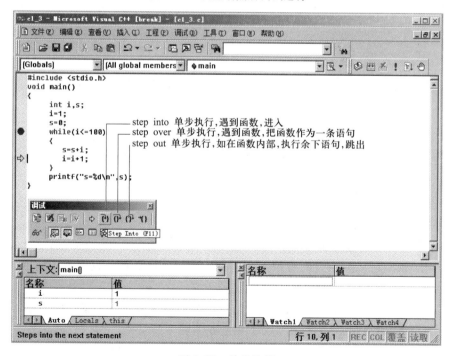

图 1.24 单步执行

单步执行有 step into、step over 和 step out 三种情况,由于涉及调用函数时会有所区别,作为初学者,可以暂且先采用 step over(F10)操作。

4. QuickWatch

调试程序过程中,也可以添加 QuickWatch 来观察特定变量或表达式的值的变化,具体操作如图 1.25 所示。

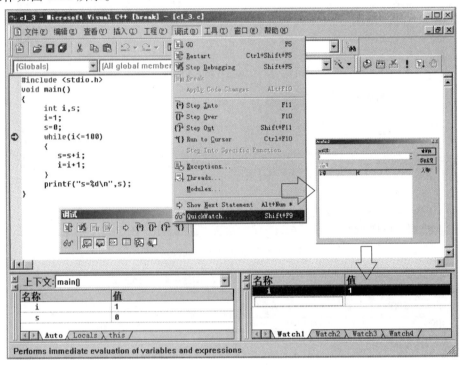

图 1.25　添加 QuickWatch

除了系统提供的调试手段以外,也可以自己加入一些输出语句进行探测和控制,例如,在例 1.3 的 while 循环中加入:

```
printf("%d,%d\ n",i,s);
```

这样,每次循环都会显示 i 和 s 的值了。

5. 程序错误及处理方法

程序出现错误是很正常的,就像人会生病一样。通过症状可以联想到病因,有时候症状和病因也会相去甚远。

(1) 编译错误。指的是编译过程中出现的错误,通常是语法错误,例如:

```
print("%d",n);      //printf 函数拼写错了
inti=1              //int 类型名和变量 i 名之间没有空格,语句缺少分号
```

(2) 运行错误。指的是程序编译通过,但运行时发生错误,通常是语义的问题,

例如：

```
int x = 0,y;
y = 20 /x;              //除 0 错误
```

（3）逻辑错误。程序编译、运行都没有问题，结果可能不对，甚至结果虽然对，更换输入数据，结果却不对，这就是逻辑性错误，也是较难处理的一类错误，通常包括以下几种。

① 忘记给变量赋值就直接引用了。

② 数据类型不一致导致自动类型转换。

③ 数组下标越界引用。

④ 程序中出现死循环。

避免以上三类错误，需要扎实的程序语法基础、不断积累的经验和反复有效的调试与修改。有时候可能需要付出时间和空间上的代价，就像交通管理一样，为了减少和避免司机违规，在道路上设置红绿灯、感应器、流量测试设备、各种警示牌等。学习编程语言总是在和错误打交道，相信随着对 C 语言语法的持续学习、由简单到复杂程序的调试、模仿和设计，对待错误的处理能力也会逐步提高，所犯的错误也会越来越少，就像熟练的司机不会轻易违反交规，除非是有意而为之。

1.8 计算思维

1.8.1 关于计算思维

2006 年 3 月，美国卡内基·梅隆大学计算机科学系主任周以真教授在美国计算机权威期刊《Communications of the ACM》杂志上给出并定义了计算思维（computational thinking）。周以真教授认为：计算思维是运用计算机科学的基础概念进行问题求解、系统设计以及人类行为理解等涵盖计算机科学之广度的一系列思维活动。

以上是关于计算思维的一个总的定义，为了让人们更易于理解，又可将它更进一步地定义为，通过约简、嵌入、转化和仿真等方法，把一个看来困难的问题重新阐释成一个知道问题怎样解决的方法；是一种递归思维，是一种并行处理，能把代码译成数据又能把数据译成代码，是一种多维分析推广的类型检查方法；是一种采用抽象和分解来控制庞杂的任务或进行巨大复杂系统设计的方法，是基于关注分离的方法（SoC 方法）；是一种选择合适的方式去陈述一个问题，或对一个问题的相关方面建模使其易于处理的思维方法；是按照预防、保护及通过冗余、容错、纠错的方式，并从最坏情况进行系统恢复的一种思维方法；是利用启发式推理寻求解答，也即在不确定情况下的规划、学习和调度的思维方法;是利用海量数据来加快计算,在时间和空间之间,在处理能力和存储容量之间进行折中的思维方法。

计算思维建立在计算过程的能力和限制之上,由人由机器执行。计算思维直面机器智能的不解之谜:什么人类比计算机做得好? 什么计算机比人类做得好?

当人们必须求解一个特定的问题时,首先会问:解决这个问题有多么困难? 怎样才是最佳的解决方法? 为了有效地求解一个问题,要进一步问:一个近似解是否就够了,是否可以利用一下随机化以及是否允许误报(false positive)和漏报(false negative)。是否可以通过约简、嵌入、转化和仿真等方法,把一个看来困难的问题重新阐释成一个知道怎样解决的问题。

回推:丢了东西,沿着走过的路寻找。

冗余:家里停电了,手机还可以通信;买东西,钱包里装上足够的钞票或足够支付的信用卡。

选择:超市里排队付账;聚餐时食物的喜好。

死锁:路口的堵车。

界面:约定;会议商定。

递归:计算 1~100 的和相当于计算 1~99 的和加上 100,计算 1~99 的和相当于计算 1~98 的和加上 99,……。

……

培养计算思维能力,就是培养像计算机科学家一样的思维,利用计算机来分析和解决问题。

当需要编辑和打印一个通知文档,是否想到以前的通知文档(存储和搜索),类似的通知文档(复制),什么样的软件(平台),如何用最短的时间(性能),发送给那些人和部门(输出),有效期是什么(时效),机器故障怎么办(维护),软件版本不对怎么办(升级和更新),少了、多了内容怎么办(插入和删除)……

思维能力的培养来自学习和总结,来自实践和经验。学习计算机课程,有意识地培养这种能力必然对工作和生活中出现的很多问题多了一种或更好的解决思路和方法。

1.8.2　C 语言和计算思维

C 语言程序设计的学习无疑是培养计算思维能力极好的一种途径。程序语言综合了逻辑思维、形象思维、通信思维、发散思维、聚合思维、创新思维、系统化思维等,这些思维其实本质上都是利用计算机来解决问题或者更好地解决问题,特别是对复杂问题的分离与分层处理,数据类型化、约束与构造化、无关和相关性整合、时间和空间性能的计算与比较、程序调试维护与错误异常处理等。

也许上面的文字有点抽象,不过学过 C 语言你可能会知道或多了一种理解。

（1）一台晚会的精彩程度,节目的编排和设计是关键(程序设计)。

（2）排队上车是应该遵守的秩序(结构化程序的基本要素:顺序执行)。

（3）红灯停,绿灯行(判断和选择是每天都要做的,尤其是正确的选择)。

（4）太阳升起,新的一天又开始了(这就是循环,不过循环继续的条件之一是太阳和地球保持安全的距离)。

（5）你好,请问市政府怎么走? 向前 200 米,左转长江路 16 号(这就是指针)。

……

本章小结

C 语言自 1972 年投入使用以来,已经成为当今最为广泛使用的程序设计语言之一,也是众多其他计算机语言如 C++、C#、Java、Python 等的语法基础。

C 语言具有简洁、灵活、运算符和数据类型丰富等特点。一个正确的 C 语言程序由一个主函数和若干个子函数组成,从主函数开始运行,最后在主函数结束。

算法是指解决问题的方法和步骤,是程序设计的精华和核心。算法具有有穷性、确定性、输入输出和可行性等特征。算法描述工具很多,主要有传统流程图、N-S 图、伪代码、自然语言和计算机程序语言等,其中传统流程图结构清晰、模块明了,是本章学习的重点,本书后续各章中全部使用传统流程图来描述算法。

本章介绍了 C 语言的编程环境 Visual C++ 6.0、Visual Studio 2010 和 Dev C++,学习 C 语言,最好对这几种环境都能熟悉。

本章最后介绍了程序语言的学习对计算思维能力培养的作用。

习题 1

1. C 语言的主要特点是什么?

2. 请参照本章例题,编写一个 C 程序,输出以下信息:

   This is my first program.

3. C 语言源程序文件、目标文件和可执行文件的扩展名是什么?

4. 用 Visual C++ 6.0 或 Visual Studio 2010 调试本章的三个程序。

第 2 章
数据类型、运算符和表达式

学习目标：

（1）掌握 C 语言的基本数据类型。

（2）掌握标识符、关键字、常量和变量的使用。

（3）掌握运算符、表达式以及数据类型之间的转换等。

2.1　数据类型

电子教案：
数据类型、运算
符和表达式

不同数据有不同的特性,需要加以类型区分。

例如某学生数据:

姓名:"张三",年龄:18,C 语言成绩:99.5

很显然,姓名不能进行加减乘除数学运算,而成绩却可以;成绩可以有小数部分,而年龄没有。

不同的计算机在存储相同类型的数据时也有差别,如 int 类型在 16 位机器和 32 位机器中分别占 2 个和 4 个字节。所以,不同类型的数据存储形式不同,处理的方法和运算的形式也可能不同。

2.1.1　类型的划分

ANSI C 的数据类型划分如表 2.1 所示。

表 2.1　C 语言数据类型

类型划分			章节
数据类型	基本类型	字符型 char	第 2 章
		整型 短整型 short int	
		整型 int	
		长整型 long int	
		浮点型 单精度浮点型 float	
		双精度浮点型 double	
		长双精度浮点型 long double	

续表

类型划分			章节
数据类型	构造类型	数组 [ ]	第 6 章
		结构 struct	第 9 章
		联合 union	
		枚举 enum	
	指针类型 *		第 8 章
	空类型 void		各章节

short int 和 long int 可以简化为 short 和 long。long double 称作长双精度浮点型。浮点型是实型中的一种,大部分语言没有定点实型,C 语言也不例外。

还有其他的划分方法,如聚合类型(struct、union、数组)、算术类型(基本类型、枚举)、派生类型(指针、数组、结构、联合)等。联合类型有时候因为其只有一个成员有效的特性不被看作聚合类型。

划分类型的目的在于数据的分类表示和分别操作。

C 类型系统中的函数类型并未列入表 2.1 中,因为其本质上是以上类型中的一种。

2.1.2　基本类型

1. 整型

整型指的是整数类型,这种类型数据没有小数部分。

整型 int 可以加上 short、long 来说明其存储的长短,这样就有以下几种形式:

int、short int、long int

每种形式可以再加上 signed 和 unsigned 说明其是否有符号,默认是 signed。这样就扩展为以下几种形式:

int、short int、long int

unsigned int、unsigned short int、unsigned long int

除了单个的 int 形式以外,其他形式都可以省略 int,如

short 相当于 short int

long 相当于 long int

……

C99 标准增加了 long long int 类型(简写为 long long,占 8 个字节)。

表 2.2 中列出了整型各种形式的相关数据。

表 2.2 整 型

类型名	字节数	取值范围	
int	4	−2 147 483 648 ~ 2 147 483 647	$-2^{31} \sim 2^{31}-1$
unsigned int	4	0 ~ 4 294 967 295	$0 \sim 2^{32}-1$
short	2	−32 768 ~ 32 767	$-2^{15} \sim 2^{15}-1$
unsigned short	2	0 ~ 65 535	$0 \sim 2^{16}-1$
long	4	−2 147 483 648 ~ 2 147 483 647	$-2^{31} \sim 2^{31}-1$
unsigned long	4	0 ~ 4 294 967 295	$0 \sim 2^{32}-1$

可以看出,unsigned 类型表示 0 或正整数。

表 2.2 中字节数基于 Visual C++,早期的 Turbo C 中 int 是 2 个字节,相当于 short。C 语言并未规定整型数据的字节长,只是规定长度:short ≤ int ≤ long。

2. 浮点型

实型包括**浮点型**和**定点型**,C 语言只有**浮点型**。**浮点型**包括单精度浮点数类型(float)、双精度浮点数类型(double)和长双精度类型(long double)。

表 2.3 中所示的有效数字位数和数值范围因机器也有微弱的差异,读者可以有针对性地进行测试。

表 2.3 浮 点 类 型

类型	字节数	有效数字位数	数值范围
float	4	7	$-3.4 \times 10^{-38} \sim 3.4 \times 10^{38}$
double	8	15	$-1.7 \times 10^{-308} \sim 1.7 \times 10^{308}$
long double	10	19	$-3.4 \times 10^{-4\,932} \sim 3.4 \times 10^{4\,932}$

有效数字是指一个数从左边第一个不为 0 的数字数起到精确的数位止,所有的数字(包括 0)。

由于计算机中是以二进制形式存储小数,其有效位数和十进制的有效位数没有确定的对应关系,下面是一个有趣的实验。

【例 2.1】一个浮点数的精确度测试实验。

程序代码:

```
#include <stdio.h>
void main()
{
    float x = 0.999969482421875;
```

程序源代码 2.1: c2_1.c

微视频 2.1:例 2.1 调试过程

```
    float y=0.99999999;
    printf("x=%.15f\n",x);      /* %.15f 表示输出 15 位小数 */
    printf("y=%.8f\n",y);
}
```

运行结果：

x=0.999969482421875

y=1.00000000

可以看出,小数位数多的 x 的输出结果是对的,而小数位数少的 y 的输出结果却是错的。所以在使用实数类型的数据时,有效位数的确定在参考表 2.3 的同时,还要看具体情况。

感兴趣的读者可以查阅关于十进制小数转换为二进制的相关资料,这里不再给出了。

3. 字符型

字符型 指的是字符类型的数据,包括有符号字符型(char)和无符号字符型(unsigned char)。字符型数据占一个字节,其书写形式是用单引号括起来的单个字符,例如:

'a'、'A'、'0'

分别表示 a、A、0 字符,这样的表示方法主要是为了和源程序中所用的其他字符相区别。char 型的取值范围为 -128~127,unsigned char 型的取值范围为 0~255。C 语言中 char 型可以看成是"1 个字节的 int 型"。

字符型 数据包括计算机所用编码字符集中的所有字符。编码字符集包括"常用的 ASCII 码字符集"和"扩展的 ASCII 码字符集"。

常用的 ASCII 码字符集包括所有大小写英文字母、数字、各种标点符号字符,还有一些控制字符,一共 128 个,取值范围是 0~127。

扩展的 ASCII 码字符集包括 ASCII 码字符集中的全部字符和另外的 128 个字符,总共 256 个字符,取值范围是 0~255。

字符型数据在内存中存储的是字符的 ASCII 码编码值,例如'A'和'0'分别存储 ASCII 码值 65 和 48。一个字符通常占用内存一个字节。

注 意：

'0'和 0 分别是字符型和整型,两者是完全不一样的,前者的值相当于整型值 48。

C 语言中还有一些特殊的控制字符因为无法直接写出,所以为它们规定了特殊写法:以反斜杠(\)开头的一个字符或一个数字序列,这类字符称为"**转义字符**",如'\n'、'\0'等。

表 2.4 列出了 C 语言中常见的转义字符及其含义。

表 2.4 转义字符表

转义字符	ASCII 码值	含义
\a	7	响铃
\b	8	退格(相当于 Backspace)
\n	10	换行
\r	13	回车(Enter)
\t	9	水平制表符(Tab)
\0	0	空字符
\\	92	反斜杠\
\'	39	单引号'
\"	34	双引号"
\ddd	0~127	1 到 3 位八进制数所代表的字符
\xhh	0~127	1 到 2 位十六进制数所代表的字符

'\ddd '指的是 1 到 3 位八进制数所代表的字符,例如,'\101'表示字符'A ', '\60'表示字符'0'。

'\xhh '指的是 1 到 2 位十六进制数所代表的字符,例如,' \x41'表示字符'A ', '\x30 '表示字符'0'。注意 x 不能写成大写 X。

要注意的是,'0'是字符常量,其值对应 ASCII 码值 48,而 0 是整型常量,其值就是 0。

2.2　数据的存储和引用

以上介绍了几种主要的类型。程序在处理不同类型数据时如何存储,如何引用?

一般来说,简单的数据通常用**常量**和**变量**来存储使用。常量是指固定不变的数据,直接在程序代码中引用,如 100、3.1415926;有些数据在程序执行过程中是变化的,这种变化可能是自动的,也可能是程序员需要的或设计的,例如计算求和,结果值会因为不同的求和对象而不同,这时候需要定义和引用变量才能解决问题。

使用变量或者常量会涉及命名的问题,C 语言中对于变量名、数组名、函数名等对象设定了统一的命名规则,即**标识符**规则,下面详细介绍。

2.2.1　标识符

标识符是指程序中的变量、符号常量、数组、函数、类型、文件等对象的名字。

标识符只能由字母、数字和下画线组成,且第一个字符必须为字母或下画线。如 student、name、Name,由于 C 语言区分大小写,所以"name"和" Name"是两个不同的标识符。

定义标识符时应该注意以下几点。

(1)不能使用系统的关键字(保留字),如 char、int、float、double 等。

(2)不建议使用系统预定义标识符,如 define、include、scanf、printf 等。

(3)尽量做到"见名知义",如:max、name 等,而不用像 xyz、x1、x2 等。

(4)避免使用易混淆的字符,如(1,l,i)、(0,o)、(2,z)等。

所谓**关键字**(key words)是指系统预定义的保留标识符,又称为**保留字**(reserved words)。它们有特定的含义,不能再作其他用途使用。ANSI C 定义的关键字共 32 个, C99 增加了 5 个,C11 增加了 7 个,如表 2.5 所示。

表 2.5 关 键 字

C11	C99	C89/90 ANSI C
		auto, break, case, char, const, continue, default, do, double, else, enum, extern, float, for, goto, if, int, long, register, return, short, signed, sizeof, static, struct, switch, typedef, union, unsigned, void, volatile, while
	_Bool, _Complex, _Imaginary, inline, restrict	
_Alignas, _Alignof, _Atomic, _Generic, _Noreturn, _Static_assert, _Thread_local		

2.2.2 常量

常量通常是指"不变的量","不变"是一种相对的概念,普通常量的值在程序运行期间保持不变,用 const 限定的常量具有一定的不确定性。

1. 普通常量

(1)整型常量。C 语言中,整型常量可以用 3 种进制表示,分别是十进制、八进制、十六进制。

十进制的表示方法与数学上的表示方法相同,如 65、0 等。

八进制的表示方法是以 0 开头,由数字 0~7 组成,如 0101、00 等。

十六进制的表示方法是以 0x 或 0X 开头,由数字 0~9 和字母 a~f(或 A~F)组成,其中 a~f(或 A~F)分别表示 10~15,如 0x41、0x100 等。

注 意:

① 除了单个的 0 是十进制常量外,其他以 0 开始的都是八进制常量,所以 0 是十进制,00 是八进制。

② 数据后加 u 或 U,表示是无符号类型,如 65u、100U。

③ 数据后加 l 或 L,表示是 long 型,如-1L。

④ 实型数据后加 f 或 F,表示是 float 型,如 1.0F。

⑤ C 语言中不用二进制形式表示整数。

⑥ C 语言中,八进制数和十六进制数一般是无符号的。

不加 u、U、l、L 的整数是 int 型,不加 f、F 的实型数是 double 型。

以下是非法的整型常量:

019　　0x6x

思考:

以下常量哪些合法,哪些非法?

09　0X6G　00000101　-012　65535LU　0XFF

(2)字符型常量。字符型常量由一对单引号括起来的单个字符构成,例如'A '、'0'等都是有效的字符型常量。常用字符的 ASCII 编码值如下。

① 字符'A '~'Z '的 ASCII 码值是 65~90。

② 字符'a '~'z '的 ASCII 码值是 97~122。

③ 字符'0' ~'9'的 ASCII 码值是 48~57。

④ 空格字符'□'的 ASCII 码值是 32。

注意:

'□'表示空格,本书其他部分也沿用这种表示方法,实际录入时输入空格。

所有字符型常量都可以用转义字符形式表示,例如:

'\101'表示'A ','\x30'表示'0'

虽然如此,转义字符通常用于表示不可打印字符,例如:

'\n '表示换行,'\t '表示 Tab,'\0'表示空字符

(3)字符串常量。**C 语言没有字符串类型,但可以使用字符串常量。**

字符串常量是由一对双引号括起来的字符序列,例如" 123456789" 、" Hello World"等都是字符串常量。

字符串常量不同于单字节的字符常量,字符常量由单引号括起来,字符串常量由双引号括起来;字符常量只占一个字节的内存空间。字符串常量存储串中所有字符并加上串结束标记'\0',其 ASCII 值为 0,该字符由系统自动加到每个字符串的结束处。所以,字符串常量实际所占的内存字节数等于字符串中的字符数加 1。

例如,字符串常量" 123456789" 的存储情况如图 2.1 所示。

| 1 | 2 | 3 | 4 | 5 | 6 | 7 | 8 | 9 | \0 |

图 2.1　字符串" 123456789" 的存储形式

所以," " 虽然表示为空字符串,但由于包含'\0',因此仍占一个字节。

字符串中也可以包含转义字符,例如前面的程序中用到的转义字符\n。

"Hello World!\ n"

（4）实型常量。C 语言的实型常量其实是**浮点常量**,实型常量还有一种叫定点常量,用于存储、处理具有绝对精度的数据对象,只有少数语言才提供。

C 语言中,浮点常量只能用**十进制**形式表示。

浮点常量可以用小数形式或指数形式表示。

小数形式由数字序列和小数点组成,如 3.1415926、.0、0.、0.0 等。

指数形式由十进制数加上阶码标志"e"或"E"及阶码组成,如 3.1415926e-2 或 3.1415926E-2 表示 3.1415926×10^{-2}。字母 e 或 E 前面称为**尾数**,后面称为**指数**,两者不能为空,例如 E2 和 2E 都是不合法的。指数部分要求必须是整数。

C 语言中,默认浮点常量为 double 类型,若有后缀"f"或"F",则为 float 类型。两个 float 型常量在一起运算时,先转换为 double 型,计算完成后再转成 float 型。

2. 符号常量

C 语言允许定义符号常量,用一个标识符来表示。

定义符号常量有多种方法。

（1）预处理命令#define。例如:

#define PI 3.1415926

PI 相当于 3.1415926,程序编译后将用 3.1415926 替换所有的 PI。

常量 PI 是不可寻址的。由于是命令,不是语句,后面不需要加分号。

用预处理命令#define 定义的常量也称为**宏**。

（2）枚举 enum。例如:

enum color{black,red,blue,white};

black、red、blue、white 都是符号常量,相当于整数 0、1、2、3。

枚举值是符号常量,也是不可寻址的,但枚举是一种数据类型,可以定义可寻址的枚举变量。

枚举类型将在第 9 章中详细介绍。

3. const 常量

const 是一个类型限定词,主要用于定义一个不变的变量,或者称作只读变量,相当于一个常量。由于不是预处理命令,从而具有更大的灵活性,特别是可以限定其作用范围。例如:

const　int a = 100;

由于有了 const 限定,不能通过 a 修改其对应的内存值,例如再有 a = 200 将会报错。

定义 a 并加上 const 限定时需要同时给定值（初始化）,如果不给定,将是不确定的值,后续的语句也不能再指定。

#define 定义的常量在编译时就会被替换,枚举常量随枚举类型的创建而创建,const 常量按其作用域和存储类型选择时机创建。

2.2.3 变量

前面已经反复提到变量,下面进行系统的介绍。

相对于常量而言,变量的值是可以修改的,也是可以寻址的。变量的名称遵循标识符规则。

1. 变量的说明

在 C 语言中,变量说明的格式如下:

数据类型 变量名 1[,变量名 2,…,变量名 n];

其中[ ]括起来的部分为可选项,省略号为多次重复,例如:

```
int i,j;
double f;
long a,b,c;
```

变量具有 4 个基本要素:名字、类型、初值和作用域。

变量名:标识符的一种。可以利用变量名间接访问内存数据。变量存储单元地址可用"& 变量名"求得,例如"&a"表示变量 a 的地址。

变量的数据类型:可以是基本数据类型,也可以是派生的数据类型。变量的数据类型决定了变量所占内存空间的大小。可以用长度运算符 sizeof( )求出任意类型变量存储单元的字节数,例如:sizeof(a)、sizeof(int)等;变量的数据类型也会决定变量可以进行的相应的操作,例如两个整型变量 a、b 可以进行 a%b 运算,实型的数据则不允许。

变量的作用域:指变量在程序中作用的范围,即该变量名在某段代码区域是否有意义。按作用域划分,可将变量分为全局变量和局部变量。具体内容将在后面函数章节中详细介绍。

变量的初值:指的是第一次使用变量时,变量必须有一个确定的值,这个值即是变量的初值。给变量赋初值有两种方式。

(1)变量说明时直接赋初值,称为变量的初始化,例如:

```
int a=10,b=20;
```

初始化遵循赋值运算的类型转换规则。**静态变量**的初始化必须使用常量表达式,下面的静态变量 a 的初始化是错误的,而**动态变量** y 的初始化是可以的:

```
int b=10;
int a=b+10;
int main()
{
    int x=10,y=x+10;
}
```

(2)用赋值语句赋初值,例如:

```
double x;
x = 10.0;
```

没有被赋值的变量其初值取决于存储类型,**静态存储**的变量将隐式初始化为空,**自动存储**或**动态存储**的变量不会被隐式初始化,有的编译系统会按一定的规则随机初始化或者赋予一个默认值。

变量的生存期主要由存储类型决定,有的变量生存期为程序运行期,而有的变量的生存期只限于函数或分程序。

变量可以被多次引用,其值可以被随时修改。

变量定义时如果加 const 限定词则不可再修改,变成常量。这种常量不同于通常意义上的常数,是有作用范围和生存期的。

变量可以被多次引用,其值可以被随时修改。

关于变量的存储和生存期将在函数章节中详细介绍。

2. 整型变量

整型数据分为**有符号**和**无符号**两类,其存储和使用有一定的区别。

下面定义一些整型变量:

```
int a = 65,b = -2147483648,c = -1;
unsigned int d = 65,e = 4294967295;
```

这几个变量的实际存储形式如图 2.2 所示。

```
a 0 0 0 0 0 0 0 0 0 0 0 0 0 0 0 0 0 0 0 0 0 0 0 0 0 1 0 0 0 0 0 1
b 1 0 0 0 0 0 0 0 0 0 0 0 0 0 0 0 0 0 0 0 0 0 0 0 0 0 0 0 0 0 0 0
c 1 1 1 1 1 1 1 1 1 1 1 1 1 1 1 1 1 1 1 1 1 1 1 1 1 1 1 1 1 1 1 1
d 0 0 0 0 0 0 0 0 0 0 0 0 0 0 0 0 0 0 0 0 0 0 0 0 0 1 0 0 0 0 0 1
e 1 1 1 1 1 1 1 1 1 1 1 1 1 1 1 1 1 1 1 1 1 1 1 1 1 1 1 1 1 1 1 1
```

图 2.2   整数存储

a 的存储和无符号的 d 一样,b 是有符号整数的最小数(-2 147 483 648)。c 的存储和无符号数 e 一样。

在了解具体原因之前,先了解一下**补码**。

对于有符号整数,C 语言采用计算机领域通用的做法:用**补码**(complement)表示。假设 int 型整数 a 占 4 字节,32 位二进制数,规则如式 2.1 所示。

$$a \text{ 的补码} = \begin{cases} a & (0 \leqslant a \leqslant 2\ 147\ 483\ 647) \\ 2^{32} - |a| & (-2\ 147\ 483\ 648 \leqslant a < 0) \end{cases} \quad (2.1)$$

即

(1) 0 和正数的补码与其原码相同(a 和 d)。

(2) 负数的补码是用 2^{32} 减去该数的绝对值(b、c)。

负数 b、c 的补码计算如表 2.6 所示。

表 2.6　变量 b、c 补码

变量	十进制形式	2^{32}-绝对值	转换为二进制形式
b	-2 147 483 648	2^{32}-2 147 483 648 = **2 147 483 648**	**1000 0000 0000 0000** **0000 0000 0000 0000**
c	-1	2^{32}-|-1| = **4 294 967 295**	**1111 1111 1111 1111** **1111 1111 1111 1111**

实际存储的二进制形式转化为十进制形式正好相反,如表 2.7 所示。

(1) 最高位为 0,非负数,无论是否有符号,直接将二进制转换为十进制。

(2) 最高位为 1,转换为无符号数,直接将二进制转换为十进制。

(3) 最高位为 1,转换为有符号数,先将二进制转换为十进制数,再用 2^{32} 减去该十进制数,最后加上负号即可。

表 2.7　二进制转换为十进制

二进制形式	不考虑符号的十进制数	转换为	转换后的十进制形式	规则
0000 0000 0000 0000 **0000 0000 0100 0001**	65	无符号	**65**	(1)
		有符号		
1000 0000 0000 0000 0000 0000 0000 0000	2 147 483 648	无符号	**2 147 483 648**	(2)
		有符号	-(2^{32}-2 147 483 648)即-**2 147 483 648**	(3)
1111 1111 1111 1111 **1111 1111 1111 1111**	4 294 967 295	无符号	**4 294 967 295**	(2)
		有符号	-(2^{32}-4 294 967 295)即-**1**	(3)

记住下面几个数据有助于实现快速转换。

(1) 2^{32} 等于 4 294 967 296,2^{16} 等于 65 536,2^8 等于 256。

(2) 全 1 的二进制形式对应有符号的-1,例如:1111 1111 1111 1111 1111 1111 1111 1111,在此基础上类推:

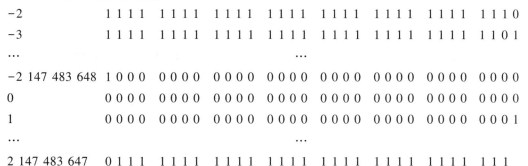

-2	1111 1111 1111 1111 1111 1111 1111 1110
-3	1111 1111 1111 1111 1111 1111 1111 1101
...	...
-2 147 483 648	1000 0000 0000 0000 0000 0000 0000 0000
0	0000 0000 0000 0000 0000 0000 0000 0000
1	0000 0000 0000 0000 0000 0000 0000 0001
...	...
2 147 483 647	0111 1111 1111 1111 1111 1111 1111 111

（3）参考的另外一种有符号补码转换方法如图 2.3 所示。

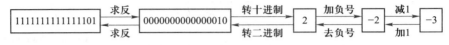

图 2.3　有符号补码转换方法

3. 实型变量

下面定义一些实型变量：

float f = 0.5;

double d = 3.1415926;

为了扩大表示数的范围,实型数据是按指数形式存储的,存储格式如图 2.4 所示。

	1	8	23
float 型	符号位	指数	尾数

	1	11	52
double 型	符号位	指数	尾数

图 2.4　实型数的存储示意图

尾数和指数以十进制数表示,二进制形式存储,至于尾数和阶码各占多少二进制位,标准 C 并无具体规定。尾数部分占的位数越多,数的有效数字就越多,精度就越高;指数占的位数越多,则表示的数的范围越大。

参考:

例如 double 型 0.5 在内存中实际存储形式为

0011 1111 1110 0000 0000 0000 0000 0000 0000 0000 0000 0000 0000 0000 0000 0000

第一个 0 表示是正数,如果是 1 表示负数(符号位)。

阴影部分是指数部分,共 11 位,按二进制展开等于 $2^{10}-2$,实际计算要求统一减去 1111111111 即 $2^{10}-1$(1 023),即等于 -1(float 类型指数部分 8 位,需要减去 2^7-1,即 127)。

后面 52 个 0 表示尾数部分,要求计算时补上 1,即

1. 0000 0000 0000 0000 0000 0000 0000 0000 0000 0000 0000 0000 0000

结合指数部分 -1,上面的二进制位右移 1 位,即 **0.10000000000000000000000**,按二进制展开即 0.5(二进制的 0.1 相当于 2^{-1},0.01 相当于 2^{-2}……)。

另外,指数为整数,左移,指数部分全 0 不用补 1,指数部分全 1,尾数全 0,表示无穷大,其他情况表示异常数。

4. 字符变量

C 语言中,字符类型数据的存储与整型数据的存储十分相似,也分成有符号和无符

号两种,只是用一个字节 8 位二进制信息存储字符类型数据,相当于**单字节**的 int 型数据。

【例 2.2】用多种方法实现输出字符'A'。

程序源代码 2.2:
c2_2.c

程序代码:

```
#include <stdio.h>
#define CA 'A'              /* 定义一个符号常量 CA */
int main()
{
    char c ='A';            /* 定义一个字符型变量 c 并初始化为'A' */
    printf("%c",'A');       /* 直接输出字符'A' */
    printf("%c",c);         /* 输出变量 c,变量 c 存储的就是'A' */
    printf("%c",'\101');    /* 以八进制转义字符形式输出'A' */
    printf("%c",'\x41');    /* 以十六进制的转义字符形式输出'A' */
    printf("%c",0101);      /* 将八进制整型数 0101 以字符形式输出 */
    printf("%c",0x41);      /* 将十六进制整型数 0x41 以字符形式输出 */
    printf("%c",0X41);      /* 将十六进制整型数 0X41 以字符形式输出 */
    printf("%c",65);        /* 将十进制整型数 65 以字符形式输出 */
    printf("%c",'a'-32);    /* 将小写字母'a'转换成大写字母后输出 */
    printf("%c",CA);        /* 将宏定义的符号常量 CA 按字符方式输出 */
    return 0;
}
```

运行结果:

AAAAAAAAAA

如果将程序中的%c 改成%d,输出结果将是

6565656565656565656565

2.3 运算符及表达式

2.3.1 运算符

C 语言的运算符非常丰富,共有 13 类 45 个运算符,除控制语句、输入输出语句以外几乎所有的基本操作都作为运算符处理。

运算符的使用方法也非常灵活,这是 C 语言的主要特点。因此,运算符是 C 语言学

习的重点和难点之一。C 语言运算符的类型如表 2.8 所示。

表 2.8 C 语言运算符的类型

优先级	运算符	名称	结合方向
1	( )	括号,改变优先级	从左至右
	[ ]	数组定义与引用	
	. 、->	成员选择运算符	
2	++、--	自增、自减运算符	从右至左
	&	取地址(指针)	
	*	取内容,间接引用	
	!	逻辑求反	
	~	按位求反	
	+、-	正、负号	
	(数据类型)	强制类型转换	
	sizeof	计算对象长度	
3	*、/、%	乘法、除法、求余	从左至右
4	+、-	加、减	
5	<<、>>	左移、右移	
6	<、<=、>、>=	小于、小于或等于、大于、大于或等于	
7	==、!=	等于、不等于	
8	&	按位与	
9	^	按位异或	
10			按位或	
11	&&	逻辑与	
12	||	逻辑或	
13	?:	条件运算符	从右至左
14	=、+=、-=、*=、/=、%=、<<=、>>=、&=、^=、|=	赋值运算符	从右至左
15	,	逗号运算符	从左至右

学习运算符要注意以下几方面问题。

（1）运算符的功能。

（2）运算符与操作对象即操作数的关系。

① 操作对象的个数（单目、双目、三目）。

② 操作对象的类型。

③ 结合方向：左结合、右结合。

单目、双目、三目也分别称为一元、二元、三元。

（3）运算符的优先级和结合方向。不同级别的运算符按**优先级**决定谁先运算。相同级别的运算符按**结合方向**决定谁先运算。

右结合的运算符有 3 个等级，分别是单目运算符、条件运算符和赋值运算符，其他都是左结合的。

例如：

```
10+3*10        /* 先*后+,值为 40 */
x=y=100        /* 先 y=100,然后 x=(y=100),因为 y=100 的值就是 y 的
                  值,所以 x 也是 100 */
```

改变优先级的方法是加括号，因为括号的优先级是最高的，例如：

```
(10+3)*10      /* 先+后*,值为 130 */
```

（4）运算结果的数据类型。不同类型数据混合运算将发生**类型转换**，其结果的类型通常是其中类型较为复杂的类型。例如：1+1.0，整型和浮点型混合运算，结果是浮点型。

有些运算符的运行结果类型是有要求的，比如取模运算符%，要求结果类型是整型，反过来就要求操作对象都必须是整型或字符型，不能是浮点型。

关系或逻辑运算符无论操作对象是什么类型，结果只有 0 或 1，都是整型的。

有些运算符的结果类型并不固定，例如间接引用运算符 *，其结果可能是各种类型。

2.3.2 表达式

表达式是由运算符、运算对象、括号组成的语言成分，用于求值、函数调用、产生副作用等。根据主要的运算符可以将表达式分为算术表达式、关系表达式、逻辑表达式、赋值表达式、逗号表达式等。

表达式中可能会出现**副作用**，例如：

```
x=(y=100)*10*sum(z)
```

y=100 就是副作用，函数调用也可能产生副作用，比如，调用过程中修改了全局变量的值。

对于双目运算符还存在求值顺序问题，例如：

```
int x=10;
```

y = (x = x-1) * (x) ;

运算符 * 左右谁先运算,结果是不一样的,先算左边 y = 9 * 9,先算右边 y = 9 * 10。通常情况下,C 语言按从左到右的顺序求值。

不含变量的表达式称为**常量表达式**。有些常量表达式在编译时即可完成,不需要在运行时再处理。

常量表达式包括整型常量和算术常量表达式(整型常量、枚举常量、字符常量、浮点常量、sizeof 表达式)、指针常量表达式。

C 语言中,有些情况下必须使用常量表达式,例如:设置枚举常量值、数组大小、case 分量等。常量表达式中通常不包括赋值运算符、++、--、函数调用、逗号运算符(sizeof 除外)。

指针常量表达式指的是计算结果为指针的常量表达式,如指向静态存储变量的指针、数组名或函数名。

常量表达式是否在编译时求值一方面与表达式组成和指向有关,也与编译器和执行环境有关。

2.3.3　算术运算符及表达式

1. 算术运算符

C 语言中,基本算术运算符共有 5 个,分别为+(加)、-(减)、*(乘)、/(除)、%(取模,或称求余运算符)。

另外,算术运算符还有正负号(+、-)。

C 语言规定:

(1)基本算术运算符为双目(需要两个操作数)运算符,结合方向均为从左到右。

(2)%(取模)运算符仅用于整型变量或整型常量的运算,a%b 结果为 a 除以 b 的**余数,余数的符号与被除数相同**,例如:7%3 的值为 1;17%-3 的结果为 2;-19%4 的结果为-3。

(3)+、-、*、/运算符的两个操作数既可以是整数,也可以是实数。当两个操作数均为整数时,其结果仍是整数;如果参加运算的两个数中有一个为浮点数,则结果是浮点型。例如:1+1.0f 结果是 float 型,1+1.0 结果是 double 型。

(4)/(除法)运算符,当对两个整型的数据相除时结果为整数,如 5/3,其值为 1,舍去小数部分,相当于整除操作;当操作数中有一个为负数时,整除结果取整向 0 靠拢(商的绝对值不大于操作数绝对值的商),如-5/3 = -1。

2. 算术表达式

由算术运算符、括号以及操作对象组成的符合 C 语言语法规则的表达式称为算术表达式,如 a+b-2.5/d * (a-c)。

算术表达式中 *、/、%优先级高于+、-。

正负号的优先级高于基本算术运算符。

2.3.4 赋值运算符及表达式

1. 赋值运算符

C 语言中赋值运算符为"＝",它的一般形式如下:

变量 ＝ 表达式

即将"＝"右边的表达式(作为特例,可为单独的常量或有值变量、函数调用)的值赋给其左边的变量。例如:

a＝5;　　　　　/* 表示把一个常量 5 赋给变量 a */

b＝a+5;　　　　/* 表示将表达式 a+5 的值赋给变量 b */

所以可以将赋值运算符"＝"理解成"←",是一个把右边表达式的值存储到左边变量对应的位置上的单向操作。

如果赋值运算符两侧的类型不一致,在赋值时要将表达式的结果转换成变量的类型,然后再赋给变量,这种类型转换称为**赋值类型转换**,在后面的内容中会详细介绍,这里不再多作说明了。

注意:

(1)"＝"是赋值运算符,不同于等号(等号是 ＝＝)。

(2)赋值运算方向(操作数到操作符)为自右向左。例如:

int a,b;

a＝b＝100;

两个赋值运算符先计算右边的 b＝100,计算结果为 100,然后再计算 a＝100。

(3)连续赋值,只有最后一步有效。例如:

int a;

a＝100;

a＝200;

变量 a 的当前值是 200,原来的值 100 已经被 200 所覆盖,或者说"冲掉了"。

(4)赋值运算符的优先级较低(只高于逗号运算符),因此一般情况下表达式无须加括号。例如:

a＝2+5 / 3

相当于:

a＝(2+5 / 3)

赋值运算可以构成一个表达式,其值可以再赋给其他变量。例如:

a＝b＝100;

其实相当于:

a=(b=100);

"b=100"是一个赋值表达式,其值就等于左边的变量 a 的值。

2. 复合赋值运算符

C 语言允许在赋值运算符"="之前加上其他运算符以构成复合的赋值运算符。

有两大类双目运算符可以和赋值运算符一起组合成复合的赋值运算符,它们是基本算术运算符和位运算符。在 C 语言中可以使用的复合赋值运算符有+=、-=、*=、/=、%=、<<=、>>=、&=、^=和|=。

例如:

```
a+=100;        //等价于 a=a+100;
a*=b;          //等价于 a=a*b;
......
```

C 语言中采用这种复合运算符,一是为了简化程序,使程序精练;二是为了提高编译效率,产生质量较高的目标代码。

复合赋值运算符的性质与赋值运算符一致,也属于赋值类,双目,具有右结合性,优先级也与赋值运算符相同,除了比逗号运算符的优先级高以外,比其他运算符的优先级都低。

注 意:

(1) 复合赋值运算符使 C 语言源程序表达简洁,也会有一定的副作用。

例如:

a = b* = c+d;

易误解为

b=b*c;

a=b+d;

而写成:

a =(b = b*(c+d));

显然容易理解多了。

(2) x=i+++j; 不知是 x=(i++)+j; ,还是 x=i+(++j);。

C 语言规定:总是从左到右尽量多地结合字符为一个运算符。因此,应该是 x=(i++)+j;。

(3) 歧义的解决。

例如:

a=100;

b= (c=a) + (a=200);

若先算后面括号,结果为 b=200+200;;若先算前面括号,结果为 b=100+200;。查

"()"的结合方向是从左到右,所以 b=100+200。

2.3.5 逗号运算符与逗号表达式

1. 逗号运算符

C 语言提供一种特殊的运算符:逗号运算符","。用逗号运算符可以将两个表达式连接起来,例如:

a=100,b=a+200

2. 逗号表达式

用逗号运算符连接两个或两个以上的表达式所形成的新表达式就是逗号表达式,其一般形式如下:

(表达式 1),(表达式 2),(表达式 3),…,(表达式 *n*)

逗号表达式的求值过程是,先求表达式 1 的值,再求表达式 2 的值,……,最后计算表达式 *n* 的值。表达式 *n* 的值就是整个逗号表达式的值。

【例 2.3】演示逗号表达式。

程序代码:

```
#include <stdio.h>
void main()
{
    int a;
    printf("1+2+3+4+5 =%d\n",(a=1,a=a+2,a=a+3,a=a+4,a=a+5));
    printf("a=%d\n",a);
}
```

运行结果:

```
1+2+3+4+5 =15
a=15
```

程序源代码 2.3: c2_3.c

2.3.6 自增自减运算符

自增运算符++和自减运算符--是两个单目运算符,具有右结合性,作用于变量,使变量的值自增 1 或自减 1。例如:++i 相当于 i=i+1。

自增自减运算符操作对象必须是**变量**,因此 5++、(x+y)--等都是错误的。

变量可以在运算符的左边或右边,分别称为**前缀**运算与**后缀**运算。

自增自减运算符的优先级很高,但**后缀**运算形式将降低其优先级别。

【例 2.4】演示自增自减运算符。

程序代码:

```
#include <stdio.h>
```

程序源代码 2.4: c2_4.c

微视频 2.2:例 2.4 调试过程

```
void main( )
{
    int i = 5, j;

    j = ++i + i++;/* 一个前增 1 使 i 变成 6 后才进行加法运算,实际是 6+6 */
    printf( "i = %d, j = %d \ n", i, j);

    i = 5;
    j = ( ++i ) + ( ++i ) + ( i++ );
    printf( "i = %d, j = %d \ n", i, j);

    i = 5;
    printf( "i++ = %d, i++ = %d \ n", i++, i++);
    printf( "i = %d \ n", i);

    i = 5;
    printf( "++i = %d, ++i = %d \ n", ++i, ++i);
    printf( "i = %d \ n", i);

    i = 5; j = 6;
    printf( "i+j = %d, j++ = %d \ n", i+j, j++);
    printf( "i = %d, j = %d \ n", i, j);

    i = 5; j = 6;
    printf( "i+j = %d, j++ = %d \ n", i+j, ++j);
    printf( "i = %d, j = %d \ n", i, j);
}
```

运行结果:

```
i = 7, j = 13
i = 8, j = 21
i++ = 6, i++ = 5
i = 7
++i = 7, ++i = 7
i = 7
i+j = 12, j++ = 6
```

```
i=5,j=7
i+j=12,j++=7
i=5,j=7
```

j=i++相当于j=i,i=i+1,即先取i的值5赋给j,然后i自增为6。

j=(++i)+(++i)+(i++)相当于i经过2次**前缀**运算为7,然后j=i+i+i等于21,然后1次**后缀**运算i自增为8。

后面的输出基于同样的道理。

自增自减运算符常用于循环语句中,使循环变量自动加1或减1,也可用于指针变量,使指针指向上或下一个地址,使得程序相当简洁。

过多地使用自增自减运算符可能会使程序的可读性降低,建议在实际编程时尽量少用或者不用。

需要注意的是,在不同的编译器中,以上程序输出的结果可能略有区别,有的编译器可能将连续的自增自减运算符分步拆分执行,具体请调试确定其规律。

2.4 类型转换

不同类型数据的存储长度和存储方式不同,一般不能直接混合运算,需要进行类型的转换。

例如:

```
100+0.5
```

100是整型,0.5是实型,两者存储形式完全不同,需要统一为一种类型(**double**)才能相加。

为了提高编程效率,增加应用的灵活性,C语言允许不同数据类型相互转换。

C语言的类型转换分为**自动类型转换**和**强制类型转换**。

2.4.1 自动类型转换

自动类型转换由系统自动完成,又称**隐式转换**。

1. 一般自动转换(系统自动转换)

为了实现自动转换,C语言按图2.5将类型进行高低级别的划分。

运算时的类型并不决定结果的类型,结果的类型取决于表达式中的最高级别。

表达式中不同类型数据混合运算时遵循下面的规则。

(1) signed 和 unsigned 类型混合运算时,signed 转换为 unsigned。

(2) char 和 short 运算时转换为 int,float 运算时转换为 double。

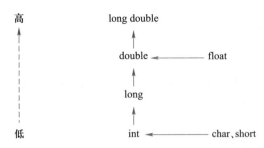

图 2.5　自动类型转换规则

（3）低级别类型和高级别类型混合运算时，低级别类型转换为高级别类型。

假设变量 c、i、f 的类型分别是 char、int、float，则

```
c+i          /* c 自动转换为 int，结果为 int */
c+i+f        /* c 自动转换为 int，和 i 运算后，结果为 double，f 自动转换为
                double */
```

读者可以用下面类似的程序进行测试。

【例 2.5】演示自动类型转换。

程序源代码 2.5：c2_5.c

程序代码：

```c
#include <stdio.h>
void main()
{
    char c ='A';
    int i =2;
    float f =3.1415926;
    printf("%f\n",c+i+f);
    printf("%d\n",sizeof(c+i+f));    /* 输出表达式的大小 */
}
```

运行结果：

```
70.141593
4
```

上面提到的表达式不包括赋值表达式。

2. 其他自动转换

除了以上的自动转换外，还有赋值类型转换、函数类型转换。

（1）赋值类型转换。由于赋值运算符左边变量的数据类型和右边表达式数据类型的不一致，系统自动将右边表达式的结果转换为左边变量的数据类型，例如：

```c
int a;
a =3.1415926 + 100;
```

因为 a 是 int 型,右边表达式运算结果的类型是浮点型,为了保证变量的类型不变,系统自动转换为 int 型,所以 a 将被赋值为 103。

很显然,赋值运算是不惜牺牲准确度的,变量类型是必须保证的。

(2)函数类型转换。向函数传递不一致类型的数据以及返回和函数类型不一致的数据都会导致系统自动类型转换。例如:

```
int sum(int x, int y)
{
    double z = 4.5;
    z = z+x+y;
    return z;
}
```

sum(2.3,3.4)的结果是 9。

浮点型数据 2.3、3.4 传给 int 型 x、y,系统自动转换为 2、3;计算结果 z 应等于 9.5,但因为函数类型是 int,系统自动转换为 int 型值 9。

函数类型的转换类型由参数类型和函数类型决定,当类型差异较大时,系统无法转换,将会报错。

2.4.2 强制类型转换

系统无法自动进行的类型转换需要程序员采用强制类型转换的方法来处理,强制类型转换又称**显式转换**。

C 语言提供"(类型名)"运算符来实现强制类型转换,使用方法如下:

(类型名)(表达式)

例如:

(int)(2+2.56789)   /* 浮点类型转换为 int 型,结果为 4,小数部分直接截断去除 */

表达式是单个变量或常量时,不需要加括号,例如:(int) 2.56789。

使用强制类型转换的好处在于可以明确知道结果的数据类型。

有时候可以利用强制类型转换实现特殊的效果,例如:

(int)(3.1415926 * 1000+0.5)/1000.0

3.1415926 * 1000 + 0.5 等于 3142.0926,转换为 int 值 3142,再除以 1000.0 得到 3.142。

3.142 是对 3.1415926 第 3 位小数的**四舍五入**后的结果。

【例 2.6】演示强制类型转换。

程序代码:

```
#include <stdio.h>
```

程序源代码 2.6:
c2_6.c

微视频 2.3:例
2.6 调试过程

```
void main()
{
    int i = 5;
    float f;
    f = 3.1415926;

    printf("i=%d,f=%f\n",i,f);

    i = (int) f;
    printf("i=%d\n",i);

    f = 5/3;
    printf("f=%f\n",f);

    f = (float)5/3;
    printf("f=%f\n",f);

    printf("f=%d\n",f);        /* 实数按整型数方式输出 */
    printf("i=%f\n",i);        /* 整型数按实数方式输出 */

}
```

运行结果:

```
i=5,f=3.141593
i=3
f=1.000000
f=1.666667
f=-1610612736
i=1.666666
```

由于求余(取模)运算只能针对整型数据,因此经常用强制类型转换的办法将一个实型量(变量或常量)变换成整型,然后才能进行取模运算,例如(int)5.5%3。

强制类型转换是 C 语言一大特色功能,在很多计算机语言里面需要通过专门的函数来实现,所以在今后的编程中灵活运用强制类型转换可以大大提高数据类型处理的效率。

2.4.3　数据类型转换产生的效果

不同类型的数据转换可能产生以下效果。

1. 数据类型级别的提升与降低

产生类型提升效果的有短数据转换成长数据,整数转换成实数,signed 型转换成 unsigned 型。

与此相反的转换将产生类型级别降低的效果。

2. 符号位扩展与零扩展

为保持数值不变,整型短数据转换成长整型数据时将产生符号位扩展与零扩展。例如:

```
int a ='A';
short b = -1;
int c = b;
```

'A '的二进制形式和 a、b、c 的二进制形式分别如图 2.6 所示。

'A'	01000001
a	00000000000000000000000001000001
b	1111111111111111
c	11111111111111111111111111111111

图 2.6 a、b、c 的二进制形式

可以看出 a 的高 24 位进行了**零扩展**。c 的高 16 位进行了**符号位扩展**。

3. 截断和精度丢失

高级别的类型转换为低级别的类型时难免出现问题。

较长的整型转换为较短的整型或字符型时将去除高位字节,例如:

```
int a = 65,b = 321;
char c1 = a;            /* 能保持准确度,c1 等于'A',相当于 65 */
char c2 = b;            /* 不能保持准确度,c2 将等于 65 */
```

实数转换成整数时,由于截去小数将丢失精度,例如:

```
int a = 3.1415926; /* a 将等于 3 */
```

double 型转换成 float 型时,有效数字减少(四舍五入),精度丢失,例如:

```
double x = 3.1456789012345;
float y = x;            /* y 将等于 3.1415679 */
```

long 型转换成 float 型时,将变成只有 7 位有效数字的浮点数,精度也会丢失,但由于数的范围扩大了,数据类型从较低级提升到较高级,例如:

```
long x = 123456789;
float y = x;            /* y 将等于 123456790.0(实际输出可能有其他无效的
                           数字) */
```

程序员在数据类型转换时,遇到级别降低的情况时,需要判断这种转换的代价是否在合理或可控制的范围内,避免转换后影响程序运行的结果。

2.5 误差和溢出

2.5.1 误差

图 2.7 中小数虽然位数很多,但存储能力有限,从 77934…开始只能丢弃。

$$\boxed{87924732}\,779342763645$$

图 2.7 误差的存在

整数存储除了溢出以外是没有误差的,然而实型数据由于是用有限的存储单元存储较大范围的实型数,有效数字是有尾数限制的,在实际计算和引用中会有很多问题。

【例 2.7】演示实型数据的误差。

程序源代码 2.7:
c2_7.c

程序代码:

```c
#include <stdio.h>
void main()
{
    float  x, y;
    x = 12345678900000000000.0;
    y = x + 0.12345;   /* 大数加上一个小数,小数被忽略 */
    printf("x=%f, y=%f \n", x, y);

    x = 3.1415926;
    y = x - 0.0001;    /* 小数的有效位加 1 有效 */
    printf("x=%.3f, y=%.3f \n", x, y);

    y = x + 0.0000005;/* 小数的无效位加 1 也无效 */
    printf("x=%.7f, y=%.7f \n", x, y);
}
```

运行结果:

```
x=12345679395506094400.000000, y=12345679395506094400.000000
x=3.142, y=3.141
```

x=3.1415925, y=3.1415930

运行结果中 x 和 y 的值一样,只有前 7 位是准确的。

在设计 C 语言程序时,应尽量避免出现以上实型数据的舍入误差。

2.5.2 溢出

如图 2.8 所示,将大杯的水倒入小杯,有两种可能性。

(1) 小杯没倒满或刚好满,水没有溢出。

(2) 小杯满了,其余的水溢出。

数据的存储也是一样。因为存储的局限性,数据有一定的值范围,不合适的计算会导致超出范围,导致数据溢出。例如:

char c=127;

c=c+1;

图 2.8 倒水

因为 char 型能存储的最大数是 127,加 1 后应为 128,但因为存储的局限性,无法正确保存,将产生溢出,c 实际将存储-1。

【例 2.8】演示数据的溢出。

程序代码:

程序源代码 2.8:c2_8.c

```
#include <stdio.h>
int main()
{
    char c=127;
    long li=2147483647;
    unsigned uc;
    unsigned long uli;
    printf("c=%d, li=%ld\n", c,li);

    c=c+1;
    li=li+1;
    printf("c=%d, li=%ld\n", c,li);

    c=127+100;
    li=2147483647+100;
    printf("c=%d, li=%ld\n", c,li);

    uc=127+100;
```

```
uli = 2147483647+100;
printf( "uc = %d, uli = %ld \n", uc,uli);
printf( "uc = %u, uli = %lu \n", uc,uli);
}
```

运行结果：

```
c = 127, li = 2147483647
c = -128, li = -2147483648
c = -29, li = -2147483549
uc = 227, uli = -2147483549
uc = 227, uli = 2147483747
```

2.6 综合案例

2.6.1 代数式写成 C 语言表达式

【例 2.9】有代数式 $\dfrac{-b+\sqrt{b^2-4ac}}{2a}$，将其写成 C 语言表达式。

分析：

代数式中乘号×是省略的，平方根在 C 语言中需要调用平方根函数 **sqrt**( )，a、b、c 可以定义成变量。

完整的 C 语言表达式如下：

(-b+sqrt(b * b-4 * a * c)) / (2 * a)

以下写法是错误的：

-b+sqrt(b * b-4 * a * c) /(2 * a)   /*分子少了一对括号,结果相当于 $-b+\dfrac{\sqrt{b^2-4ac}}{2a}$ */

(-b+sqrt(b * b-4 * a * c)) /2a   /*2a 是代数式的写法,应该写成 2 * a*/

(-b+sqrt(b * b-4 * a * c)) /2 * a   /*2 * a 需要用括号括起来,否则变成先除以 2 再乘以 a*/

(-b+sqrt(b2-4 * a * c)) /(2 * a)   /*b² 在 C 语言里面写成 b * b 就可以了,上标 2 无法录入 */

程序源代码 2.9:
c2_10.c

2.6.2 时间的换算

【例 2.10】以秒作为单位输入时间,计算其相当于多少小时多少分钟多少秒?
程序代码:

```c
#include <stdio.h>
int main()
{
    int nT,nH,nM,nS;
    printf("Please input time:");
    scanf("%d",&nT);
    nH = nT /3600;
    nM = (nT - nH * 3600) /60;
    nS = nT - nH * 3600 - nM * 60;
    printf("%02d:%02d:%02d\n",nH,nM,nS);
}
```

运行结果:

```
Please input time:2019
00:33:39
```

注意:

(1) printf 函数中的"%02d"表示输出项占 2 个字符,如果没有两个字符,则前面补 0。

(2) 程序中普遍采用 nH 形式的变量定义形式,这样定义的好处是,从变量的名称既可以看出变量的意义,还可以看出其数据类型。

本章小结

本章主要介绍了 C 语言中有关数据与数据计算的基本概念和规则,重点讲解了以下几方面的内容。

1. C 语言的数据类型

(1) C 语言的数据类型有 4 类:基本类型、构造类型、指针类型和空类型。

(2) 基本数据类型包括整型、实型、字符型 3 种。它们的表示方法、数据的取值范围等各有特点。

2. 常量和变量

（1）常量指在程序运行中其值不能被改变的量，包括整数、长整数、无符号整数、浮点数、字符、字符串、符号常量等。其中特别要注意字符和字符串的区别。

（2）变量是指在程序运行过程中其值可以被改变的量，包括各种整型、实型、字符型等。

（3）变量的名称可以是任何合法的标识符，但不能是关键字。给变量命名时应尽量做到"见名知义"。

3. C 语言共有 13 类运算符

（1）运算符主要有算术运算符（包括自加、自减运算符）、关系运算符、逻辑运算符、条件运算符、位运算符、赋值运算符和逗号运算符等。

（2）每种运算符运算对象的个数、优先级、结合性也各有不同。一般而言，单目运算符优先级较高，赋值运算符优先级较低。大多数双目运算符为左结合性，单目、三目及赋值运算符为右结合性。

4. 表达式

表达式是由运算符连接各种类型的数据（包括常量、有值变量和函数调用等）组合而成的式子。表达式的求值应按照运算符的优先级和结合性所规定的顺序进行。

5. 数据类型转换

不同类型的数据在进行混合运算时，需要进行类型转换。类型转换有两种方式。

（1）自动类型转换。包括一般自动类型转换和赋值类型转换。当不同类型的数据进行混合运算时，按照"精度"不降低的原则从低级向高级自动进行转换。当赋值运算符两侧的类型不一致时，将表达式值的类型转换成变量的类型再赋给变量。

（2）强制类型转换。当希望将一个表达式强制转换成所需类型时可进行强制类型转换。

在自动类型转换中，**float** 自动转换成 **double**，**char** 和 **short** 自动转换成 **int** 进行计算，而不管是否存在混合类型的运算。在程序设计中要合理设定数据类型，避免数值的变化和精度的丢失。

习题 2

一、选择题

1. 下列变量定义中合法的是（　　　）。

A. int _a = . e1 ;

B. double b = 1+1e1.1 ;

C. long x = 2. 5 ;

D. float 2_and = 1-e-3 ;

2. 运算符有优先级,在 C 语言中关于运算符优先级的正确叙述是(   )。

A. 赋值运算符高于算术运算符,算术运算符高于关系运算符

B. 算术运算符高于关系运算符,关系运算符高于赋值运算符

C. 算术运算符高于赋值运算符,赋值运算符高于关系运算符

D. 关系运算符高于赋值运算符,赋值运算符高于算术运算符

3. C 语言并不是非常严格的算法语言,在以下关于 C 语言不严格的叙述中,错误的是(   )。

A. 任何不同数据类型都不可以通用

B. 有些不同类型的变量可以在一个表达式中运算

C. 在赋值表达式中等号(=)左边的变量和右边的值可以是不同类型

D. 同一个运算符在不同的场合可以有不同的含义

4. 以下选项中属于 C 语言的数据类型是(   )。

A. 复数型   B. 逻辑型   C. 双精度型   D. 集合型

5. 设有说明语句:char c = '\101';,则变量 c(   )。

A. 包含 1 个字符   B. 包含 2 个字符

C. 包含 3 个字符   D. 说明不合法

6. 下列常数中不能作为 C 语言常量的是(   )。

A. 0xA5   B. 2.5e-2   C. 3e2   D. 0582

7. 在 C 语言中,数字 019 是一个(   )。

A. 八进制数   B. 十六进制数   C. 十进制数   D. 非法数

8. 下列可以正确表示字符型常量的是(   )。

A. "a"   B. '\t'   C. "\n"   D. \168

9. 已知 int i = 3,j;float f = 5.5;,以下语句正确的是(   )。

A. j = int(f) %2.0;   B. j = int(f) %i;

C. j = int(f%i);   D. j = (int)f%i;

10. 设有以下变量定义,并已赋确定的值:

char   c;int   i;float f; double   d;

则表达式 c+i+f/d 值的数据类型为(   )。

A. char   B. int   C. float   D. double

11. 已知 int i,a;,执行语句 i = (a = 6,a * 5),a+6;后,变量 i 的值是(   )。

A. 6   B. 12   C. 30   D. 36

12. 下列程序的输出结果是(   )。

```
#include <stdio.h>
void main()
{
```

```
    float d = 2.2; int x,y;
    x = 6.2; y = (x+3.8) /5.0;
    printf("%d \n",(int)(d * y));
}
```

A. 4   B. 4.4   C. 2   D. 0

二、阅读程序题

1. 下面程序的输出结果是_____。

```
#include <stdio.h>
void main()
{
    int a = 10, b = 10;
    printf("%d,%d,%d,%d \n", a--,a, --b,b);
}
```

2. 下面程序的输出结果是_____。

```
#include <stdio.h>
void main()
{
    int i = 1,j,k;
    j = i++;printf("j = %d,i = %d \n",j,i);
    k = ++i;printf("k = %d,i = %d \n",k,i);
    j = i--;printf("j = %d,i = %d \n",j,i);
    k = --i;printf("k = %d,i = %d \n",k,i);

    i = j = 5;
    printf("i+j = %d,++j = %d \n",i+j,++j);
}
```

第 3 章

简单程序设计

学习目标：

(1) 掌握 C 语言中的语句类型、程序结构。

(2) 掌握赋值语句和基本输入/输出函数的使用方法。

(3) 学会用正确的格式进行简单的输入/输出程序设计。

电子教案：
简单程序设计

3.1　C 语言语句

语句是完成一定任务的命令。语句书写的特点是以分号(;)作为结束符。

C 语言的语句可分为 5 种类型，下面详细介绍。

1. 表达式语句

由表达式组成的语句称为表达式语句，其作用是计算表达式的值或改变变量的值。它的一般形式如下：

表达式；

注意没有分号不能称为语句。例如：

```
x = 100      /* 表达式 */
x = 100；     /* 语句 */
```

2. 函数调用语句

由一个函数调用加上一个分号构成函数调用语句，其作用是完成特定的功能。它的一般形式如下：

函数名(参数列表)；

例如：

```
printf("Hello World!\n");    /* 调用库函数,输出字符串 */
```

3. 控制语句

控制语句用于完成一定的控制功能，以实现程序的结构化。

C 语言有 9 种控制语句，可分为以下 3 类。

(1) 条件判断语句：**if** 语句、**switch** 语句。

(2) 转向语句：**break** 语句、**continue** 语句、**goto** 语句、**return** 语句。

(3) 循环语句：**for** 语句、**while** 语句、**do while** 语句。

4. 复合语句

复合语句是用花括号将若干语句组合在一起，又称**分程序**，形式上是几条语句，但在语法上可相当于一条语句。例如，下面是一个复合语句：

```
{
    int i = 5;           /* 复合语句中又可分为声明部分和执行部分 */
    printf("%d\n",i);
}
```

在后面选择结构和循环结构的学习中要特别注意该类语句。

5. 空语句

只有一个分号的语句称为空语句。它的一般形式如下：

；

例如：

x = 100 ; ;   /* 两条语句,后面是一条空语句 */

空语句是不执行任何命令的语句,常用于占位、循环语句中的循环体等。例如：

while (getchar( ) ! = '\n')

；   /* 空语句 */

该循环的功能是,当从键盘上输入回车符后退出循环,否则循环一直继续。该空语句是对整个结构语法上的完善,是必不可少的一部分。上面的程序如果写成：

while (getchar( ) ! = '\n')
    printf("Hello World!\n");

程序将不断输出"Hello World!\n",直到输入回车符。但如果写成：

while (getchar( ) ! = '\n')

    ；

printf("Hello World!\n");

则变成:当输入回车符后结束循环,否则什么事也不做;当结束循环后,只输出一行"Hello World!\n"。

3.2 程序结构

3.2.1 程序结构简介

在 C 语言中,程序结构一般分为顺序结构、选择结构、循环结构。任何复杂的程序都是由这三种基本结构组成的。

【例 3.1】简单的程序结构。

程序代码：

程序源代码 3.1：
c3_1.c

```
#include <stdio.h>
void main( )
{
    int a,b,c;          /* 声明部分,定义了 3 个整型变量 */
    a = 100;            /* 执行部分开始,直到最后的花括号 */
    b = 200;
    c = a+b;
    printf("a+b = %d\n",c);
```

```
}
```

运行结果：

```
a+b=300
```

该程序的作用是求两个整数 a 与 b 的和 c。程序只有一个主函数 main,函数分成声明部分和执行部分。声明部分定义了变量 a、b、c,都是 int 类型变量。执行部分包括 3 个赋值语句,使 a、b 的值分别为 100 和 200 并使 c 的值等于 a+b。最后一行输出变量 c 的值。

【例 3.2】由多个函数构成的程序结构。

程序源代码 3.2:
c3_2.c

程序代码：

```
#include <stdio.h>
int sum(int a,int b) ;          /* 声明一个 sum 函数 */
void main()                     /* 主函数 */
{
    int a,b,c;                  /* 声明部分,定义变量的类型 */
    scanf("%d,%d",&a,&b);       /* 通过输入函数,给变量 a、b 赋值 */
    c=sum(a,b);                 /* 调用 sum 函数,将函数值赋给变量 c */
    printf("a+b=%d\n",c);       /* 输出变量 c 的值 */
}
int sum(int a,int b)            /* 定义一个 sum 函数 */
{
    int c;
    c=a+b;
    return (c);                 /* 将变量 c 的值通过返回语句带回调用
                                   处 */
}
```

本程序包含两个函数:主函数 main 和被调用函数 sum。

sum 函数的作用是将 a 和 b 的和赋值给变量 c,并通过返回语句 return 将 c 的值返回给主函数 main。

程序运行时,先由 scanf 函数从键盘上读取两个整型数据,如从键盘上输入：

```
100,200 <回车>
```

此时 a 被赋值 100,b 被赋值 200,然后执行语句 c=sum(a,b);,对 sum 函数进行调用,调用的结果是将和 300 赋给变量 c。

程序输出的结果如下：

```
a+b=300
```

结果同前面的例子,只是程序的设计方法不同。

一个 C 程序可以由若干个源程序文件组成,其详细结构如图 3.1 所示。

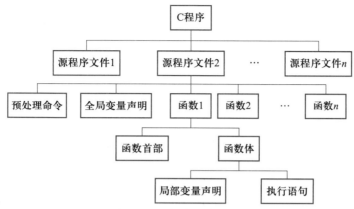

图 3.1 C 语言程序结构

3.2.2 顺序结构

顺序结构是程序设计中最简单、最基本的结构,其特点是程序运行时按语句书写的次序依次执行,其结构如图 3.2 所示。在图 3.2 中,执行完 A,按序执行 B。顺序结构通常由简单语句、复合语句及输入输出函数语句组成。

【例 3.3】分析下面程序结构。

程序代码:

程序源代码 3.3: c3_3.c

```c
#include <stdio.h>
void main()
{
    int a,b,c;
    scanf("%d,%d",&a,&b);
    c=a+b;
    printf("c=%d\n",c);
}
```

上述程序中主函数内的几条语句是顺序结构,其语句执行的次序如图 3.3 所示。

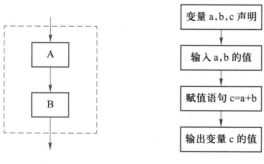

图 3.2 顺序结构流程图   图 3.3 例 3.3 的流程

注 意：

#include <stdio.h> 是预处理命令，不是语句。

3.3　赋值语句

3.3.1　基本赋值语句

赋值语句是程序设计中最常用的语句。其一般形式如下：

变量 = 表达式；

赋值语句的功能是将赋值号右边表达式的值计算出来，再赋给赋值号左边的变量。例如：

c=a+b；

该语句的作用是将表达式 a+b 计算后的结果赋给变量 c。

以下是正确的赋值语句：

a=100；a=a+200；　　　　　/* 两个赋值语句，最后 a 变成 300 */

a=b=c=100；　　　　　　　/* 相当于 a=(b=c=100)；*/

c=(a=100,b=a,a+b)；　　/* 右边是逗号表达式，表达式的值是 a+b */

下面是错误的赋值语句：

c+2=a+b；　　　　　　　　/* 左边不是变量名，是表达式 */

要注意：

a=b=c=100

a=b=c=100；

前者是赋值表达式，由于赋值运算符是右结合的，所以相当于 a=(b=(c=100))，最右边的=先运算。

后者是赋值语句，相当于 a=(b=c=100)；，"b=c=100" 在这里是一个赋值表达式，整条语句相当于把一个赋值表达式的值赋给变量 a。

当然，赋值表达式 "b=c=100" 也相当于 "b=(c=100)"，只不过对于变量 a 来说，其整体是一个表达式。

可以写成

d=(a=b=c=100)；

但不能写成

d=(a=b=c=100；)；

注意：

语句是一条命令，是程序执行的最小单位，不能再被其他命令直接引用。其实赋值运算符"="可以理解成←，例如：c=a+b 可以看成 c←a+b。后面还会遇到"=="运算符，其功能才相当于数学中的"="号，例如：

c+2 == a+b

赋值运算符"="左侧部分通常称作**左值**（lvalue），右侧称作**右值**（rvalue），左值是可存储的对象，例如：变量，右值是各种表达式。

3.3.2 复合赋值语句

除了基本赋值语句之外，还可以用复合赋值运算符构造复合赋值语句。例如：

```
a+=3;                    /* 相当于 a=a+3 */
b-=6;                    /* 相当于 b=b-6 */
c/=2;                    /* 相当于 c=c/2 */
```

在构造以上赋值语句之前，变量必须已经初始化或赋值。下面的程序是错误的：

```
int a;
a+=10;
```

因为 a+=10 相当于 a=a+10，而右边表达式中的 a 是刚刚定义的，还没有具体的值。

3.4 数据的输入与输出

为了实现人机交互，程序设计中经常需要通过输入输出语句来实现数据的输入和输出。

数据输入：指从输入设备（例如键盘、磁盘、光盘、扫描仪等）向计算机输送数据。

数据输出：指从计算机向外部输出设备（例如显示器、打印机、磁盘等）输送数据。

高级程序设计语言的数据输入输出都是通过输入输出语句来实现的，而 C 语言本身不提供输入输出语句，其数据的输入和输出功能是由函数来实现的，这使得 C 语言编译系统简单、可移植性好。

C 语言提供的函数以库的形式存放在系统中，它们不是 C 语言文本的组成部分。在使用函数库时，要用预编译命令#include 将有关的"头文件"包含到用户源文件中，例如：

```
#include  <stdio.h>
```

预编译命令一般放在程序的开头,使用不同类型的函数需要包含不同的"头文件"。例如:使用标准输入输出库函数 printf(格式输出)、scanf(格式输入)、putchar(输出字符)、getchar(输入字符)等时,要用到 stdio.h 文件;使用数学函数库时,要用到 math.h 文件。

文件后缀中"h"是 head 的缩写,读者可以参考查阅附录中的函数列表。

3.4.1　格式化输出函数 printf

printf 函数的功能是向系统指定的设备输出若干个任意类型的数据。

printf 后面的字母 f 表示"format",是"格式"的意思。

1. printf 函数调用形式

printf 函数是一个标准库函数,其调用的一般形式如下:

printf(格式控制字符串,输出列表);

括号里格式控制字符串和输出列表实际上都是函数的参数。其中:

(1)格式控制字符串是用双引号括起来的字符串,它包括两个信息。

① 格式说明:由"%"和格式字符组成,如%d、%c、%f 等。它的作用是将要输出的数据转化成指定的格式输出,格式说明都是由"%"字符开始的。

② 一般字符:或者称为非格式说明符,即按原样输出的字符。

(2)输出列表是需要输出的变量、函数、表达式。

例如:

printf("a+b=%d\n",c);

① "%d"是格式说明,用来控制输出项 c 的输出格式。

② "a+b="和"\n"都是一般字符,原样输出,"\n"是转义字符,代表换行符。

假设 c 为 300,则输出结果如下:

a+b=300

2. 格式说明

不同类型的数据用不同的格式说明。格式说明由"%"开头,后面跟若干个英文字母,用以说明数据输出的类型、长度、位数等。其一般形式如下:

%〔标志〕〔最小宽度〕〔.精度〕〔长度〕类型

说 明:

〔〕:表示可选项。

〔标志〕:可以是-、+、0。printf 默认输出格式是右对齐,正数前补一个空格,宽度空余部分填充空格。标志位置的附加格式符可以修改默认的格式,其具体含义如表 3.1 所示。

表 3.1 printf 函数常用附加格式符

字符形式	字符含义	
+	正数前的空格改输出为+号	10 输出为+10
-	左对齐,右边空余部分填充空格	ABCD ABC ABCDEF AB
0	宽度空余部分填充 0	10 用 5 个字符宽度输出为 00010

[最小宽度]:十进制整数,表示输出的最少位数。

[.精度]:"."加上十进制整数 n,其含义是,如果输出的是数值,则该数表示小数位数,若实际小数位数大于该值,则超出部分四舍五入;如果输出的是字符,则表示输出字符的个数。

[长度]:可以是 h、l。h 表示按短整型量输出,l 表示按长整型量或双精度量输出。

类型:是格式说明符中必须要有的,它表示输出列表里要输出的数据类型。表 3.2 给出了常用的类型格式符及含义。

表 3.2 printf 函数常用类型格式符

格式字符形式	格式字符含义
d	表示以十进制形式输出一个带符号的整数(正数不输出符号)
o	表示以八进制形式输出一个无符号的整数(不输出前导符 0)
x	表示以十六进制形式输出一个无符号的整数
u	表示以十进制形式输出一个无符号的整数
f	表示以小数形式输出带符号的实数(包括单、双精度)
e	表示以指数形式输出带符号的实数
g	表示选择%f 或%e 格式输出实数(选择占宽度较小的一种格式输出)
c	表示输出一个单字符
s	表示输出一个字符串
p	表示输出地址(指针)

注 意:

以上格式说明中精度选项优先于宽度选项,宽度选项是非强制执行的,当遇到实际数据长度超过设定宽度时,宽度选项无效。

格式控制是一个普遍沿用的程序设计方法,在新的程序设计平台仍然普遍使用,只是形式上可能不一样而已。

下面的例子将逐步演示以上格式说明。

【例 3.4】分析下面程序运行结果。

程序代码：

程序源代码 3.4：
c3_4.c

```c
#include <stdio.h>
int main()
{
    char c ='A';
    int a = 65 , b = -100;
    float   x = 3.141592631415,y = -3141592631.415;
    double dx = 3.141592631415;
    printf("c=%d, c=%c, c=%x\n",c,c,c);
    printf("a=%d, a=%x, a=%o,a=%c\n",a,a,a,a);
    printf("a=%d, a=%10d,a=%-10d, a=%+d\n",a,a,a,a);
    printf("b=%d, b=%10d,b=%-10d, b=%+d\n",b,b,b,b);

    printf("x=%f,x=%6.f,x=%.3f,x=%6.3f,x=%10.3f\n",x,x,x,x,x);
    printf("y=%f,y=%6.f,y=%10.f\n",y,y,y);

    printf("dx=%f,dx=%6.f,dx=%.3f,dx=%6.3f,dx=%10.3f\n",dx,
dx,dx,dx,dx);
    printf("x=%.8f,dx=%.8f\n",x,dx);
}
```

运行结果：

```
c=65, c=A, c=41
a=65, a=41, a=101,a=A
a=65, a=          65,a=65        , a=+65
b=-100, b=      -100,b=-100      , b=-100
x=3.141593,x=     3,x=3.142,x= 3.142,x=     3.142
y=-3141592576.000000,y=-3141592576,y=-3141592576
dx=3.141593,dx=     3,dx=3.142,dx= 3.142,dx=     3.142
x=3.14159274,dx=3.14159263
```

修改最后一句：

```c
printf("x=%.8f,dx=%.8f\n",x,dx);
```

为

```
printf("x=%.18f,dx=% .18f\n",x,dx);
```

该句运行结果如下：

```
x=3.141592741012573200,dx=3.141592631415000000
```

其中 x 的输出和 dx 的输出精度是不一样的。

分析：

（1）char 型变量 c。分别用%d、%c、%x 输出，结果分别为 65、A、41。

（2）int 型变量 a。当输出宽度大于其自身宽度 2 时，空余部分填充空格，附加字符"−"可以将默认的右对齐格式改成左对齐格式，附加字符"+"在正数 65 前加上符号"+"。

（3）负数 b。负数的符号位必须存在，默认比正数多出一个字符位置。

（4）float 型变量 x。"%6.f"相当于"%6.0f"。x 的精度可以从输出结果中看出，用"%.8f"输出 x 时，其精度只能达到 3.141 592，后面的数字是不可知的。

注意：

在使用 printf 函数时，要注意以下几个问题。

（1）可以在格式控制字符串中包含前面所讲的"转义字符"，如'\n'、'\t'、'\r'、'\b'、'\377'等。

（2）跟在%后面的格式符除 X（表示输出的十六进制数用大写字母输出）、E（表示输出的指数 e 用大写字母 E 输出）、G（表示若选用指数形式输出，则用大写字母 E 输出）外，其余必须是小写字母，如%d 不能写成%D。

（3）若想输出字符"%"，则在格式字符串中用连续两个%表示。例如：

```
printf("%f%% ",1.0/4);
```

则输出：0.250000%。

3.4.2 格式化输入函数 scanf

scanf 函数的功能是从键盘上将数据按用户指定的格式输入并赋给指定的变量。

1. scanf 函数调用形式

scanf 函数是一个标准库函数，其调用的一般形式如下：

scanf(格式控制字符串,地址列表);

其中格式控制字符串的定义与使用方法和 printf 函数相同，但不能显示非格式字符。地址列表是要赋值的各变量地址。地址由地址运算符"&"后跟变量名组成，如 &x 表示变量 x 的地址。"&"是取地址运算符，其作用是求变量的地址。

【例 3.5】scanf 函数的使用。

程序代码：

程序源代码 3.5：
c3_5.c

```
#include <stdio.h>
void main()
{
    int a,b;
    scanf("%d%d",&a,&b);
    printf("a=%d,b=%d\n",a,b);
}
```

运行时按以下方式输入 a、b 的值:

100-200

程序将输出:

a=100,b=-200

输入的 100 和-200 之间有空格。scanf 函数的作用是,按照 a、b 在内存中的地址将 100、-200 的值分别存入。数据输入需要分隔,否则无法分辨,默认的分隔符有空格、回车符、Tab(跳格)键。下面的输入方法也是正确的:

- 100□□-200✓   /* 用空格"□"作为分隔符 */
- 100✓   /* 用 Enter 键作为分隔符 */
  -200✓
- 100(按 Tab 键)-200✓   /* 用 Tab 键作为分隔符 */

也可以自定义分隔符,例如:

scanf("%d,%d",&a,&b);

输入数据的时候只能按下面的方式:

100,-200

自定义分隔符","也需要输入。

2. 格式说明

与 printf 函数中的格式说明符相似,以%开始,后面跟一个格式符,中间可以有若干个附加字符,格式字符串的一般形式如下:

%[*][宽度][长度]类型

说 明:

[ ]:表示可选项。

[*]:表示输入的数值不赋给相应的变量,即跳过该数据不读。

[宽度]:十进制正整数,表示输入数据的最大宽度。

[长度]:长度格式符为 l 和 h,l 表示输入长整型数据或双精度实型数据;h 表示输入短整型数据。

类型:是格式说明符中必须要有的,其格式符的意义与 printf 函数基本相同,具体如

表 3.3 所示。

表 3.3　scanf 函数常用类型格式符

格式字符形式	格式字符含义
d	表示以十进制形式输入一个整数
o	表示以八进制形式输入一个整数
x	表示以十六进制形式输入一个整数
u	表示以十进制形式输入一个无符号的整数
f 或 e	表示输入一个实数,可以是小数形式或指数形式
g	与 f 或 e 的作用相同
c	表示输入一个字符
s	表示输入一个字符串

【例 3.6】分析下面程序。

程序代码:

程序源代码 3.6: c3_6.c

```
#include <stdio.h>
void main()
{
    char c;
    int a,b;
    float x,y;
    double dx,dy;
    printf("1.Input a,b(100 -200):");
    scanf("%d%d",&a,&b);
    printf("a=%d,b=%d\n",a,b);

    printf("2.Input a,b(100,-200):");
    scanf("%d,%d",&a,&b);
    printf("a=%d,b=%d\n",a,b);

    printf("3.Input a,b,c(100-200A):");
    scanf("%d%d%c",&a,&b,&c);
    printf("a=%d,b=%d,c=%c\n",a,b,c);

    printf("4.Input a,b,c(100,-200,9:");
```

```
            scanf("%d,%d,%c",&a,&b,&c);
            printf("a=%d,b=%d,c=%c\n",a,b,c);

            printf("5.Input a,c,b(100A-200):");
            scanf("%d%c%d",&a,&c,&b);
            printf("a=%d,b=%d,c=%c\n",a,b,c);

            printf("6.Input a,b(1112222):");
            scanf("%3d%4d",&a,&b);
            printf("a=%d,b=%d\n",a,b);

            printf("7.Input a,b(1112223333):");
            scanf("%3d%*3d%4d",&a,&b);
            printf("a=%d,b=%d\n",a,b);

            printf("8.Input x,y(3.1415926 31415926):");
            scanf("%f%f",&x,&y);
            printf("x=%f,y=%f\n",x,y);

            printf("9.Input dx,dy(3.1415926 31415926):");
            scanf("%lf%lf",&dx,&dy);
            printf("dx=%lf,dy=%lf\n",dx,dy);

            printf("10.Input x,c,y(3.1415926A31415926):");
            scanf("%f,%c,%f",&x,&c,&y);
            printf("x=%f,y=%f,c=%c\n",x,y,c);
}
```

运行结果：

```
1. Input a,b(100 -200):100 -200
a=100,b=-200
2. Input a,b(100,-200):100,-200
a=100,b=-200
3. Input a,b,c(100 -200A):100 -200A
a=100,b=-200,c=A
4. Input a,b,c(100,-200,9:100,-200,9
```

```
a=100,b=-200,c=9
5. Input a,c,b(100A-200):100A-200
a=100,b=-200,c=A
6. Input a,b(1112222):1112222
a=111,b=2222
7. Input a,b(1112223333):1112223333
a=111,b=3333
8. Input x,y(3.1415926 31415926):3.1415926 31415926
x=3.141593,y=31415926.000000
9. Input dx,dy(3.1415926 31415926):3.1415926 31415926
dx=3.141593,dy=31415926.000000
10. Input x,c,y(3.1415926A31415926):3.1415926A3.1415926
x=3.141593,y=31415926.000000,c=A
```

为了调试程序的方便,程序中用 printf 语句输出每一步输入操作的提示,括号中是要输入的数据及其格式,实际练习时也可以省略,以节约时间。例如:

1. Input a,b(100-200):

按照提示在冒号后面输入 100-200 即可。

在实际调试时,除了变量声明部分外,其他 10 个输出部分可选择性调试。

分析:

(1)默认空格作为分隔符。

(2)自定义逗号","作为分隔符。

(3)输入字符给变量 c 时,前面不能使用分隔符,因为分隔符也是字符,所以直接在-200 后面输入字符 A。

(4)为了避免默认分隔符可以被字符型变量(%c 可以接收所有字符,包括转义字符)接收,采用自定义分隔符。

(5)不用分隔符的情况。由于字符 A 区别于数字字符,所以系统可以识别并分隔数据。

(6)采用长度限制,3 个数字字符 111 和 4 个数字字符 2222 分别输入给变量 a 和 b。

(7)%*3d 是一种虚读格式,111 后面 3 个字符 222 被读入但没有赋值给任何变量。

(8)float 类型的数据输入,显然所能接收的数据精度只有 7 位,后面的数字四舍五入。

(9)double 类型的数据输入,但用%f 形式输出,只有 6 位小数精度,读者可以修改

为 %.8f 试试,观察其小数位数的情况。

（10）在输入两个实型数据中间插入一个字符输入,系统可以识别并分隔数据。

注意：

（1）scanf 函数中的"格式控制字符串"后面的输入项应该是地址,而不应是变量名。这是 C 语言与其他高级语言不同的地方。例如：

```
scanf("%d,%d",&a,&b);
```

不能将语句写成

```
scanf("%d,%d",a,b);
```

当然,类似于 scanf("%d",100);编译时也不会报错,但实际运行时非常危险,因为输入的数据将存储在 100 所对应的地址位置,而这个位置的数据是未知的,很可能是系统程序或数据所在的位置。

（2）scanf 不支持输入精度控制。例如：

```
scanf("%8.3f ",&x);
```

是不合法的。

（3）在"格式控制字符串"中除了格式说明符外,也允许出现其他字符,但在输入数据时在对应位置上应输入与这些字符相同的字符。例如：

```
scanf ("a=%d,b=%d",&a,&b);
```

则输入时应输入：

```
a=12,b=-2
```

（4）输入数据时,遇到以下情况认为该数据输入结束。

① 按指定的宽度结束。

② 遇空格,或 Enter 键,或 Tab 键。

③ 遇非法输入。如例 3.6 第 5 部分：

```
scanf ("%d%c%d",&a,&c,&b);
```

之所以输入

```
100A-200
```

可以分别使得 a、b、c 为 100、-200、'A ',其主要原因是读入 100 后遇到字符 A,不是数字字符,从而变量 a 的输入结束。

（5）当输入的数据与输出的类型不一样时,虽然编译没有提示出错,但结果将不正确。

3.4.3 字符数据的输入与输出

字符数据也可以通过字符输入函数 getchar 和字符输出函数 putchar 实现输入和输出。在使用这两个函数时,程序的头部要加上文件包含命令：#include <stdio.h>。

1. 字符输入函数 getchar

字符输入函数 getchar( )的功能是从标准设备(键盘)上读入一个字符。其调用形式如下:

getchar( );

该函数没有参数,但一对圆括号不能省略。getchar( )只能从键盘上接收一个字符。

【例 3.7】字符输入函数的使用。

程序代码:

程序源代码 3.7:
c3_7.c

```c
#include <stdio.h>
void main()
{
    char c1,c2;
    c1 = getchar();
    c2 = getchar();
    printf("%c,%c\n",c1,c2);
}
```

程序运行时,若输入 ab↙,则程序的运行结果如下:

ab

a,b

程序运行时,若输入 a□b<回车>,则程序的运行结果如下:

ab

a,

字符'b'没有赋给 c2,实际赋给 c2 的是空格。由上可见,两次输入必须连续,不需要分隔符。

注意:

这里也可以得到一个规律:凡是需要字符输入时,可能不需要输入分隔符即可完成输入。

例如:

```c
int a,b;
char c;
scanf("%d%c%d",&a,&c,&b);
```

实际输入:10a20,则变量 a、b、c 将分别为 10、'a '、20。这是因为遇到字符 a,scanf 可以判断给 int 型变量 a 的输入结束了。

2. 字符输出函数 putchar

字符输出函数 putchar( )的功能是向标准输出设备(显示器)输出一个字符。其一

般调用形式如下:

```
putchar(c);
```

其中 c 是参数,它可以是整型或字符型变量,也可以是整型或字符型常量。当是整型量时,输出以该数值作为 ASCII 码所对应的字符;当是字符型量时,直接输出字符常量。

例如:

```
putchar('A');                /*输出字符 A*/
putchar(65);                 /*输出 65 所对应的字符 A*/
putchar('\n');               /*输出换行符*/
```

在上例最后的花括号"}"前添加语句:

```
putchar(c1);putchar(c2); putchar('\n');
```

3.5 简单的数据交换算法

【例 3.8】从键盘上输入两个整数放入变量 a 和 b 中,编程将这两个变量中的数据交换。

分 析:

实现两个变量的数据交换有很多办法,最常用的是中间变量法。为了交换 a 和 b,需要一个中间变量,例如 t,算法如下:

t=a; a=b; b=t;

就像两个人(设 a 和 b)交换座位一样,其中 a 先站起来到一个临时位置(设为 t),另一个人坐到 a 座位上,a 再从 t 位置坐到 b 位置上,如图 3.4 所示。

图 3.4 交换座位示意图

下面的算法是错误的:

a=b;b=a;

当执行 a=b;后,变量 a 原来的值将被"冲掉",因为变量在任何时刻只能存储一个值,虽然变量的值可以随时被修改。

如图 3.5 所示是交换算法的示意图。

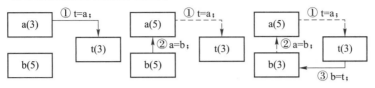

图 3.5 交换算法示意图

程序代码:

```
#include <stdio.h>
void main()
{
    int a,b,t;
    a = 3;
    b = 5;
    t = a;
    a = b;
    b = t;
    printf("a = %d,b = %d\n",a,b);
}
```

运行结果:

a = 5,b = 3

为了方便理解,读者在调试程序时也可以输入下面的程序:

```
#include <stdio.h>
void main()
{
    int a,b,t;
    a = 3;b = 5;
    t = a;printf("a = %d,b = %d,t = %d\n",a,b,t);
    a = b;printf("a = %d,b = %d,t = %d\n",a,b,t);
    b = t;printf("a = %d,b = %d,t = %d\n",a,b,t);
}
```

运行结果:

a = 3,b = 5,t = 3
a = 5,b = 5,t = 3

a = 5, b = 3, t = 3

不难发现, t 一直存储着原来 a 的值, 所以 b 在 a 的值发生变化后 (变成 5) 仍然能够获得原先 a 的值 3。

上面的算法也可以写成:

t = b; b = a; a = t;

道理同上, 只不过 b 先发生变化。

3.6　大小写字母的转换

【例 3.9】从键盘上输入一个小写英文字母, 编程输出该字母所对应的大写字母。

分析:

大写字母 A~Z 的 ASCII 码值为 65~90, 小写字母 a~z 的 ASCII 码值为 97~122。每对字母的 ASCII 码值差都是 32, 即 'a'-'A'、'b'-'B'、'c'-'C'……'z'-'Z' 都等于 32。所以将小写字母的 ASCII 码值减去 32, 则得到的是所对应的大写字母 ASCII 码值。

程序代码:

```c
#include <stdio.h>
void main()
{
    char c1,c2;
    c1 = getchar();
    c2 = c1 - 32;
    printf("%d,%d,%c,%c\n",c1,c2,c1,c2);
}
```

程序运行时, 若输入 a↙, 则程序的运行结果如下:

a
97,65,a,A

3.7　计算三角形的面积

【例 3.10】输入三角形的三条边, 编程求该三角形的面积。

分析：

三角形面积公式如下（设三角形的三条边分别为 a、b、c）：

$$area = \sqrt{s(s-a)(s-b)(s-c)} \qquad 其中\ s = \frac{1}{2}(a+b+c)$$

程序代码：

```
#include <stdio.h>
#include <math.h>
void main()
{
    float a,b,c,s,area;
    scanf("%f%f%f",&a,&b,&c);
    s=(a+b+c)/2;
    area = sqrt(s*(s-a)*(s-b)*(s-c));
    printf("a=%f,b=%f,c=%f\n",a,b,c);
    printf("area=%f\n",area);
}
```

程序运行时，若输入 3.14 4.15 5.16<回车>，则程序的运行结果如下：

3.14 4.15 5.16

a=3.140000,b=4.150000,c=5.160000

area=6.514500

程序中使用了求平方根的函数 sqrt，所以包含了头文件 math.h。

3.8 求一元二次方程的根

程序源代码 3.11：
c3_11.c

【例 3.11】设计程序计算方程的解。其中 a、b、c 用 scanf 函数输入（设为 2、3、1）。

分析：

微视频 3.2：
例 3.11 调试过程

由数学知识可知：求 $ax^2+bx+c=0$ 的根可用求根公式。即当 $b^2-4ac \geq 0$ 时，方程的两个根可用如下公式进行求解：

$$x_{1,2} = \frac{-b \pm \sqrt{b^2-4ac}}{2a}$$

本题输入的 a、b、c 分别为 2、3、1，则 b^2-4ac 的值为 $3^2-4 \times 2 \times 1 \geq 0$，方程的系数满足

条件,因此可直接求解。

程序代码:

```c
#include <stdio.h>
#include <math.h>
void main()
{
    float a,b,c,d,x1,x2;
    printf("Please input a,b,c:");
    scanf("%f,%f,%f",&a,&b,&c);
    d = sqrt(b*b - 4*a*c);
    x1 = (-b+d)/(2*a);
    x2 = (-b-d)/(2*a);
    printf("x1 = %f, x2 = %f\n",x1,x2);
}
```

运行结果:

```
Please input a,b,c:2,3,1
x1 = -0.500000,x2 = -1.000000
```

3.9　相同的++运算,不一样的结果

程序源代码 3.12:
c3_12.c

【例 3.12】分析下面程序的运行结果。

程序代码:

```c
#include <stdio.h>
void main()
{
    int i,j;
    i = 10;
    printf("%d,%d,%d\n",i--,j = i++,j = ++i);
    printf("%d,%d\n",i,j);
    printf("%d,%d\n",i+j,j++);
    printf("%d,%d\n",i+j,++j);
    printf("%d\n",(++j+j++));
}
```

运行结果：

```
11,11,11
11,11
22,11
24,13
28
```

分析：

Visual C++中并没有把 j＝i++后缀的影响体现在 i+j++上。如果是 Dev C++，结果为：

```
12,11,11
11,11
23,11
24,13
29
```

读者可以思考以下问题：如果从第 2 行开始将输出项 i＝10 改成 i，结果将会是什么？

也可以自己设计程序来测试，查找其中的规律，例如：

```
int i,j;
i＝3;j＝(i++)+(i++);printf("%d,%d",i,j);
i＝3;j＝(++i)+(++i);printf("%d,%d",i,j);
i＝3;j＝(i++)+(i++)+(i++);printf("%d,%d",i,j);
i＝3;j＝(++i)+(++i)+(++i);printf("%d,%d",i,j);
i＝3;j＝(++i)+(++i)-(++i);printf("%d,%d",i,j);
i＝3;printf("%d",(i++)+(i++)+(i++));
i＝3;printf("%d",(++i)+(++i)+(++i));
i＝3;printf("%d",(++i)+(++i)+(++i) +(++i));
i＝3;printf("%d",(++i)+(++i)+(++i) -(++i));
......
```

本章小结

本章介绍了顺序程序结构、赋值语句、基本的输入/输出函数。其中重点讲解了以下几方面的内容。

1. 程序结构

C 程序的结构分为顺序结构、选择结构、循环结构。任何 C 程序都由这 3 种结构构成。

2. 赋值语句

由赋值运算表达式构造的赋值语句是最常用的语句,是对变量的最基本操作。

3. 基本的输入/输出函数

(1) 格式化输出函数 printf 和格式化输入函数 scanf。

(2) 字符输出函数 putchar 和字符输入函数 getchar。

使用上述函数需要包含头文件 stdio.h。

4. 格式字符

格式字符是以%开头、类型字符结尾的特殊字符串,其中输出格式字符要更为复杂些。

(1) 输出格式字符。可以简单理解成

%［标志］［宽度］［精度］［长度］类型

类型字符是必须有的,主要有 d、o、x、u、f、e、g、c、s、p,其中 d、o、x、u 用于整型数据,f、e、g 用于实型数据,c、s 用于字符型数据,p 用于地址(指针)。

d 表示十进制整数,o 表示八进制整数,x 表示十六进制整数,u 表示无符号整数。

f 表示十进制小数,e 表示十进制指数,g 表示自动选取 f 或 e 中较短长度的格式。

c 表示单个字符,s 表示一串字符。

x、e、g 可以是大写的 X、E、G,相应输出结果中的字母也将是大写。

e 默认输出 5 位小数,指数部分 Turbo C 下默认 2 位、Visual C++下默认 4 位。

g 默认输出 1 位小数。

标志、宽度、精度、长度是可选的,如果没有设置,则按默认的格式输出。

标志有+、-、0 三种字符,"+"用于增加标注正数前面的"+"号,"-"用于更改对齐方式为左对齐,"0"用于修改默认空余填充的空格为"0"。

宽度是十进制整数,不是强制执行的,当宽度小于实际宽度时无效,如果超出,则默认填充空格。当宽度超出实际宽度时,还会带来对齐的问题,默认是右对齐。

精度是十进制整数,主要用于实型和字符型数据的输出控制。实型数默认输出 6 位小数,精度可以修改小数位数,精度不同于有效数字位数。

同时包含宽度和精度的格式串,首先处理精度,然后得到实际宽度,再把设置的宽度和实际宽度比较,超出则填充空格,否则设置宽度无效。

长度有 h、l 两种字符。h 用于标注是短整型,l 用于标注是长整型或 double 实型。值得注意的是,32 位机器下,Visual C++编程环境中 int 和 long 都是 4 个字节,在输出 long 型数据时可以不加 l 修饰了。

（2）输入格式字符。可以简单理解成

% ［＊］［宽度］［长度］类型

很显然,输入格式字符要简单得多。

宽度、长度和类型的意义基本同输出格式符。"＊"表示虚读。

输入输出的格式控制是一个普遍沿用的程序设计方法,在新的程序设计平台仍然普遍使用,只是形式上可能不一样而已。

习题 3

一、选择题

1. 若 x、y、z 都定义是 int 类型且初值为 0,则以下语句不正确的是(　　)。

A. x = y = z+10;　　　B. x+=y+2;　　　C. z++;　　　D. (x+y)++;

2. 下面不是 C 语言语句的是(　　)。

A. int i;　　　　B. ;　　　　C. a = 1,b = 5　　　D. ｛ ;｝

3. 以下合法的 C 语言赋值语句是(　　)。

A. a-b-58　　　B. k = a|b　　　C. a = 58,b - 58　　　D. j-i--;

4. 运行下面的程序:

```
#include <stdio.h>
void main()
{
    int a = 5,b = 3;
    printf("%d\n",a = a/b);
}
```

则输出结果是(　　)。

A. 5　　　　B. 1　　　　C. 3　　　　D. 2

5. 若变量已正确说明为 int 类型,要给 a、b、c 输入数据,以下输入语句正确的是(　　)。

A. scanf("%d%d%d",&a,&b,&c);

B. scanf("%d%d%d",a,b,c);

C. scanf("%D%D%D",&a,&b,&c);

D. scanf("%d%d%d",&a;&b;&c);

6. 已知 a、b、c 为 float 类型,执行语句:scanf("%f%f%f",&a,&b,&c);使得 a 为 10,b 为 20,c 为 30,则以下输入形式不正确的是(　　)。

A. 10

20

30

B. 10.0,20.0,30.0

C. 10.0

20.0 30.0

D. 10 20

30

7. 若变量已正确定义,现要将 a 和 b 中的数据进行交换,下面不正确的是(　　)。

A. a=a+b,b=a-b,a=a-b;　　　　　B. t=a,a=b,b=t;

C. a=t; t=b; b=a;　　　　　　　　D. t=b; b=a; a=t;

8. 执行下面的程序:

```
#include <stdio.h>
void main()
{
    int a=1,b=2,c=3;
    c=(a+=a+2),(a=b,b+3);
    printf("%d,%d,%d\n",a,b,c);
}
```

则输出结果是(　　)。

A. 2,2,4　　　　　B. 4,2,3　　　　　C. 4,2,5　　　　　D. 5,5,3

9. 执行下面的程序:

```
#include <stdio.h>
void main()
{
    int a;
    float b,c;
    scanf("%2d%3f%4f",&a,&b,&c);
    printf("\na=%d,b=%.1f,c=%.1f\n",a,b,c);
}
```

运行时,从键盘上输入 12345654321↙,则输出结果是(　　)。

A. a=12,b=345,c=6543　　　　　　B. a=12,b=123,c=1234

C. a=12,b=345.0,c=6543.0　　　　　D. a=12.0,b=345.0,c=6543.0

10. 执行下面的程序:

```
#include <stdio.h>
void main()
{
    int a=3,b=7;
```

```
        printf("a=%%d,b=%%d\n",a,b);
    }
```

则输出结果是(　　)。

A. a=%3,b=%7   B. a=%d,b=%d

C. a=%%d,b=%%d   D. a=3,b=7

二、阅读程序,写出程序运行结果

1.
```c
#include <stdio.h>
void main()
{
    float d, f;
    long k;  int i;
    i=k=f=d=20/3;
    printf("%3d%3ld%5.2f%5.2f\n", i,k,f,d);
}
```

2.
```c
#include <stdio.h>
void main()
{
    int x=0177;
    float y=123.4567;
    printf("x=%2d,x=%6d,x=%o,x=%x\n",x,x,x,x);
    printf("y=%8.4f,y=%8.2f,y=%.5f\n",y,y,y);
}
```

3.
```c
#include <stdio.h>
void main()
{
    int a=1,b=2;
    a+=b;b=a-b;a-=b;
    printf("%d,%d\n",a,b);
}
```

4.
```c
#include <stdio.h>
void main()
{
    int a=1234;
    printf("%2d\n",a);
}
```

5.
```c
#include <stdio.h>
void main()
{
    int x=3,y=5;
    printf("%d,%d,%d\n",x--,--y,x++);
}
```

6.
```c
#include <stdio.h>
void main()
{
    int a=3;
    printf("%d,%d\n",a,(a-=a*a));
}
```

三、程序设计题

1. 编程求方程 $2x^2-3x-6=0$ 的根。

2. 已知正方体的棱长为 3.2,求正方体的体积和表面积(保留 2 位小数)。

3. 输入 3 个整数 a、b、c,编程交换它们的值,即把 a 的值给 b,把 b 的值给 c,把 c 的值给 a。

4. 编程将任意输入的小写字母转换成大写字母并输出。

第 4 章
选择结构程序设计

学习目标：

（1）掌握关系表达式和逻辑表达式的组成及运算。

（2）理解选择结构（分支结构）程序设计的概念。

（3）掌握 if 语句、switch 语句的基本结构及执行过程。

（4）学会简单的选择结构程序设计。

4.1 红绿灯

【例4.1】车接近十字路口准备直行,这时候直行灯是红灯,怎么办? 显然,直行显示红灯,必须等待绿灯亮了再走,否则将违规,也很危险(图4.1)!

图 4.1 闯红灯,选择错误

下面是一个简单的模拟程序,条件判断如图4.2所示。

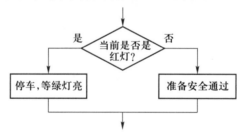

图 4.2 判断红绿灯流程

程序代码:

```c
#include <stdio.h>
void main()
{
    int color;
    int red=1;                  /* 用变量 red 存储 1 来代表红灯 */
    printf("Please input color(1-red , 2 - green):");
    scanf("%d",&color);
    if(color == red)
        printf("stop,wait for green.\n");
```

```
    else
            printf("go.\n");
}
```

当然,如果还有黄灯的话,情况会更复杂些,程序可以这样写:

```
#include <stdio.h>
void main()
{
    int color;
    int red = 1, yellow = 3;              /* 用变量 red 存储 1 来代表红灯,
                                             yellow 存储 3 代表黄灯 */
    printf("Please input color(1-red,2-green,3-yellow):");
    scanf("%d",&color);
    if(color == red)
            printf("stop,wait for green.\n");
    else
            if(color == yellow)
                    printf("stop,red next.\n");   /* 黄灯,通常下面将是
                                                     红灯 */
            else
                    printf("go.\n");
}
```

例 4.1 中需要在程序中进行判断,根据判断的结果,程序将分别执行不同的语句。本章将讨论基于判断的程序设计:选择结构程序设计。

在具体学习选择结构程序之前,先学习关系运算符和逻辑运算符及由这两种运算符构成的表达式。

4.2　关系运算符与关系表达式

4.2.1　关系运算符

1. 关系运算符

C 语言提供了 6 种关系运算符:>(大于)、>=(大于或等于)、<(小于)、<=(小于或等于)、==(等于)、!=(不等于)。

关系运算符用于判断和比较,其结果只有两个:**真**和**假**,称之为逻辑值。C 语言用 1 表示真,用 0 表示假。需要特别指出的是所有非 0 的值在 C 语言中都当作真值处理。

关系运算符都是双目运算符,要求两个操作数是同一种数据类型,如果类型不同,需要转换为同一类型。关系运算的结果为逻辑值,即关系成立时,其值为真,否则为假。

2. 优先级

关系运算符的优先级低于算术运算符,关系运算符中>、>=、<、<=优先级相同;==和!=的优先级相同并低于前 4 种。优先级次序由低到高如下所示:

$$==、!= \quad \Rightarrow \quad >、>=、<、<= \quad \Rightarrow \quad 算术运算符$$

例如:

a+b > c-d ≡ (a+b)>(c-d)

a>b == c ≡ (a>b) ==c

符号"≡"表示"等价于",后面略同。

3. 结合性

结合性指的是相同级别下运算的先后次序。关系运算符的结合性均为左结合。若有多个关系运算同时进行时,按优先级次序运算,优先级相同时从左向右计算。例如:

a>b<c   ≡   (a>b)<c

a!=b>c   ≡   a!=(b>c)

4.2.2 关系表达式

关系表达式的一般形式如下:

表达式 关系运算符 表达式

关系运算符将两个表达式连接起来,运算的结果是逻辑值。以下是合法的关系表达式:

a>b

'a'+1 !='b'

3.1415==3.1416

表达式也可以嵌套,例如:

3>4<5≡   (3>4)<5   ≡   0<5   ≡   1

不同的关系表达式可能表达的意思是相同的。例如,对于 int 型变量 a,表达式 a>=100 相当于 a>99。

4.3 逻辑运算符与逻辑表达式

4.3.1 逻辑运算符

1. 逻辑运算符

C 语言提供了 3 种逻辑运算符:!(逻辑非)、&&(逻辑与)、||(逻辑或)。

其中,逻辑与运算符(&&)和逻辑或运算符(||)为双目运算符,逻辑非运算符(!)为单目运算符。例如:

```
a&&b        /* 当且仅当 a、b 都为真时,结果为真 */
a||b        /* 当且仅当 a、b 都为假时,结果为假 */
!a          /* 当 a 为真时,结果为假;当 a 为假时,结果为真 */
```

当逻辑运算符两边表达式的值为不同的组合时,各种逻辑运算得到的结果也是不同的,表 4.1 所示为逻辑运算的"真值表"。

表 4.1 逻辑运算的真值表

a	b	!a	!b	a&&b	a||b
真	真	假	假	**真**	真
真	假	假	真	假	真
假	真	真	假	假	真
假	假	真	真	假	**假**

2. 优先级

逻辑运算符的优先级各不相同,优先级由低到高的次序具体如下:

||⇨&&⇨ ==、! = ⇨ >、>=、<、<= ⇨算术运算符⇨!、++、--

C 语言中,单目运算符级别相同。例如:

```
a>b && c>d       ≡       (a>b) && (c>d)
! a==b ||c>d   ≡       ((! a) ==b) ||(c>d)
```

3. 结合性

逻辑运算符中,逻辑非运算符(!)的结合性为右结合;逻辑与运算符(&&)和逻辑或运算符(||)的结合性为左结合。

4.3.2 逻辑表达式

逻辑表达式的一般形式如下:

表达式　逻辑运算符　表达式

逻辑表达式的值也是逻辑值,即 0 或 1。下面是合法的逻辑表达式:

a>b || c<d && e<f

【例 4.2】分析下面程序段的运行结果。

程序源代码 4.2；c4_2.c

程序代码:

```
#include <stdio.h>
void main()
{
    char c;
    int a,b;
    c ='A';
    a =1;
    b =2;
    printf("c>\'B\'=%d\n",c>'B');
    printf("a>b>2 =%d\n",a>b>2);
}
```

运行结果:

c>'B'=0

a>b>2 =0

逻辑表达式中表达式 a>b>2 的值为 0。原因是先计算 a>b,结果为 0,再计算 0>2,结果为 0。如果先计算 b>2 结果为 0,再计算 a>0,则最后结果将为 1。

思 考:

设有 int x;,观察表 4.2 所示的表达式的异同。

表 4.2 表 达 式

x	x==0	x==1	x!=0	x!=1	!x
0	1	0	0	1	1
1	0	1	1	0	0
2	0	0	1	1	0

可以发现,在用于判断时,x==0 和 !x 效果一样,x 和 x!=0 效果一样。

4.4 逻辑运算符的短路现象

观察图 4.3:

图 4.3 短路现象示意图

A 到 D 的连通性因为 AB 之间的断开而丢失。问题的实质还在于当 AB 断开后就可以判断出 AD 不再连通,而无须了解 BC 和 CD 之间的连通状态。

同样,基于 && 和 || 运算的左结合性及运算的特点,若 && 运算符左边的表达式为假(或 0),则其右边的表达式将不再运算,整个表达式的值必然为假;同理,若 || 运算符左边的表达式为真(或非 0 值),则其右边的表达式将不再运算,整个表达式的值必然为真。例如:

3>5 && ++b

由于表达式 3>5 的值为 0,因此 && 运算符右边的式子将不再运算(即 b 的值不变),整个逻辑表达式的值为 0。

同理:

3<5 || ++b

由于表达式 3<5 的值为 1,因此 || 运算符右边的式子将不再运算(即 b 的值不变),整个逻辑表达式的值为 1。

【例 4.3】测试短路现象。

程序代码:

程序源代码 4.3:
c4_3.c

```c
#include <stdio.h>
void main()
{
    int a,b;
    a = b = 0;
    a || ++b;
    printf("%d,%d\n",a,b);
    a = b = 1;
    a || ++b;
    printf("%d,%d\n",a,b);
    a = b = 0;
    a && ++b;
    printf("%d,%d\n",a,b);
    a = b = 1;
    a && ++b;
    printf("%d,%d\n",a,b);
```

```
}
```
运行结果:
```
0,1
1,1
0,0
1,2
```

4.5　if 语句

如何找出两个数中的较大数?这时需要判断两个数的大小关系,根据大小关系选择不同的处理方式,这就是程序简单的"智能"。

C 语言通过**选择结构**来实现这个功能。选择结构又称**分支结构**。

4.5.1　单分支 if 语句

单分支 if 语句的一般形式如下:

　if(表达式)语句;

执行过程:首先判断表达式的值是否为真,若表达式的值非 0,则执行其后的语句;否则不执行该语句。if 语句的控制流程如图 4.4 所示。

【例 4.4】从键盘输入一个整数,判断是否是偶数,若是,则输出"Yes"。

程序源代码 4.4:
c4_4.c

程序代码:

```
#include <stdio.h>
void main()
{
    int a;
    printf("Please input a:");
    scanf("%d",&a);
    if(a%2==0)
        printf("Yes\n");
}
```

程序运行后输入 8<回车>,运行结果:
```
Please input a:8
```

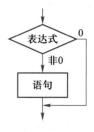

图 4.4　单分支选
择结构

Yes

程序运行后输入 7<回车>,运行结果:

Please input a:7

如果输入的不是偶数,例如输入 7,程序将不输出"Yes"。

4.5.2 双分支 if 语句

双分支 if 语句为 if-else 形式,其一般形式如下:

if(表达式)

    语句 1;

else

    语句 2;

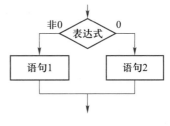

图 4.5 双分支选择结构

执行过程:当表达式的值为真时,执行语句 1;否则执行语句 2。双分支 if 语句的控制流程如图 4.5 所示。

【例 4.5】从键盘输入一个整数,判断是否是偶数,若是,输出"Yes",否则输出"No"。

程序代码:

程序源代码 4.5: c4_5.c

```
#include <stdio.h>
void main( )
{
    int a;
    printf("Please input a:");
    scanf("%d",&a);
    if(a%2==0)
        printf("Yes\n");
    else
        printf("No\n");
}
```

程序运行后输入 8<回车>,运行结果:

Please input a:8

Yes

程序运行后输入 7<回车>,运行结果:

Please input a:7

No

注意:

(1) if(a==2) 和 if(a=2) 的区别。

a==2 是逻辑表达式, a=2 是赋值表达式。前者的值取决于 a 是否等于 2; 后者的值就是 2。if 语句中的表达式可以是任意表达式, 只要该表达式的值是 0, 则以逻辑假处理, 否则以逻辑真处理。下面的 printf 语句总是能被执行:

```
if(x=1) printf("ok");
```

因为 x=1 编译时不报错, 所以为了避免将 == 误写成 =, 可以写成 1==x, 这样的话如果误写成 1=x, 编译时会报错。

（2）条件表达式可以有多种写法。

前面提到过对于整型变量 a, 表达式 a>=100 和 a>99 其实是一回事。下面是更加复杂的情况。

x==0	可以写成 !x
x!=0	可以写成 x
x==1	可以写成 !(x-1)
a%2==1	可以写成 a%2
a%3==0 && a%7==0	可以写成 a%21==0
a>100	可以写成 !(a<=100)

程序源代码 4.6:
c4_6.c

【例 4.6】从键盘输入两个整数, 输出其中最大者。

程序代码:

```c
#include <stdio.h>
void main()
{
    int a,b;
    printf("Please input a,b:");
    scanf("%d,%d",&a,&b);
    if(a>b)
        printf("max=%d\n",a);
    else
        printf("max=%d\n",b);
}
```

程序运行时, 若输入 10,20<回车>, 运行结果:

```
Please input a,b:10,20
max=20
```

4.5.3　多分支选择结构

多分支选择结构的 if 语句一般形式如下:

if(表达式 1) 语句 1;

```
    else if（表达式2）  语句2；
            …
        else if（表达式 n）  语句 n；
            else  语句 n+1；
```

执行过程：依次判断表达式的值，当某个表达式的值为真时，执行其对应的语句，然后跳到整个 if 语句之外继续执行后面的语句；如果所有的表达式均为假，则执行语句 n，然后继续执行后面的语句。多分支选择结构的 if 语句控制流程如图 4.6 所示。

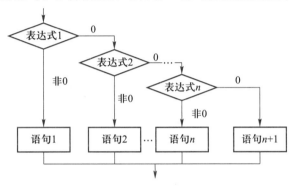

图 4.6　多分支选择结构

4.6　打车费用的计算

【例 4.7】输入出租车类型和里程，计算打车的费用。计算方式为，3 千米以内 8 元；3 千米以上 0 车型每千米 1.5 元，1 车型每千米 2 元。

程序代码：

```
#include <stdio.h>
void main()
{
    int taxiType;
    float s;
    float money;
    printf("Input taxi type(0,1):");
    scanf("%d",&taxiType);
```

```
    printf("Input s:");
    scanf("%f",&s);

    if(s < 3 )
        money = 8;
    else if( taxiType == 0)
        money = 8 + (s-3)*1.5;
    else
        money = 8 + (s-3)*2;

    printf("money=%.2f\n",money);
}
```

程序运行后,输入车型、里程为 0、2.5,运行结果:

```
Input taxi type(0,1):0
Input s:2.5
money=8.00
```

程序运行后,输入车型、里程为 0、6,运行结果:

```
Input taxi type(0,1):0
Input s:6
money=12.50
```

程序运行后,输入车型、里程为 1、6,运行结果:

```
Input taxi type(0,1):1
Input s:6
money=14.00
```

思考:

(1) 不同车型的起步价不同,如何处理?

(2) 打车费用通常是四舍五入,如何处理?

4.7 if 语句的嵌套

在 if 语句的 3 种形式中,所有的语句应为**单个语句**,单个语句也可以被复杂化为**复合语句**。例如:

```
if(…)
{
    x=100;
    printf("%d",x);
}
else
{
    y=200;
    printf("%d",y);
}
```

当 if 语句中的单个语句复杂化为另外一个 if 语句时,称为 if 语句的**嵌套**。其一般形式如下:

```
if(表达式)
    if(表达式)     语句 1;
    else          语句 2;
else
    if(表达式)     语句 3;
    else          语句 4;
```

当出现多个 if 和 else 时,就会存在 else 和 if 配对的问题。C 语言规定 else **总是和其前面最近的没有 else 配对的 if 配对**。当然,配对后必须能构成一个合理的选择结构,如图 4.7 所示。

最后一个 else 前面的两个 if 都没有 else 配对,但花括号中的 if 不能与其配对,虽然离其最近,因为不能构成合理的选择结构,所以是花括号前面的 if(e)和最后一个 else 配对。

```
─if(a)
  if(b) c;
  else
        d;
└else
```

```
─if(e)
 {if(f)g;}
└else
        h;
```

图 4.7　if 和 else 配对关系示意图

4.8　闰年的判断

程序源代码 4.8:
c4_8.c

【例 4.8】输入一个正整数作为年份,编程判断该年是不是闰年。若是,输出 "YES",否则输出 "NO"。

微视频 4.2:
例 4.8 调试过程

分析:

满足下面条件之一即为闰年。

(1) 能被 4 整除,但不能被 100 整除。

（2）能被 400 整除。

程序代码：

```
#include  "stdio.h"
void main()
{
     int year;
     scanf("%d",&year);
     if(year%400 == 0)
          printf("Yes\n");
     else if(year% 4 == 0 && year%100 != 0)
          printf("Yes\n");
     else
          printf("NO\n");
}
```

程序运行时，输入 2012<回车>，运行结果：

```
2012
Yes
```

其实程序可以进一步简化如下：

```
#include  "stdio.h"
void main()
{
     int year;
     scanf("%d",&year);
     if(year%400 == 0 ||( year% 4 == 0 && year% 100 != 0))
          printf("Yes\n");
     else
          printf("NO\n");
}
```

注意：

上面的程序形式上虽然简单，但效率并非最高。这是因为不管输入什么年份首先都要判断是否是 400 的倍数，其实大部分年份都不是，这样的判断放在后面反而更好。思考下面的程序，观察其运行的效率：

```
#include  "stdio.h"
void main()
```

```
{
    int year;
    scanf("%d",&year);
    if(year% 4 == 0)
    {
        if(year%100 != 0)           /* 最一般的闰年形式,如 2008、
                                       2012、2016 等 */
            printf("Yes\n");
        else
            if(year%400 == 0)       /* 极少的闰年形式,如 2000、
                                       2400、2800 等 */
                printf("Yes\n");
            else
                printf("NO\n");     /* 容易错判的闰年形式,如
                                       1900、2100 等 */
    }
    else
        printf("NO\n");             /* 至少有 3/4 的年份不是闰年,
                                       直接输出 NO */
}
```

4.9 条件运算符和条件表达式

4.9.1 条件运算符

条件运算符是 C 语言中唯一的一个三目运算符,由“?”和“:”组合而成,要求有 3 个操作对象,并且 3 个操作对象都是表达式。

4.9.2 条件表达式

由条件运算符构造成的表达式称为条件表达式。
条件表达式的一般形式如下:
表达式 1 ? 表达式 2 : 表达式 3
条件运算的求值规则为,计算表达式 1 的值,若表达式 1 的值为真,则以表达式 2 的

值作为整个条件表达式的值,否则以表达式 3 的值作为整个条件表达式的值。

前面学过的选择结构也可以用条件表达式完成,例如:

```
if(x>y)
    max=x;
else
    max=y;
```

用条件表达式可以写成:

```
max=x>y? x:y
```

1. 优先级

条件运算符的运算优先级低于关系运算符和算术运算符,高于赋值运算符。下面两个式子是等价的:

```
max=(x>y)? x:y
max=x>y? x:y
```

2. 结合性

条件运算符的结合方向是自右至左。例如:

```
a>b? a:c>d? c:d      等价于      a>b? a:(c>d? c:d)
```

条件表达式中,表达式 1 通常为关系或逻辑表达式,表达式 2、3 的类型可以是任意表达式。

【例 4.9】用条件运算符输出 3 个整数中的最大者。

程序代码:

程序源代码 4.9:
c4_9.c

```
#include <stdio.h>
void main()
{
    int a,b,c,max;
    printf("Input a,b,c:");
    scanf("%d,%d,%d",&a,&b,&c);
    max = a>b? a:b;
    max = c>max? c:max;
    printf("max=%d\n",max);
}
```

程序运行时,输入 3,1,8<回车>,运行结果:

```
Input a,b,c:3,1,8
max=8
```

注意:

求三个数的最大数可以一步完成,请观察下面的语句:

```
max=(a>b? a:b) > c ? (a>b? a:b) : c;
```

4.10 switch 语句

利用嵌套的 if 语句可以处理多个分支的问题,当分支太多时,if 语句嵌套的层次数将越多,必然给程序的设计带来困难,还会使程序冗长、可读性差。有没有其他方法能解决多分支问题呢?

C 语言提供了专门用于解决多分支选择问题的语句——switch 语句,其一般形式如下:

```
switch(表达式)
{
    case 常量表达式 1: 语句 1;
    case 常量表达式 2: 语句 2;
    …
    case 常量表达式 n: 语句 n;
    default:语句 n+1;
}
```

switch 后面的表达式必须是字符型或整型,通常是变量表达式。

执行过程:计算表达式的值,并逐个与 case 后的常量表达式值相比较。当表达式的值与某个常量表达式的值相等时,即执行 case 后的语句,然后不再进行判断,继续执行后面所有 case 后的语句。若表达式的值与所有 case 后的常量表达式均不相同时,则执行 default 后的语句。

要注意的是 switch 后面的表达式和常量表达式的值不能为实型,因为实型数存在精度问题,例如 3.0 可能等于 2.999 999 9。

【例 4.10】输入一个十进制数,根据输入的数输出所对应的英文星期单词,若所输入的数小于 1 或大于 7,则输出"Error"。

程序代码:

```
#include <stdio.h>
void main()
{
    int a;
    printf("Input a:");
    scanf("%d",&a);
```

程序源代码 4.10:
c4_10. c

微视频 4.3:
例 4.10 调试过程

```
switch(a)
{
    case 1 :
            printf("Monday\n");
    case 2 :
            printf("Tuesday\n");
    case 3 :
            printf("Wednesday\n");
    case 4 :
            printf("Thursday\n");
    case 5 :
            printf("Friday\n");
    case 6 :
            printf("Saturday\n");
    case 7 :
            printf("Sunday\n");
    default :
            printf("Error\n");
}
}
```

程序运行时,若输入 1<回车>,运行结果:

```
Input a:1
Monday
Tuesday
Wednesday
Thursday
Friday
Saturday
Sunday
Error
```

结果显然不符合设计初衷。输入 1 之后,却输出了 Monday 及以后的所有单词。为什么会出现这种情况呢?

在 switch 语句中,"case 常量表达式"只起语句标号的作用,并不是每次都进行条件判断。这是与前面介绍的 if 语句完全不同的,应特别注意。当执行 switch 语句时,程序会根据 case 后面表达式的值找到匹配的入口标号,并由此处开始执行下去,不再进行判断。为了避免这种情况,C 语言提供了 break 语句,专门用于跳出 switch 语句。break 语句不但可以用在 switch 语句中终止 switch 语句的执行,还可以用在循环中终止循环。关于 break 语句将在第 5 章中详细介绍。

下面的 switch 语句格式才是例 4.10 需要的:

```
switch(表达式)
{
    case 常量表达式 1: 语句 1;break;
    case 常量表达式 2: 语句 2; break;
    ...
    case 常量表达式 n: 语句 n; break;
    default:语句 n+1;
}
```

最后面的"default : 语句 $n+1$; "之后有没有 break 已经无所谓了。

修改后的例 4.10 程序如下:

```c
#include <stdio.h>
void main()
{
    int a;
    printf("Input a:");
    scanf("%d",&a);
    switch(a)
    {
        case 1 :
            printf("Monday\n");
            break;
        case 2 :
            printf("Tuesday\n");
            break;
        case 3 :
            printf("Wednesday\n");
            break;
        case 4 :
            printf("Thursday\n");
            break;
        case 5 :
```

```
                printf("Friday\n");
                break;
            case 6 :
                printf("Saturday\n");
                break;
            case 7 :
                printf("Sunday\n");
                break;
            default :
                printf("Error\n");
        }
}
```

输入<回车>,运行结果:

Input a:1

Monday

注意:

(1) switch 后跟的"表达式"允许为任何整型或字符型表达式,其数据类型和 case 后面的常量表达式的数据类型一致或相容。

(2) 每一个 case 后的各常量表达式的值不允许重复,否则会报错。

(3) 每一个 case 后允许有多条语句,可以不用花括号"{}"括起来。

(4) case 和 default 子句出现的先后顺序可以变动,不会影响程序的执行结果。default 子句也可以省略不用。

(5) 多个 case 可以共用一组执行语句。例如:

```
...
case 'A':
case 'B':
case 'C':printf("Pass\n");break;
...
```

下面是一个测试程序,如果运行后输入 3<回车>,请分析运行的结果。

```
#include <stdio.h>
void main()
{
    int a;
    printf("Input a:");
```

```
scanf("%d",&a);
switch(a)
{
    default :
        printf("%d",a);
    case 10 :
        printf("A");
        break;
    case 11 :
        printf("B");
        break;
    case 12 :
        printf("C");
        break;
    case 13 :
        printf("D");
        break;
    case 14 :
        printf("E");
        break;
    case 15 :
        printf("F");
        break;
}
printf("\n");
}
```

4.11　判断输入的整数是否含有特征数字

【例 4.11】输入一个 100 以内的十进制正整数,判断该数是否包含数字字符"6"。若是输出"Yes!",否则输出"No!"。

程序源代码 4.11:
c4_11.c

分析:

100 以内的十进制正整数要么是一位数,要么是两位数。一位数直接判断是否等于

6即可,两位数需要分别判断个位数和十位数。对于任意两位数,其个位数是对10求得的余数,十位数是整除10的商。例如,36%10等于6,36/10等于3。

程序代码:

```
#include <stdio.h>
void main()
{
    int a;
    printf("Input a:");
    scanf("%d",&a);
    if(a==6 ||(a%10 == 6 ||a/10==6))
            printf("Yes!\n");
    else
            printf("No!\n");
}
```

程序运行时,输入36,运行结果:

```
Input a:36
Yes!
```

程序运行时,输入33,运行结果:

```
Input a:33
No!
```

其实,判断是否含数字字符6的表达式可以进一步简化如下:

```
a%10 == 6 ||a/10==6
```

因为一位数6对10求余也等于6。

思 考:

如果输入两位以上的整数呢?

4.12 三个数的排序

【例4.12】输入3个数,按从小到大的顺序输出。

分 析:

这是一个简单的排序。前面学过如何交换两个数,而有条件的交换可以实现排序。

程序代码:

```
#include "stdio.h"
void main()
{
    int a, b, c, t ;
    printf ("Input a,b,c:");
    scanf ("%d,%d,%d", &a, &b, &c);
    if (a>b)
    {
        t =a;
        a =b;
        b =t;
    }
    if (b>c)
    {
        t =b;
        b =c;
        c =t;
    }
    if (a>b)
    {
        t =a;
        a =b;
        b =t;
    }
    printf ("%d <= %d <=%d\n", a, b, c);
}
```

程序运行时,若输入 3,8,1<回车>,则程序的运行结果如下:

```
Input a,b,c:3,8,1
1<=3<=8
```

程序用了 3 条 if 语句。前两个 if 语句把较大的数放在 c 的位置。最后一个 if 语句将次大数放在 b 的位置,剩下的 a 必然是最小的数了。如果是 4 个数呢? 程序可以写成如下形式:

```
#include "stdio.h"
void main()
```

```
{
    int a, b, c, d,t ;
    printf ("Input a,b,c,d:");
    scanf ("%d,%d,%d,%d", &a, &b, &c ,&d);
    if (a>b)
    {
        t = a;
        a = b;
        b = t;
    }
    if (b>c)
    {
        t = b;
        b = c;
        c = t;
    }
    if (c>d)
    {
        t = c;
        c = d;
        d = t;
    }

    if (a>b)
    {
        t = a;
        a = b;
        b = t;
    }
    if (b>c)
    {
        t = b;
        b = c;
        c = t;
    }
```

```
    if (a>b)
    {
        t = a;
        a = b;
        b = t;
    }

    printf ("%d <= %d <=%d <=%d\n", a, b, c,d);
}
```

程序中用了 6 条 if 语句。这是一种排序算法,具体将在第 6 章详细介绍。

4.13　分数等级的划分

【例 4.13】将一个百分制的成绩(设是整数)转化成 5 个等级:90 分以上为'A',80~89 分为'B',70~79 分为'C',60~69 分为'D',60 分以下为'E'。例如,输入 75,则显示 C。

分析：

先判断输入的数据是否在合理的分数范围(0~100)内,然后再判断是哪个分数段:90 分以上输出 A,80~89 分输出 B,70~79 分输出 C,60~69 分输出 D,否则显示 E。

程序代码：

程序源代码 4.13:
c4_13.c

微视频 4.4:
例 4.13 调试过程

```
#include <stdio.h>
void main()
{
    int a;
    printf("Input a:");
    scanf("%d",&a);
    if( a<0 || a>100)
        printf("Input data error\n");
    else if(a>=90)      /* 这里的 a>=90 其实相当于 a>=90 && a<=
                           100 */
        printf("A\n");
```

```
    else if(a>=80)        /* 这里的 a>=80 其实相当于 a>=80 && a<90 */
            printf("B\n");
    else if(a>=70)
            printf("C\n");
    else if(a>=60)
            printf("D\n");
    else                  /* 这里相当于 a<60 && a>=0 */
            printf("E\n");
}
```

程序运行时,若输入 66<回车>,运行结果:

```
Input a:66
D
```

上面的程序是利用多分支 if 语句的结构编写的,也可以利用 switch 语句来实现上面的程序段。

分析:

使用 switch 语句,当然最笨的办法是每一个分数一个 case 分支,将需要 101 个分支,显然这种程序不值得推荐。那么有没有简化的办法呢?

其实,任何好的算法都是对问题分析和提炼的结果。

题目中 60 分以上都是每 10 分一个层次,60 分以下是一个层次。只要把每个层次的共性找到就容易找到简化程序的办法了。

以 60~69 为例。每个分数的十位数都是 6,对于该层次的成绩,整除 10 的结果都是 6。同样对于 70~79、80~89、90~99 都是一样。而 69 分以下的成绩整除 10 的结果都小于 6。

下面是实现以上算法思想的程序。

程序代码:

```
#include <stdio.h>
void main()
{
    int a;
    printf("Input a:");
    scanf("%d",&a);
    if( a<0 || a>100)
        printf("Input data error\n");
    else
```

```
switch(a/10) /*101 种分数整除 10 后只有 11 种情况,分别是
                0、1、2……10 */
{
    case 10:
    case 9 :
        printf("A\n");
        break;
    case 8 :
        printf("B\n");
        break;
    case 7 :
        printf("C\n");
        break;
    case 6 :
        printf("D\n");
        break;
    default:
        printf("E\n");
}
}
```

本章小结

　　根据某种条件成立与否而采用不同的程序段进行处理的程序结构称为选择结构,也称为分支结构。选择结构体现了程序的逻辑判断能力。

　　对于条件的判断,C 语言采用逻辑值 1 和 0 分别表示真和假。产生这种逻辑值的表达式是关系表达式或逻辑表达式。两者可统称为条件表达式。

　　C 语言采用 if 语句和 switch 语句描述选择结构。

　　(1) if 语句可分为单分支、双分支和多分支。一般采用 if 语句实现简单的分支结构程序。

　　(2) switch 语句和 break 语句配合可以实现多分支结构程序。

　　(3) 嵌套的 if 语句和 switch 语句都能设计完成多分支的程序,两者各有特色。对于条件具备规律性的问题,采用 switch 语句效率更好,可读性也更好。

习题 4

一、选择题

1. 若 x 为 int 类型,则下面与逻辑表达式! x 等价的 C 语言关系表达式是(　　　)。

A. x＝＝1　　　　　　　B. x!＝1　　　　　　C. x＝＝0　　　　　　D. x!＝0

2. 能正确表示逻辑关系 a≥5 或 a≤-1 的 C 语言表达式是(　　　)。

A. a>＝5 or a<＝-1　　　　　　　　B. a>＝5|a<＝-1

C. a>＝5 &&a<＝-1　　　　　　　　D. a>＝5||a<＝-1

3. if 语句的控制条件是(　　　)。

A. 只能用关系表达式　　　　　　　B. 只能用关系表达式或逻辑表达式

C. 只能用逻辑表达式　　　　　　　D. 可以用任何表达式

4. 设 int x＝2, y＝1;,则表达式(! x||y--)的值是(　　　)。

A. 0　　　　　　　　B. 1　　　　　　　C. 2　　　　　　　D. -1

5. 与 y＝(x>0? 1;x<0? -1:0);的功能相同的 if 语句是(　　　)。

A. if (x>0) y＝1;
　　else if(x<0)y＝-1;
　　　　else y＝0;

B. if(x)
　　　　if(x>0)y＝1;
　　　　else if(x<0)y＝-1;
　　　　　　else y＝0;

C. y＝-1;
　　if(x)
　　　　if(x>0)y＝1;
　　　　　　else if(x＝＝0)y＝0;
　　　　　　　　else y＝-1;

D. y＝0;
　　if(x>＝0)
　　　　if(x>0)y＝1;
　　　　else y＝-1;

6. 假定 w、x、y、z、m 均为整型变量,且 w＝1,x＝2,y＝3,z＝4,则执行语句:m＝(w<x)? w:x;m＝(m<y)? m:y;m＝(m<z)? m:z;后,m 的值是(　　　)。

A. 4   B. 3   C. 2   D. 1

7. 有如下程序段：

```
int a=14,b=15,x;
char c='A';
x=(a&&b)&&(c<'B');
```

执行该程序段后,x 的值为(   )。

A. ture   B. false   C. 0   D. 1

8. 设 x、y、t 均为 int 型变量,则执行语句 x=y=2;t=++x||++y;后,y 的值为(   )。

A. 1   B. 2   C. 3   D. 不确定

9. 若有定义:float w; int a, b;,则合法的 switch 语句是(   )。

A. switch(w)
   {
       case 1.0：printf("*\n");
       case 2.0：printf("* *\n");
   }
B. switch(a);
   {
       case 1 printf("*\n");
       case 2 printf("* *\n");
   }
C. switch(b)
   {
       case 1:printf("*\n");
       default:printf("\n");
       case 1+2:printf("* *\n");
   }
D. switch(b)
   {
       case 1:printf("*\n")
       case 2:printf("* *\n")
       default:printf("\n")
   }

10. 有如下程序：

```
#include<stdio.h>
void main()
```

120 · 第 4 章　选择结构程序设计

```
}
int x = 1,a = 0,b = 0;
    switch(x)
    {
        case 0: b++;
        case 1: a++;
        case 2: a++;b++;
    }
    printf("a = %d,b = %d\n",a,b);
}
```

该程序的输出结果是(　　　)。

A. a = 2,b = 1　　　　B. a = 1,b = 1　　　　C. a = 1,b = 0　　　　D. a = 2,b = 2

11. 有如下程序：

```
#include<stdio.h>
void main()
{
    int a = 3,b = -1,c = 1;
    if(a<b)
        if(b<0) c = 0;
        else c++;
    printf("%d\n",c);
}
```

该程序的输出结果是(　　　)。

A. 0　　　　　　　　B. 1　　　　　　　　C. 2　　　　　　　　D. 3

12. 若变量 c 为 char 类型，能正确判断出 c 为大写字母的表达式是(　　　)。

A. 'A'<=c<='Z'　　　　　　　　　　　B. c>='A'|| c<='Z'

C. 'A'<=c and 'Z'>=c　　　　　　　　D. c>='A'&& c<='Z'

13. 运行下列程序：

```
#include <stdio.h>
void main()
{
    int n ='c';
    switch(n++)
    {
        case 'a': case 'A': case 'b': case 'B': printf("good");
```

```
        break;
        case 'c':case 'C':printf("pass");
        case 'd':case 'D':printf("warn");
        default: printf("error");break;
    }
}
```

则输出结果是(   )。

A. good　　　　　B. pass　　　　　C. warn　　　　　D. passwarnerror

14. 设 a、b、c、d、m、n 均为整型变量,且 a=5,b=7,c=3,d=8,m=2,n=2,则逻辑表达式(m=a>b)&&(n=c>d)运算后,n 的值为(   )。

A. 0　　　　　　B. 1　　　　　　C. 2　　　　　　D. 3

15. 以下程序的输出结果是(   )。

```c
#include <stdio.h>
void main()
{
    int b=3;
    if(b<=10)
        b++;
    if(b%3==1)
        b+=3;
    printf("%d\n",b);
}
```

A. 5　　　　　　B. 6　　　　　　C. 7　　　　　　D. 8

16. 运行下列程序:

```c
#include <stdio.h>
void main()
{
    int a=0,b=1,c=2,d;
    d=! a&&! (--b)||! c++;
    printf("%d\n",c);
}
```

则输出结果是(   )。

A. 3　　　　　　B. 2　　　　　　C. 1　　　　　　D. 0

17. 运行下列程序:

```c
#include <stdio.h>
```

```
void main()
{
    int x;
    scanf("%d",&x);
    if(x>60) printf("%d",x);
    if(x>40) printf("%d",x);
    if(x>30) printf("%d",x);
}
```

若从键盘输入 58↙,则输出结果是(　　)。

A. 585858　　　　　　B. 5858　　　　　　C. 58　　　　　　D. 无输出

18. 运行下列程序:

```
#include <stdio.h>
void main()
{
    int a=16,b=21,m=0;
    switch(a%3)
    {
        case 0:m++;break;
        case 1:m++;
        switch(b%2)
        {
            default:m++;
            case 0:m++;break;
        }
    }
    printf("%d\n",m);
}
```

则输出结果是(　　)。

A. 1　　　　　　B. 2　　　　　　C. 3　　　　　　D. 4

二、阅读程序题

1. 有如下程序:

```
#include <stdio.h>
void main()
{
    int x=1,a=0,b=0;
```

```
switch(x)
{
    case 0: b++; break;
    case 1: a++; break;
    case 2: a++;b++;
}
printf("a=%d,b=%d\n",a,b);
}
```

该程序的输出结果是_____。

2. 有如下程序：

```
#include <stdio.h>
void main()
{
    int a=3,b=-1,c=1;
    if(a>b)
        if(b>0) c=0;
        else c++;
    printf("c=%d\n",c);
}
```

该程序的输出结果是_____。

三、程序设计题

1. 设计一个简单的计算器程序，用户输入运算数和四则运算符（+、-、*、/），输出计算的结果。

2. 根据输入的 x 的值求 y 的值，当 x 大于 0 时，$y=(x+1)/(x-2)$；当 x 等于 0 或 2 时，$y=0$；当 x 小于 0 时，$y=(x-1)/(x-2)$。

3. 编写程序，从键盘输入学生成绩，输出对应的等级（100 分为 A，90~99 分为 B，80~89分为 C，70~79 分为 D，60~69 分为 E，小于 60 分为 F）。

4. 编写程序，输入一个不多于 4 位的正整数，判断它是几位数。如输入 168，则输出 3。

第 5 章

循环结构程序设计

学习目标：

（1）掌握循环结构的基本特点。

（2）掌握 3 种循环语句：for 语句、while 语句和 do while 语句。

（3）学会利用 for 语句、while 语句和 do while 语句设计简单的循环
结构程序。

（4）了解 goto 语句构成的循环。

5.1 一次有趣的投币游戏

5.1.1 游戏规则

电子教案：循环结构程序设计

假设有 100 个人，进行 100 次投币，投币数分别是 1、2、3……100。投币的过程如图 5.1 所示。

准备　清空投币箱

投币
第1个人投1枚，第2个人准备
第2个人投2枚，第3个人准备
第3个人投3枚，第4个人准备
……
第99个人投99枚，第100个人准备
第100个人投100枚

结束

图 5.1　投币游戏

可以设想，最后投币的总数其实就是 1+2+3+…+100。

5.1.2 问题的解决

当然，可以用最简单的数学公式：

$$s = \frac{100 \times (100+1)}{2}$$

即

$$s = (100+1) \times 50$$

但与之类似的：

$$1 + \frac{1}{2} + \frac{1}{3} + \frac{1}{4} + \frac{1}{5} + \cdots + \frac{1}{99} + \frac{1}{100}$$

却不好直接用公式计算。下面来探讨游戏的实质和解决方案。

1. 游戏的开始

首先游戏中的投币数和投币箱分别用变量 i 和 s 来存储。游戏之前，执行以下两条语句：

s = 0;　　　　　　　/* 投币箱开始必须是空的 */

```
i=1;              /* 投币数开始是 1 */
```

2. 游戏的进行

每次的投币操作都可以看成以下两条语句的执行：

```
s=s+i;            /* 第 i 个人投币 i 枚 */
i=i+1;            /* 第 i+1 个人准备投币 */
```

将以上两条语句运行 100 次就完成了任务，就相当于投币 100 次。

3. 游戏的结束

还有个重要的问题就是，游戏什么时候结束？很显然，当第 100 个人投币结束，游戏结束，即只要 i≤100，游戏继续进行，否则结束。

如何让以上两条语句运行 100 次？当然不能写 100 次语句，这就需要循环结构才能解决这个问题，写法如下：

```
s=0;/* 投币箱开始必须是空的 */
i=1;/* 投币数开始是 1 */
while(i<=100)
{
    s=s+i;
    i=i+1;
}
```

注意：

上面的程序中变量 i 存储投币数，正好和投币序号一致，i<=100 理解成投币数小于等于 100 或者序号小于等于 100 都可以，如果需要将投币数和投币序号分开，可以增加一个变量 j，程序如下：

```
s=0;              /* 投币箱开始必须是空的 */
i=1;              /* 投币序号数开始是 1 */
j=1;              /* 投币数开始是 1 */
while(i<=100)
{
    s=s+j;        /* 第 i 个人投币 j 枚 */
    i=i+1;        /* 第 i+1 个人准备 */
    j=j+1;        /* 第 i+1 个人投币数是 j+1 枚 */
}
```

重复执行语句需要构造循环结构，在 C 语言中循环语句共有 3 个，即 for 语句、while 语句和 do while 语句。

5.2 while 循环

while 循环通过 while 语句实现。while 循环又称为"当型"循环。

while 语句的一般格式如下：

while（表达式）

    语句

其中，括号后面的语句可以是一条语句，也可以是复合语句。它们都称为循环体。

while 语句的执行过程如下。

（1）计算并判断表达式的值。若值为 0，则结束循环，退出 while 语句；若值为非 0，则执行循环体。

（2）转步骤 1。

流程图如图 5.2 所示。

【例 5.1】计算 s = 1+2+3+…+100。

程序的流程图如图 5.3 所示。

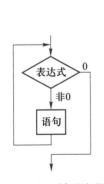

图 5.2　while 循环流程图

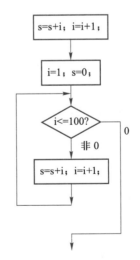

图 5.3　计算 1+2+3+…+100 的循环流程图

程序源代码 5.1：c5_1.c

微视频 5.1：例 5.1 调试过程

程序代码：

```
#include <stdio.h>
void main()
{
```

```
        int i,s;
        i = 1;
        s = 0;
        while(i<=100)           /* 循环控制 */
        {
            s = s+i;
            i = i+1;
        }
        printf("s = %d \n",s);
    }
```

运行结果:

s = 5050

注意:

（1）循环体:循环体包括一条或多条语句,多条语句必须用一对花括号"{ }"括起来。

（2）死循环:合理的循环是有限次循环。如果循环不能退出,则称为"死循环",在程序设计中应该避免出现。例如,上例中的循环条件为 i<=100,i 从 1 逐渐增加到 100,当 i 等于 101 时,不满足 i<=100 的条件从而退出循环。如果将循环条件改成 i>=1,由于 i 每次都是加 1,其趋势为递增,所以条件等于虚设,循环将一直执行下去,变成"死循环"。

（3）循环变量:控制循环执行的次数因素包括循环中的循环条件、控制循环的主要变量的初值和终值以及每次变化的幅度等。例如,上例中 i 有效地控制了循环的运行,i 从 1 循环到 100,每次加 1,循环运行了 100 次,i 也可以称为循环变量。

如果只有一个循环变量,而且循环变量每次有固定的增加和减少的值,则循环的次数可以用以下公式计算:

$$循环次数 = \frac{终值-初值}{步长} + 1$$

步长为循环变量每次增加或减少的值,例如,上例循环次数为(100-1)/1+1,即 100 次。步长可以为负数,例如,以下程序语句:

```
int i,s;
i = 100;s = 0;
while(i>=1)                  /* 循环控制 */
{
        s = s+i;
```

```
        i=i-1;
    }
    …
```

相当于先投 100 枚,每次递减 1 枚,最后一次投入 1 枚。因此根据循环变量的增减特性可以将循环分为递增和递减循环。

思考:

如何修改程序完成以下相似的任务?

(1) 如何修改以上程序计算 1 到 1000 的数的和?

(2) 如何修改以上程序计算 1 到 100 之间所有奇数的和?

【例 5.2】计算 1 到 100 之间所有 3 的倍数的和。

程序代码:

程序源代码 5.2:
c5_2. c

```c
#include <stdio.h>
void main()
{
    int i,s;
    i=3;
    s=0;
    while(i<=99)                    /*循环控制 */
    {
        s=s+i;
        i=i+3;
    }
    printf("s=%d\n",s);
}
```

运行结果:

s=1683

事实上,语句可以再继续复杂化,在循环中加入选择结构语句 if … else …来解决问题,例如,上面的程序也可以设计成如下形式:

```c
#include <stdio.h>
void main()
{
    int i,s;
    i=1;
    s=0;
```

```
while(i<=100)
{
    if (i%3==0)                      /* 判断是否为 3 的倍数 */
        s=s+i;
    i=i+1;
}
printf("s=%d\n",s);
}
```

5.3 do while 循环

do while 循环是循环的另外一种形式,又称为"直到型"循环。

do while 语句的一般格式如下:

```
do
{
    语句
} while(表达式);
```

do while 语句的执行过程为,先执行循环体语句再判断表达式的值。若值为 0,则结束循环,退出 do while 语句;若值为非 0,则继续执行循环体。

流程图如图 5.4 所示。

程序源代码 5.3:
c5_3. c

【例 5.3】计算 s=1+2+3+…+100。

计算流程图如图 5.5 所示。

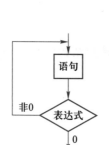
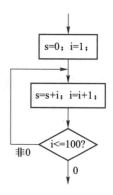

图 5.4 do while 循环流程图　　图 5.5 计算 1+2+3+…+100 的循环流程图

程序代码：
```c
#include <stdio.h>
void main()
{
    int i,s;
    i = 1;
    s = 0;
    do
    {
        s = s+i;
        i = i+1;
    } while(i<=100);        /* 循环控制 */
    printf("s = %d \n",s);
}
```
程序的结果同例 5.1。

注意：

（1）do while 循环和 while 循环可以完成相同的任务。例如上面的程序都可以计算出 1 到 100 的数的和。

（2）do while 循环的循环条件的判断在循环体的后面，所以和 while 循环有区别，例如下面的两个程序：

```c
int i = 1,s = 0;
while(i<1)
{
    s = s+i;
    i = i+1;
}
printf("s = %d \n",s);
```
```c
int i = 1,s = 0;
do
{
    s = s+i;
    i = i+1;
} while(i<1);
printf("s = %d \n",s);
```
左边的程序运行结果为 s = 0，而右边的程序运行结果为 s = 1。

这是由于 do while 循环的循环体至少运行一次后再判断循环条件是否为真，从而决定是否退出循环；while 循环首先判断循环条件是否满足，所以当第一次运行时条件为假时就立即退出循环，从而循环次数可能为 0。

思考：

观察下面的程序，其运行结果是什么？

```
#include <stdio.h>
void main( )
{
    int i = 1,s = 0;
    do
    {
        if(i% 2)
            s = s+i;
        i = i+1;
    } while(i< = 3);
    printf("s = %d \n",s);
}
```

由于 i 有两次满足 i%2 条件的机会,所以最后 s = 4。

如果循环条件改为 i<1,则 s = 1,改成 while 循环则 s = 0。注意 i%2 相当于i%2 == 1。

5.4　for 循环

for 循环是循环的一种标准形式,又称计数式循环。其语法如下:

for(表达式 1;表达式 2;表达式 3) 循环体

表达式 1 通常用于循环的初始化。包括循环变量的赋初值、其他变量的准备等。

表达式 2 是循环的条件判断式,如果为空则相当于真值。

表达式 3 通常设计为循环的调整部分,主要是循环变量的变化部分。

循环体由一条或多条语句构成,多条语句需要用一对花括号{}括起来。

为了理解的方便,也可以这样描述 for 语句的语法:

for(①; ②; ③) ④

执行次序如图 5.6 所示。

【例 5.4】计算 s = 1+2+3+…+100。

计算流程如图 5.7 所示。

程序代码:

```
#include <stdio.h>
void main( )
{
    int i,s;
```

程序源代码 5.4:
c5_4. c

```
    for(i = 1,s = 0; i < = 100; i++)
        s = s+i;
    printf("s = %d \ n",s);
}
```

运行结果同例 5.1。

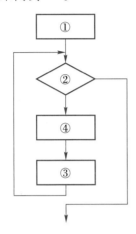

图 5.6 for 循环流程图

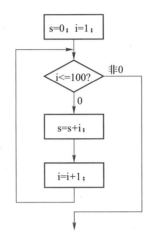

图 5.7 计算 1+2+3+…+100 的循环流程图

注意:

(1) for 循环可以用以下 while 循环代替:

```
①;
while(② )
{
    ④;
    ③;
}
```

(2) 表达式①可以是多个表达式构成的逗号表达式,例如 i = 1,s = 0;。

(3) 表达式①、②、③构成循环的控制部分,3 个表达式之间用分号分隔。

(4) 表达式①可以放在 for 循环的前面,但后面的分号不能少,例如:

```
①;
for(; ② ; ③)④;
```

(5) 表达式②也可以省略,相当于②始终为真值,从而构成无条件循环,循环将不能终止,需要采取其他措施。

(6) 表达式③也可以省略,但作为循环变量的调整功能不能缺少,可以在循环体中完成,例如下面的 for 循环。

```
for (i=1,s=0;i<=100;)
    s=s+i++;
```

(7) 如果表达式①和③都省略的话,相当于 while 循环,例如下面的程序形式:

```
i=1,s=0;
for (;i<=100;)              /* 相当于 while(i<=100) */
    s=s+i++;
```

(8) 表达式①、②、③均省略,即

```
for (;;)④;
```

相当于 while (1) ④;。循环的所有控制和计算功能都必须在循环体④中完成,这样的循环适合于随机退出循环程序的情况。

(9) 表达式④也可以省略,但必须至少保留一个分号,即

```
for (①;②;③) ;
```

一个分号即是一条空语句。

(10) 如果表达式①、②、③、④均省略,即如以下形式:

```
for (;;);
```

这将构成一个死循环。

for 循环是一种优秀的循环结构,是 3 种循环语句中形式上最为规范的一种循环结构,C 语言给予 for 循环非常灵活的形式和强大的功能,比其他语言要强得多。

for 循环的 4 个部分并不是严格划分的,允许有一定的交叉,但不建议破坏划分的功能结构,在程序设计中应该尽量遵守,从而使程序易于控制和维护,并且具有其他两种循环难得的易读性。

5.5 倒数的求和

【例 5.5】计算

$$1-\frac{1}{2}+\frac{1}{3}-\frac{1}{4}+\frac{1}{5}-\cdots+\frac{1}{99}-\frac{1}{100}$$

程序代码:

```
#include <stdio.h>
void main()
{
    int i;
```

```
    double s = 0;                    /* s 需要定义为 double 型 */
    for(i =1; i <= 99; i = i+2)      /* 先计算 */
        s = s+1.0/i;                 /* 1.0/i 不能写成 1/i, 1/i 是整除,而
                                        1.0/i 是实除 */
    for(i = 2; i <= 100; i = i+2)    /* 再计算 */
        s = s - 1.0/i;
    printf("s = %f \n",s);
}
```

运行结果:

s = 0.688173

思 考:

能否用一个循环解决问题?

例 5.5 中用两个循环分别计算得出结果,其实也可以用一个循环来完成,程序如下:

```
#include <stdio.h>
void main()
{
    int i;
    double s = 0;                /* s 需要定义为 double 型 */
    for(i =1; i <= 100; i ++)
    {
        if(i%2 == 1)
            s = s+1/i;          /* i 是奇数时加 1.0/i */
        else
            s = s -1/i;         /* i 是偶数时减 1.0/i */
    }
    printf("s = %lf \n",s);
}
```

程序中运用 if 语句对符号进行了处理。这样的程序有很多种写法,请阅读下面的程序,它们都能达到题目的要求:

```
#include <stdio.h>
void main()
{
    int i;
    double s;                        /* s 需要定义为 double 型 */
```

```
    for(i=1,s=0; i<=100; i++)
        s=(i%2==1) ? (s+1.0/i) : (s-1.0/i);      /*用条件运算符*/
    printf("s=%lf\n",s);
}
```

下面的程序也可以：

```
#include <stdio.h>
void main()
{
    int i;
    double s;                  /* s 需要定义为 double 型 */
    double flag=1;             /* double 型的 flag 用于处理符号问题 */
    for(i=1,s=0; i<=100; i++)
    {
        s=s+flag*1.0/i;   /*用 flag 处理符号问题*/
        flag=-flag;       /*下一次的 flag 由 1 变成-1,或者由-1 变成 1*/
    }
    printf("s=%lf\n",s);
}
```

5.6 循环的嵌套

　　套娃是俄罗斯极受欢迎一种彩色木制玩具娃,如图 5.8 所示。一般由多个一样图案的空心木娃娃一个套一个组成,最多可达十多个,通常为圆柱形,底部平坦可以直立。如套娃一样,循环体可以被复杂化为另外一个循环,这就是循环的嵌套,例如下面的嵌套形式：

图 5.8　俄罗斯套娃

（1）while( )
　　{ …
　　　while( )
　　　…

　　}

（4）while( )
　　{ …
　　　for(; ;)
　　　…

　　}

（2）for(; ;)
　　{
　　　…
　　　for(; ;)
　　　…

　　}

（5）for(; ;)
　　{
　　　…
　　　while(; ;)
　　　…

　　}

（3）do{
　　　…
　　　do{
　　　…
　　　}while( );
　　　…
　　}while( );

（6）do{
　　　…
　　　for(; ;);
　　　…
　　}while( );

循环嵌套实际上是语句的复杂化,循环体内原来的一条语句复杂化成另外一个循环结构。

【例 5.6】计算 $s = 1+(1+2)+(1+2+3)+(1+2+3+4)+(1+2+3+4+5)$。

程序代码:

程序源代码 5.6：
c5_6. c

```c
#include <stdio.h>
void main()
{
    int i,j,s;
    for(i=1,s=0; i<=5; i++)
    {
        for(j=1; j<=i; j++)
        {
            s=s+j;
            printf("i=%d,j=%d,s=%d\n",i,j,s);/* 为了便于理解,将循
                                    环中的变量输出 */
```

```
        }
    }
    printf("s=%d\n",s);
}
```

运行结果：

```
i=1,j=1,s=1
i=2,j=1,s=2
i=2,j=2,s=4
i=3,j=1,s=5
i=3,j=2,s=7
i=3,j=3,s=10
i=4,j=1,s=11
i=4,j=2,s=13
i=4,j=3,s=16
i=4,j=4,s=20
i=5,j=1,s=21
i=5,j=2,s=23
i=5,j=3,s=26
i=5,j=4,s=30
i=5,j=5,s=35
s=35
```

以上程序由两个 for 循环嵌套构成,外面的循环 i 从 1 到 10,里面的循环 j 从 1 到 i,
执行过程如表 5.1 所示。

表 5.1　循环嵌套中变量跟踪表

i	j	s	
		计算过程	值
1	1	(1)	1
2	1	(1)+(1)	2
	2	(1)+(1+2)	4
3	1	(1)+(1+2)+(1)	5
	2	(1)+(1+2)+(1+2)	7

续表

i	j	s	
		计算过程	值
	3	(1)+(1+2)+(1+2+**3**)	10
...	...	...	...
5	1	(1)+(1+2)+(1+2+3)+(1+2+3+4)+(**1**)	21
	2	(1)+(1+2)+ (1+2+3)+(1+2+3+4)+(1+**2**)	23
	3	(1)+(1+2)+ (1+2+3)+(1+2+3+4)+(1+2+**3**)	26
	4	(1)+(1+2)+ (1+2+3)+(1+2+3+4)+(1+2+3+**4**)	30
	5	(1)+(1+2)+ (1+2+3)+(1+2+3+4)+(1+2+3+4+**5**)	35

j 的终值是 i 的值,从而每次内循环计算的和的范围由外循环的循环变量 i 决定,这就是循环的特点:**重复执行相同的语句,但并非重复相同的运算**。循环体的计算是变化的,当然这种变化是有规律的、受循环控制的。这就像绕操场跑步一样,同样跑 10 圈,而每圈跑的步数是不一样的,相当于 10 次外循环内有 n 步小循环,由于体力下降,n 可能每圈在增加。

5.7 break 语句、continue 语句和 goto 语句

5.7.1 break 语句

switch 结构中可以用 break 语句跳出结构去执行 switch 语句的下一条语句。实际上,break 语句也可以用来从循环体中跳出,常常和 if 语句配合使用。例如:

```
for(i=1;i<1000;i++)
    if(i>100)break;
```

当变量 i>100 时退出循环。

break 语句不能用于循环语句和 switch 语句之外的任何其他语句中,另外,break 语句只能跳出当前层次的循环,如果是嵌套的循环,break 语句不能跳出外循环。例如:

```
int s = 0;
for(i = 0;i < 10;i ++)
{
    for(j = 0;j < i;j ++)
        if(j+i >= 5)break;
        else s = s+j;
    s = s+i;              /* break 跳转到的位置 */
}
printf("%d \ n",s);
```

上面的程序中 break 只能跳至 s = s+i;语句处,而不能跳到 printf 语句。

5.7.2 continue 语句

与 break 语句退出循环不同的是,continue 语句只结束本次循环,接着进行下一次循环的判断,如果满足循环条件,继续循环,否则退出循环。

【例 5.7】阅读下面程序,写出运行结果。

程序代码如表 5.2 所示。

程序源代码 5.7:
c5_71. c

程序源代码 5.8:
c5_72. c

程序源代码 5.9:
c5_73. c

表 5.2 例 5.7 三种循环程序代码

for	while	do while
#include <stdio. h> void main( ) { int i,s; for(i = 1,s = 0;i <= 10;i ++) { if(i%2 == 0) continue; if(i%10 == 7) break; s = s+i; } printf("s = %d \ n",s); }	#include <stdio. h> void main( ) { int i,s; i = 0;s = 0; while(i <= 10) { i++; if(i%2 == 0) continue; if(i%10 == 7) break; s = s+i; } printf("s = %d \ n",s); }	#include <stdio. h> void main( ) { int i,s; i = 0;s = 0; do { i++; if(i%2 == 0) continue; if(i%10 == 7) break; s = s+i; } while(i <= 10); printf("s = %d \ n",s); }

程序流程图如表 5.3 所示。

表 5.3 例 5.7 三种循环程序流程图

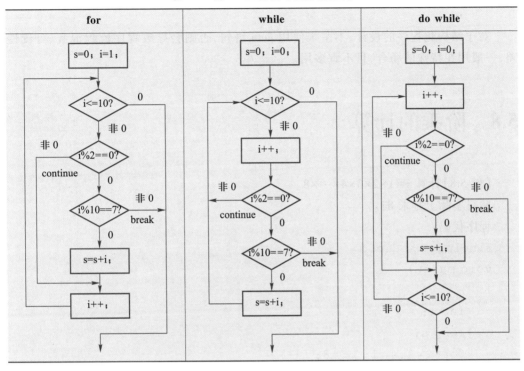

运行结果:

s = 9

程序中当 i 是偶数时,结束本次循环,继续下一个循环;当 i 的个位数是 7 时,结束循环退出;其他情况累加到 s 中,所以实际累加的数只有 1、3、5,结果为 9。

5.7.3 goto 语句

goto 语句为无条件转向语句,形式如下:

goto 语句标号

语句标号用标识符表示,命名规则同变量名。例如下面的程序段:

```
i=1;
s=0;
sum:if(i<=10)
{
    s=s+i;
    i=i+1;
    goto sum;        /* sum 就是标识符 */
```

```
        }
    ...
```

对于结构化程序的设计,不主张使用 goto 语句,否则会导致程序流程混乱、可读性差,一般用在特殊的场合,且不宜多用。

5.8　阶乘的计算

程序源代码 5.10:
c5_8. c

【例 5.8】计算 $s = 1×2×3×4×\cdots×8$。
题目实际上是求 8!。
程序代码:

```c
#include <stdio.h>
void main()
{
    int i;
    long s;
    for(i = 1,s = 1; i<= 8; i ++)
        s = s * i;
    printf("s = %ld \n",s);
}
```

运行结果:
s = 40320

注意:

计算阶乘的方法与求和差不多,但需要注意以下几点。

(1)求和时累加器 s 初始化为 0,求阶乘时累乘器初始化为 1。

(2)求和时用 s = s+i,求阶乘时用 s = s * i。

(3)由于阶乘的值很容易放大,所以数据类型定义为 long 型,输出时用%ld。

5.9　输出星号组成的图形

程序源代码 5.11:
c5_9. c

【例 5.9】打印如图 5.9 所示的图形。

图 5.9 例 5.9 要求打印的图形

分析：

程序需要输出 5 行星号,但每行输出的个数不等,每行星号前面的空格的个数也不同。星号个数、空格个数和行数之间的关系如表 5.4 所示。

表 5.4 行数、空格数、星号数关系

行数 i	空格的个数	星号的个数
1	0	1
2	1	2
3	2	3
4	3	4
5	4	5

假设第一行的星号前面没有空格,行数用 i 来表示,规律如下：

星号数 = 行数(i)

空格数 = 行数(i) − 1

利用循环的嵌套可以完成,程序如下：

微视频 5.3：例 5.9 调试过程

```c
#include <stdio.h>
void main()
{
    int i,j;
    for (i=1; i<=5; i++)            /*行数从 1 到 5 */
    {
        /*j 循环从 1~i-1,共 i-1 次循环,每次打印 1 个空格,共输出 i-1 个
           空格 */
        for (j=1; j<=i-1; j++) printf("□"); /* □代表空格 */
        /*j 循环从 1 到 i,共 i 次循环,每次打印 1 个星号,共输出 i 个星号 */
        for (j=1; j<=i; j++)printf(" * ");
        printf(" \n");              /* 每输出一行需要换行 */
    }
}
```

思 考 :

如何输出如图 5.10 所示的各种图形?

(a) 图形1　　　　　　(b) 图形2　　　　　　(c) 图形3

图 5.10　各种图形

三种图形的规律如表 5.5 所示。

表 5.5　行数、空格数、星号数关系

行数 i	空格的个数			星号的个数		
	图形 1	图形 2	图形 3	图形 1	图形 2	图形 3
1	0	4	0	1	1	9
2	1	3	1	3	3	7
3	2	2	2	5	5	5
4	3	1	3	7	7	3
5	4	0	4	9	9	1
用 i 表示的个数	i-1	5-i	i-1	2*i-1	2*i-1	11-2*i

三种图形对应的程序分别如表 5.6 所示。

表 5.6　三种图形对应的程序

图形 1	图形 2	图形 3
```#include <stdio. h>\nvoid main( )\n{\n int i,j;\n for (i=1;i<=5;i++)\n {\n for (j=1;j<= i-1 ;j++)\n printf("□");\n for (j=1;j<=2*i-1;j++)\n printf(" * ");\n printf("\n");\n }\n}```	```#include <stdio. h>\nvoid main( )\n{\n int i,j;\n for (i=1;i<=5;i++)\n {\n for (j=1;j<=5-i ;j++)\n printf("□");\n for (j=1;j<= 2*i-1;j++)\n printf(" * ");\n printf("\n");\n }\n}```	```#include <stdio. h>\nvoid main( )\n{\n int i,j;\n for (i=1;i<=5;i++)\n {\n for (j=1;j<= i-1 ;j++)\n printf("□");\n for (j=1;j<= 11-2*i ;j++)\n printf(" * ");\n printf("\n");\n }\n}```

可以看出,程序非常相似,只是内循环的循环变量 j 的终值不一样。

5.10　计算 100 以内的素数之和

【例 5.10】计算 100 以内的所有素数之和。

程序源代码 5.12:c5_10.c

分 析:

素数可以从定义来判断,除了 1 和本身之外,没有其他因子,下面观察表 5.7 所示的 7 和 25 两个数的判断过程。

表 5.7　素数判断

i = 2 ~ 100							
i = 7				i = 25			
j = 2~6				j = 2~24			
2	7 % j == 0 ?	7%2==0 ?	否	2	25 % j == 0 ?	25%2==0?	否
3		7%3==0 ?	否	3		25%3==0?	否
4		7%4==0 ?	否	4		25%4==0?	否
5		7%5==0 ?	否	5		25%5==0?	是 break
6		7%6==0?	否				
结论	7 是素数			25 不是素数			
区别	7 除了 1 和自身以外没有其他因子 25 除了 1 和自身以外还有因子 5						

表中 7%j==0 和 25%j==0 可以统一写成 i%j==0。

如果能够判断 i 是否为素数,则可以将是素数的 i 累加起来,不过,根据什么样的具体状态来判断?

程序代码:

```
#include <stdio.h>
void main()
{
    int i,j,s=0;
    for(i=2;i<=100;i++)          /* 循环产生 2~100 之间的数 */
    {
```

```
        for(j=2; j<=i-1; j++)    /* 用 2 ~ i-1 的数去除 i */
            if(i%j==0)
                break;           /* 有能整除 i 的 j, 说明 i 不是素数, 退
                                    出 j 循环 */
            if(j>i-1)            /* i 是素数, 因为 2 ~ i-1 没有 i 的因
                                    子 */
                s=s+i;
        }
        printf("%d\n",s);
}
```

退出内部的 j 循环有两种情况。

（1）正常退出，这时 j 必然超过终值 i-1，即 j>i-1。

（2）通过 break 语句退出，这时 j 必然还在循环合理的值范围之内，即 j<=i-1。

所以，结论是如果 j>i-1，则 i 是素数，可以累加到 s 中。

运行结果：

1060

思考：

必须判断 2~i-1 范围内所有的数都是否整除 i 吗?

其实，判断的数的范围可以缩小一些。

程序中的 j 循环的主要任务就是查找一个 2~i-1 之间的因子，找到了则立即退出，至于其他因子，则不需要继续查找，是否素数的结论已经得出。假设 i 含有一个最小因子 j，则必然有因子 k=i/j，其中 k≥j。所以：

$$i=j\times k \geq j\times j \equiv j^2$$

即

$$\sqrt{i} \geq j$$

用 C 语言的表达式就是

$$j<=sqrt(i)$$

所以以上程序中 j<=i-1 也可以改成 j<=sqrt(i)，相应的判断是否素数并累加的语句就是

```
if(j>sqrt(i))
    s=s+i;
```

不过读者要注意，如果使用 sqrt 函数，必须在程序前面加上

```
#include <math.h>
```

参考：

以下资料供感兴趣的读者阅读。

素数判断的范围最大是 2~i-1,最小是 2~sqrt(i),有的教材选择 2~i/2 当然也可以,因为除了素数 2 或 3 以外,其他的素数都大于 4,所以有

$$i \geqslant 4 \Rightarrow i^2 \geqslant 4i \Rightarrow (\frac{i}{2})^2 \geqslant i \Rightarrow \frac{i}{2} \geqslant \sqrt{i}$$

所以 2~i/2 的范围要比 2~sqrt(i) 要大。对于 i 等于 2、3 的情况,观察循环:

```
for(j=2;j<=i/2;j++)
    if(i%j==0) break;
if(j>i/2) s=s+i;
```

因为当 i 等于 2 或 3 时,i/2 等于 1,因为 j 初值等于 2,所以循环的次数等于 0;j>i/2 相当于 2>1 也是满足的,2 或 3 也能加到 s 中。

5.11   计算 Fibonacci 数列前 20 项的和

【例 5.11】计算 Fibonacci 数列前 20 项的和。

Fibonacci 数列的特点是,前两个数均为 1,从第 3 个数开始,每个数都是前面两个数的和,即

$F_1 = 1, F_2 = 1 (n = 1 \text{ 或 } 2)$

$F_n = F_{n-1} + F_{n-2} (n >= 3)$

很显然,Fibonacci 数列依次为 1,1,2,3,5,8,13,21,34,…。

程序代码:

```
#include <stdio.h>
void main()
{
    int F1,F2,F;
    int i;
    long s;
    F1=F2=1;
    s=F1+F2;
    for(i=1; i<=18; i++)   /* 已经有两个数,只要再产生 18 个数即可 */
    {
```

程序源代码 5.13:
c5_11.c

微视频 5.5:例
5.11 调试过程

```
        F = F1+F2;                /* 得到一个新数 */
        s = s+F;
        F1 = F2;                  /* 重置两个数 */
        F2 = F;
    }
    printf("%ld\n",s);
}
```

运行结果:

17710

注 意:

以上程序的关键在于得到一个新数 F 后,立即重置 F1 和 F2,为下一次循环产生新的数做好准备,图 5.11 对 F1、F2 和 F 的值的变化进行了跟踪。

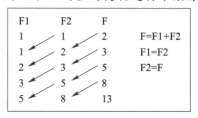

图 5.11　例 5.11 变量跟踪图

5.12　循环的阅读和技巧

循环结构是三种结构中较难掌握的一种,必须学会阅读循环,并利用循环结构解决实际问题。

对于一重循环,如表 5.8 所示。

表 5.8　三 种 循 环

while 循环	for 循环	do while 循环

①;
 while(②)
 {
 ④
 ③
 }
	for(①;②;③)
	 ④
		①;
		 do
		 {
		 ④
		 ③
		 }while(②);

不管是什么循环语句,① 循环的准备,② 循环条件,③ 循环的调整,④ 循环体,这4个部分通常都存在,在阅读循环时按照图 5.12 所示的流程进行。

为了让阅读更加准确,可以借助变量跟踪图。例如,对于下面的程序段,可以用如图 5.13 所示的变量跟踪图来阅读。

程序:

```c
int i,j;
for(i=1;i<=3;i++)
{
    for(j=1;j<=2*i-1;j++)
        printf("*");
    printf("\n");
}
```

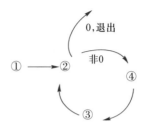

图 5.12　循环语句的流程图

	i	j	输出
开始	1		
	1~3		
i循环第1次	1√	1~2*1-1 (1~1)	·
		1√	
		2×	
i循环第2次	2√	1~2*2-1 (1~3)	
		1√	·
		2√	·.
		3√	·..
		4×	
i循环第3次	3√	1~2*3-1 (1~5)	
		1√	· ... ·
		2√	· ... ..
		3√	· ... ...
		4√	· ... .
		5√	· ... .
		6×	
退出	4×		

图 5.13　变量跟踪示意图

注意:

利用变量跟踪图阅读循环,可以准确把握循环的每一个步骤,这样的草图可以根据个人的习惯进行简化和调整,下面几个要素在画图时有必要参考把握。

(1) 标出循环中所有的变量。

(2) 多重循环需要体现其层次。

(3) 用符号简化标注。例如:用√、×、↙分别表示“满足循环条件”“不满足循环条件,退出”“换行”等。

熟悉了草图的画法之后,图也可以进一步简化,例如,上面的草图可以简化为图 5.14。

	i	j
开始:	1	
	1√	
		1√2×↙
	2√	
		1√2√3√4×↙
	3√	
		1√2√3√4√5√6×↙
	4×	

图 5.14　简化的变量跟踪图

5.13　日历的打印

程序源代码 5.14:
c5_12. c

【例 5.12】输入 2019 年的某个月份,打印该月份的日历。

程序代码:

```
#include<stdio.h>
void main()
{
    int i;
    int month;
    int first=2;            /* 2019 年的 1 月 1 日是星期二 */
    int daysmonth;          /* 用来记录该月有多少天 */
    printf("Year is 2019,Please input the month:");
    scanf("%d",&month);
    for(i=1; i<=month; i++)
    {
        switch(i)
        {
```

```
            case 2：
                daysmonth=28；
                break；
            case 4：
            case 6：
            case 9：
            case 11：
                daysmonth=30；
                break；
            default：
                daysmonth=31；
                break；        /*其他月份都是31天*/
        }
    if(i<month)            /*及时调整该月的1号对应的星期,0表示星期天*/
        first=(first+daysmonth) % 7；
}
printf("Year:2019,Month:%d,First:%d\n",month,first)；
printf(" SU MO TU WE TH FR SA \n")；        /*输出星期的名称,每个名称占3
                                              个字符*/
for(i=0；i<first；i++)        /*输出1号前面的空格*/
    printf("   ")；        /*每次输出3个空格*/
for(i=1；i<=daysmonth；i++)
{
    printf("%3d",i)；
    if( (i+first) %7 == 0)    /*输出每行最后一天后补充输出一个换行符*/
            printf("\n")；
    }
        printf("\n")；
}
```

运行结果如图5.15所示。

注 意：

（1）程序中的第1个for循环的功能有两个：首先计算出该月的1号是星期几,从1月循环到month,每循环一次调整一次first；注意调整操作不包括当前月month,否则就是下一个月的1号是星期几了；另外,当循环结束时,i等于month,正好对应要输出的月

```
Year is 2019,Please  input  the  month:3
Year:2019,Month:3,First:5
SU MO TU WE TH FR SA
                      1   2
 3   4   5   6   7   8   9
10  11  12  13  14  15  16
17  18  19  20  21  22  23
24  25  26  27  28  29  30
31
```

图 5.15　例 5.12 运行结果图

份,daysmonth 也正好是该月的天数。

（2）程序中第 2 个 for 循环输出 1 号前面的空格,每次输出 3 个,和标题对应。

（3）换行符的输出是程序的另外一个关键点。每行最后一天 i 的特征是

(i+first) % 7 == 0

可以这么理解,如果 1 号是星期天的话,1 号输出在第 1 列,则 7、14、21、28 号输出在最后一列,它们的特征就是

i % 7 == 0

因为 1 号可能不在第 1 列,所以再加上 first 进行校正。如果写成

(i−1+first) %7 == 6

也可以。

（4）输出日历有两个关键参数:first 和 daysmonth, daysmonth 中 2 月份需要根据年份是否为闰年来设定是 28 或 29, first 参数如表 5.9 所示。

表 5.9　2001—2030 年份参数表

年份	first	年份	first	年份	first	年份	first	年份	first
2001	1	2007	1	2013	2	2019	2	2025	3
2002	2	2008	2	2014	3	2020	3	2026	4
2003	3	2009	4	2015	4	2021	5	2027	5
2004	4	2010	5	2016	5	2022	6	2028	6
2005	6	2011	6	2017	0	2023	0	2029	1
2006	0	2012	0	2018	1	2024	1	2030	2

本章小结

循环结构是面向过程编程中 3 种结构中最重要的一种结构,学好它是学好这门课程的关键。本章介绍的内容主要如下。

(1) 三种循环结构 while、do while 和 for 循环(goto 也可以构成循环,通常不用)。

(2) break 语句、continue 语句和 goto 语句。

(3) while 循环和 do while 循环的条件判断一个在前,一个在后,导致循环体执行的次数不同,需要密切注意。

(4) for 循环为标准的功能很强的循环,通常用于可控制的循环,对于程序的维护和阅读都是最佳选择。

(5) break 语句和 continue 语句可以改变循环运行的方向,主要用于特殊情况的处理,但不能控制 if 和 goto 构成的循环。

循环结构的实质是**重复**执行一系列语句,这种重复性是在循环条件的控制之下完成的,目的是完成指定的任务,所以利用循环结构设计程序的关键就在于如何控制循环的条件,在恰当的时机由"真"变"假",从而退出循环。

习题 5

一、选择题

1. for(i=0;i<10;i++);结束后,i 的值是(　　　)。

A. 9　　　　　　　　B. 10　　　　　　　　C. 11　　　　　　　　D. 12

2. 下面的程序段中 while 循环的循环次数是(　　　)。

```
int k=0;
while(k<10)
{
    if(k<1)
        continue;
    if(k==5)
        break;
    k++;
```

```
}
```

A. 5   B. 6

C. 4   D. 死循环,不能确定次数

3. 下面程序的输出结果是(　　)。

```
#include <stdio.h>
void main()
{
    int s,k;
    for(s=1,k=2;k<5;k++)
        s+=k;
    printf("%d",s);
}
```

A. 1   B. 9   C. 10   D. 15

4. 要使下面程序段输出 10 个整数,则在下画线处填入正确的数是(　　)。

```
for(i=0;i<=_____;)
    printf("%d\n",i+=2);
```

A. 9   B. 10   C. 18   D. 20

5. 运行下列程序:

```
#include <stdio.h>
void main()
{
    int i=10,j=0;
    do
    {
        j=j+i;
        i--;
    }while(i>5);
    printf("%d",j);
}
```

则输出结果是(　　)。

A. 45   B. 40   C. 34   D. 55

6. 运行下列程序:

```
#include <stdio.h>
void main()
{
```

```
    int k=0,a=1;
    while(k<10)
    {
        for(;;)
        {
            if((k%10)==0)
                break;
            else
                k--;
        }
        k+=11;
        a+=k;
    }
    printf("%d %d",k,a);
}
```

则输出结果是(   )。

A. 21 32　　　　　 B. 21 33　　　　　 C. 11 12　　　　　 D. 10 11

7. 以下叙述正确的是(   )。

A. do while 语句构成的循环不能用其他语句构成的循环来代替

B. do while 语句构成的循环只能用 break 语句退出

C. 用 do while 语句构成的循环,在 while 后的表达式为非零时结束循环

D. 用 do while 语句构成的循环,在 while 后的表达式为零时结束循环

8. 有如下程序:

```
#include <stdio.h>
void main()
{
    int x=3;
    do
    {
        printf("%d",x--);
    }while(! x);
}
```

该程序的执行结果是(   )。

A. 3 2 1　　　　　 B. 2 1 0　　　　　 C. 3　　　　　 D. 2

9. 若 k 为整型变量,则下面 while 循环执行的次数为(   )。

```
k = 10;
while( k = = 0 ) k = k-1;
```

A. 0 次 　　　　　　B. 1 次 　　　　　　C. 10 次 　　　　　　D. 无限次

10. 下面有关 for 循环的描述正确的是(　　　)。

A. for 循环只能用于循环次数已经确定的情况

B. for 循环是先执行循环体语句,后判断表达式

C. 在 for 循环中,不能用 break 语句跳出循环体

D. for 循环的循环体语句中,可以包含多条语句,但必须用花括号括起来

11. 对 for(表达式 1;　;表达式 3)可理解为(　　　)。

A. for(表达式 1;0;表达式 3) 　　　　B. for(表达式 1;1;表达式 3)

C. for(表达式 1;表达式 1;表达式 3) 　　D. for(表达式 1;表达式 2;表达式 3)

12. 若 i 为整型变量,则以下循环执行次数是(　　　)。

```
for(i=2; i==0;)  printf("%d",i--);
```

A. 无限次 　　　　B. 0 次 　　　　　　C. 1 次 　　　　　　D. 2 次

13. 以下循环体的执行次数是(　　　)。

```
#include <stdio.h>
void main( )
{
    int i,j;
    for(i=0,j=3;i<=j;i+=2,j--)
        printf("%d \n",i);
}
```

A. 3 　　　　　　B. 2 　　　　　　C. 1 　　　　　　D. 0

14. 执行以下程序后,输出结果是(　　　)。

```
#include <stdio.h>
void main( )
{
    int y=10;
    do{y--;}while(--y);
    printf("%d \n",y--);
}
```

A. -1 　　　　　　B. 1 　　　　　　C. 8 　　　　　　D. 0

15. 以下程序的输出结果是(　　　)。

```
#include <stdio.h>
void main( )
```

```
{
    int a,b;
    for(a=1,b=1;a<=100;a++)
    {
        if(b>=10)
            break;
        if(b%3==1)
        {
            b+=3;
            continue;
        }
    }
    printf("%d",a);
}
```

    A. 101   B. 3   C. 4   D. 5

二、填空题

1. 循环的 3 个常见语句分别是_____、_____和_____。

2. 下面程序的运行结果为_____。

```
#include <stdio.h>
void main()
{
    int a=10, y=0;
    do
    {
        a+=2; y+=a;
        if (y>50) break;
    } while (a<14);
    printf("a=%d, y=%d\n", a, y);
}
```

3. 从键盘输入 1□2□3□4□5□-1<回车>,"□"代表空格,则下面程序的运行结果
是_____。

```
#include <stdio.h>
void main()
{
    int n, k=0;
```

```
    do
    {
        scanf("%d", &n);
        k+=n;
    }while (n!=-1);
    printf("k=%d, n=%d", k, n);
}
```

4. 下面程序的运行结果为_____。

```
#include <stdio.h>
void main()
{
    int i, j, s=0;
    for ( i=1, j=5; i<j; i++, j-- )
        s+=i*10+j;
    printf("%d\n", s);
}
```

5. 下面程序的运行结果为_____。

```
#include <stdio.h>
void main()
{
    int i=10, s=0;
    for ( ; --i; )
        if ( i%3==0)
        s+=i;
    s++;
    printf("s=%d\n", s);
}
```

6. 下面程序的运行结果为_____。

```
#include <stdio.h>
void main()
{
    int a=2, n=5, s;
    s=a;
    for ( ; --n; )
        s=s*10+a;
```

```
    printf("%d", s);
}
```

7. 下面程序运行时,循环体语句"a++;"运行的次数为_____。

```c
#include <stdio.h>
void main()
{
    int i, j,a = 0;
    for ( i = 0; i<2; i++ )
        for ( j = 4; j >= 0; j-- )
            a++;
}
```

8. 下面的程序运行后,a 的值为_____。

```c
#include <stdio.h>
void main()
{
    int i, j,a = 0;
    for ( i = 0; i<2; i++ ) a++;
        for ( j = 4; j >= 0; j-- ) a++;
}
```

9. 下面程序段的运行结果为_____。

```c
int i = 1, s = 3;
do
{
    s += i++;
    if (s%7 == 0)  continue;
    else ++i;
} while (s<15);
printf("%d", i);
```

10. 当运行以下程序时,从键盘输入 China#<回车>,则下面程序的运行结果是_____。

```c
#include <stdio.h>
void main()
{
    int v1 = 0, v2 = 0;
    char c;
```

```
while ( (c=getchar())! = '#')
    {
        switch (c)
        {
            case 'a':
            case 'h':
            default : v1++;
            case 'o': v2++;
        }
    }
printf("%d,%d\n", v1, v2);
}
```

三、改错题

1. for(i=0,i<5,i++) j++;

2. while(j<10);{j++;i=j;}

3. do{j++;a=j;}while(j<10)

4. 用下列程序段实现求 5!。

```
int s=1,i=1;
while(i<=5)
s*=i;
i++;
```

5. 下列程序段实现求半径 $r=1$ 到 $r=10$ 的圆面积,直到面积大于 100 为止。

```
for(r=1;r<=10;r++)
{
    s=3.14159*r*r;
    if(s>100) continue;
    printf("%f",s);
}
```

四、编程题

微视频 5.6:第 4
题调试过程

1. 求 1-2+3-4+5-6+7+…+99-100。

2. 任意输入 10 个数,分别计算输出其中正数和负数的和。

3. 计算 1~100 以内所有含 6 的数的和。

4. 输出所有的三位水仙花数。所谓水仙花数是指所有位的数字的立方之和等于该数,例如:

$153=1^3+5^3+3^3$

5. 编写程序输出下面的图形。

```
1
23
456
7890
```

6. 编写程序输出下面的图形。

微视频 5.7：第 5 题调试过程

微视频 5.8：第 6 题调试过程

五、高级应用

1. 求和程序的变与不变

（1）$1+2+3+\cdots+1\,000$

（2）$1+\dfrac{1}{2}+\dfrac{1}{3}+\cdots+\dfrac{1}{100}$

（3）$1-\dfrac{1}{2}+\dfrac{1}{3}-\cdots-\dfrac{1}{100}$

微视频 5.9：高级应用第 1 题调试过程

（4）n 是奇数时计算 $1+3+5+\cdots+n$，n 是偶数时计算 $2+3+4+\cdots+n$

2. π 值的多种算法

（1）$\dfrac{\pi}{2}=\dfrac{2}{1}\times\dfrac{2}{3}\times\dfrac{4}{3}\times\dfrac{4}{5}\times\dfrac{6}{5}\times\dfrac{6}{7}\times\dfrac{8}{7}\times\cdots$

（2）$\dfrac{\pi}{4}=1-\dfrac{1}{3}+\dfrac{1}{5}-\dfrac{1}{7}+\dfrac{1}{9}-\dfrac{1}{11}+\dfrac{1}{13}-\cdots$

微视频 5.10：高级应用第 2 题调试过程

（3）$\dfrac{\pi}{3}=1+\dfrac{1}{4\cdot3!}+\dfrac{1}{4^{2}\cdot5!}+\dfrac{1}{4^{3}\cdot7!}+\dfrac{1}{4^{4}\cdot9!}+\cdots$

（4）$\dfrac{\pi^{2}}{6}=\dfrac{1}{1^{2}}+\dfrac{1}{2^{2}}+\dfrac{1}{3^{2}}+\dfrac{1}{4^{2}}+\dfrac{1}{5^{2}}+\cdots$

第 6 章

数组

学习目标：

（1）掌握一维数组、二维数组的定义、初始化和数组元素的引用。

（2）掌握字符数组的定义、初始化和数组元素的引用。

（3）掌握字符串的存储方法和应用。

（4）掌握有关处理字符串的系统函数的使用方法。

6.1 数组的基本概念

电子教案:
数组

问题:从键盘输入 **10** 个数,求平均数并输出所有小于平均数的数。

分析:

从键盘输入 10 个数,求平均数很简单,可以采用边接收边求和的方法,最后根据总和求平均数。下面的程序可以做到:

```
int a,i;
float s;
for(i=0,s=0;i<10;i++)
{
    scanf("%d",&a);
    s=s+a;
}
```

平均数就是 s/10 了。但是输出**小于平均数的数**就比较麻烦了,因为从键盘接收的 10 个数在求和以后**没有保存**起来,输出比平均数小的数已经无法实现。

要解决此问题,必须将 10 个数存储下来,而利用数组就可以解决这个问题。

所谓数组,就是一组类型相同的变量。它用一个数组名标识,每个数组元素都是通过数组名和元素的相对位置——**下标**来引用的。数组可以是一维的,也可以是多维的。

观察以下系列变量:

int a1,a2,a3,…,a10

这是一组 int 类型变量,可以定义以下数组来代替这些变量:

int a[10];

这就是数组,该数组包括以下元素:

a[0],a[1],a[3],…,a[9]

其中下标从 0 开始,和前面不同的是,这些变量统一共享一个数组名 a。

6.2 一维数组

一维数组用于存储一行或一列的数据。定义方式如下:

<类型> <数组名> [<常量表达式>];

<类型>:数组元素的数据类型,可以是 int、char、float 等简单类型以及后面将要学到的结构、共用体等复杂类型。

<数组名>:数组的标识、命名规则同变量名。

<常量表达式>:用来定义数组的长度,因为数组也必须先定义再使用。

例如:

```
int a[10];
char s[100];
```

注意:

(1)C 语言不允许对数组的大小作动态定义,即定义行中的数组长度可以包括常量和符号常量,但不能包括变量。例如,下面的定义是错误的。

```
int  n=10;
int  a[n];      /*因为 n 为变量*/
```

而下面的定义是正确的:

```
#define N 10
void main()
{
    int a[N];          /*N 为符号常量*/
    …
}
```

(2)定义数组的同时可以对数组初始化。以下初始化的方法都是允许的。

在定义数组时对数组元素全部赋值。例如:

```
int a[10]={1,2,3,4,5,6,7,8,9,10};
```

只给一部分元素赋值。例如:

```
int a[10]={1,2,3,4,5};
```

其结果是,a[0]为 1,a[1]为 2,a[2]为 3,a[3]为 4,a[4]为 5,a[5]到 a[9]都为 0,

即花括号内的值只赋给了数组的前几个元素,后几个元素的值为 0。

一维数组初始化时可以不指定数组长度。例如:

int a[ ]={1,2,3,4,5,6,7,8,9,10};

编译系统可自动得出长度为 10。

(3) 数组元素的下标从 0 开始。

int a[10];

则自然计数的第 i 个元素是 a[i-1],例如第 5 个元素是 a[4]。有的书上也称第一个元素为第 0 元素,这种说法将会导致歧义,a[4]变成第 4 元素,但不是第 4 个元素。

n 个元素的数组,其最大下标是 n-1,如上面的数组,最后一个元素是 a[9],不存在 a[10]这个元素。

(4) 数组名不能像变量一样进行赋值操作。以下用法是错误的:

int a[10],b[10];

a=b; /* 错误 */

下面是常见的一维数组的定义:

int   a[10];/*定义整型数组 a,它有 10 个元素 */

char s[20];/*定义字符型数组 s,它有 20 个元素 */

float f[5],g[10];/*定义实型数组 f 和 g,f 数组有 5 个元素,g 数组有 10 个元素 */

6.3   求 10 个数中的最大值、最小值、平均值

【例 6.1】编程求 10 个数中的最大值、最小值、平均值。输出所有小于平均值的数。

程序源代码 6.1:
c6_1.c

微视频 6.1:例
6.1 调试过程

程序代码:

```
#include <stdio.h>
void main()
{
int a[10],i;
int max,min;
float s=0,aver;          /* s、aver 定义成实型 */
printf("Input 10 numbers: ");
for (i=0; i<10; i++)
    scanf("%d",&a[i]); /*&a[i]表示数组元素 a[i]的地址 */
s=max=min=a[0];          /* 把第一个数先存到 max、min 中,把其他数和它
```

们比较 */

```
for (i=1; i<10; i++)
{
    if (a[i]>max)
        max=a[i];          /* 只要比 max 大,就替换 max */
    else if (a[i]<min)
        min=a[i];          /* 只要比 min 小,就替换 min */
    s=s+a[i];
}
aver=s/10;
printf("max is %d\n",max);
printf("min is %d\n",min);
printf("average is %.2f\n",aver);
for(i=0; i<10; i++)
    if(a[i]<aver)          /* 输出比平均值 aver 小的数 */
        printf("%4d",a[i]);
    printf("\n");
}
```

运行后输入 68 88 95 75 82 95 56 76 86 92<回车>,程序的结果如下:

```
Input 10 numbers: 68 88 95 75 82 95 56 76 86 92
max is 95
min is 56
average is 81.30
  68  75  56  76
```

程序中先将 a[0] 的值赋给 max,然后利用 for 循环将剩余 9 个元素逐个与 max 比较,如果发现比 max 大的元素,则用该元素的值替换 max,从而保证 max 总是最大值。

计算出平均值 aver 后,再把数组中 10 个元素与 aver 逐个比较,输出其中小于平均值的数。

程序中的变量 aver 可能是小数,定义的类型不能是 int 类型。s 可以定义成 int 类型,不过如果定义成 int 类型,语句 aver=s/10;需要写成 aver=s/10.0;,因为 s/10 是整除了。

思 考:

应用数组有哪些好处?

通过上面的程序可以看出,数组的最大优点如下。

（1）数组元素可以用数组名和下标来访问,而下标可以是变量甚至是表达式,所以可以结合循环来访问数组中的所有元素,从而给访问和操作一组变量带来了极大的方便。

（2）数组元素之间有密切的顺序关系。

6.4　二维数组和多维数组

二维数组用于存放矩阵形式的数据,如二维表格等数据。

定义二维数组的格式如下:

<类型> <数组名> [<常量表达式 1>][<常量表达式 2>];

例如:

```
int a[3][4];        /* 3×4 的矩阵,共 12 个元素 */
float f[5][10];
```

以上和一维数组相似,定义了一组变量,只不过这些变量有行和列的排列。如 int a [3][4] 的排列如下:

```
a[0][0]   a[0][1]   a[0][2]   a[0][3]
a[1][0]   a[1][1]   a[1][2]   a[1][3]
a[2][0]   a[2][1]   a[2][2]   a[2][3]
```

以上是便于理解和引用的逻辑排列结构,在计算机的内存中,其物理存储结构会因为系统不同而不同,例如图 6.1 所示的物理存储结构。

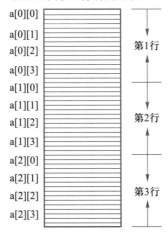

图 6.1　二维数组内存存储示意图

注意图中每个元素占 4 个字节的存储空间,这是因为 32 位机器的 int 型的长度为 4

字节,如果是 16 位机器就是 2 个字节了,不同类型的机器每个元素的长度不一样。

二维数组的初始化形式有以下几种。

(1)二维数组初始化,可以用分行的方式。例如:

```
int a[3][2]={{1,2},{3,4},{5,6}};
```

其中内{ }代表一行元素的初值。经过如此的初始化后,每个数组元素分别被赋予如下各值:a[0][0]为 1,a[0][1]为 2,a[1][0]为 3,a[1][1]为 4,a[2][0]为 5,a[2][1]为 6。

(2)分行初始化的方式也可以为数组元素部分初始化。例如:

```
int a[3][2]={{1},{2,3},{4}};
```

这样,数组的前几个元素的值如下:a[0][0]为 1,a[1][0]为 2,a[1][1]为 3,a[2][0]为 4,而其余元素的初值将自动设为 0。

(3)在初始化时,也可将所有数据写在一个花括号内,则按数组元素的存储顺序对各元素赋初值。例如:

```
int a[3][2]={1,2,3,4,5,6};        /*省略行的完全初始化 */
int a[3][2]={1,2,3,4};            /*省略行的部分初始化 */
```

省略行的部分初始化其结果如下:a[0][0]为 1,a[0][1]为 2,a[1][0]为 3,a[1][1]为 4,其余元素的值自动设为 0。

(4)若对元素赋初值时,则定义数组时对第一维的长度可以不指定,但对第二维的长度不能省。例如:

```
int a[][2]={1,2,3,4,5};           /*编译系统可自动求出第一维长度为
                                    3 */
int a[2][]={1,2,3,4,5};           /*编译时会出现语法错误 */
```

引用二维数组元素的方法与一维数组类似,只不过多了一个下标,经常需要结合循环的嵌套来完成。

【例 6.2】演示二维数组的定义及元素引用。

程序代码:

程序源代码 6.2: c6_2.c

```c
#include <stdio.h>
void main()
{
    int i,j,k=0;
    int a[3][4];
    for(i=0; i<3; i++)              /*变量 i 控制数组 a 的行下标 */
    {
        for(j=0; j<4; j++)         /*变量 j 控制数组 a 的列下标 */
        {
```

```
            a[i][j]=k;
            printf("a[%d][%d]=%d \t",i,j,a[i][j]);
            k++;
        }
        printf(" \n");
    }
}
```

运行结果：

```
a[0][0]=0      a[0][1]=1      a[0][2]=2      a[0][3]=3
a[1][0]=4      a[1][1]=5      a[1][2]=6      a[1][3]=7
a[2][0]=8      a[2][1]=9      a[2][2]=10      a[2][3]=11
```

6.5   输入学生成绩，计算每门课程的平均分

【例 6.3】输入 3 位学生的 C 语言程序设计、英语成绩，计算每门课程的平均分。
程序代码：

程序源代码 6.3:
c6_3.c

```
#include <stdio.h>
void main()
{
    float score[3][2],average[3],temp;
    char  info[2][20]={"C Programming","English"};
    int i,j;
    for( i=0 ; i < 3 ; i++ )
    {
        printf("No:%d \n",i+1);
        for( j=0 ; j < 2 ; j++ )
        {
            printf("%s:",info[j]);
            scanf("%f",&score[i][j]);
        }
    }
    for(i=0; i<2; i++)     /*课程循环*/
    {
```

```
        temp = 0;
        for(j = 0；j<3；j++) /* 学生循环 */
            temp = temp  + score[j][i];   /* j 学生的 i 课程成绩 */
        average[i] = temp /3;
        printf("%s:% .2f\n",info[i],average[i]); /* %s 用来输出字
                                             符串 info[i] */
    }
}
```

运行结果：

```
No:1
C Programming:90
English:85
No:2
C Programming:82
English:88
No:3
C Programming:68
English:73
C Programming:80.00
English:82.00
```

二维数组的引用需要两重循环来分别控制行和列，程序中需要注意行与列的关系。
上面程序中定义和使用了字符型数组 char info[3][20]，下面将详细介绍。

6.6 字符数组与字符串

字符数组其实就是类型为字符型（char）的数组，每一个元素存放一个字符，主要用于存储和处理字符型数据。

字符数组的定义和一般的数组一样，例如：

```
char s[10];
char string[3][10];
```

初始化的方法如下：

```
char s[10] = {'H','e','l','l','o',' ','C','+','+','!'};   /*完全初始化*/
char s[] = {'H','e','l','l','o',' ','C','+','+','!'};
```

```
/* 省略长度的完全初始化 */
char s[10]={'H','e','l','l','o','!'};    /* 不完全初始化 */
char s[11]={"Hello C++!"};    /* 字符串形式的初始化 */
char s[11]="Hello C++!";    /* 省略花括号的字符串形式的初始化 */
```
后面两种初始化的结果如图 6.2 所示。

'H'	'e'	'l'	'l'	'o'		'C'	'+'	'+'	'!'	'\0'

图 6.2　字符串存储形式

s[0]是'H',s[1]是'e',其他类推。

用双引号进行的字符串形式初始化和普通字符数组不同的是,在串的尾部自动添加了一个结束符'\0',其 ASCII 值为 0。数组的长度为 11,如果为 10,'\0'将不能存储,字符串将不能正确初始化,其结果将只是一个普通的字符数组。

以下形式也可以初始化一个字符串:

```
char s[11]={'H','e','l','l','o','','C','+','+','!','\0'};
```

有了结束符'\0',在编译处理和对字符串操作时,可以以此作为串是否结束的标志,定义字符串时需要足够的空间能存储最后一个结束符,像以下定义则是错误的:

```
char s[10]="Hello C++!";
```

字符串的长度是不包含'\0'在内的有效字符个数,如果字符串包含多个'\0',以最前面的为有效结束符。例如,假设有字符串:

```
char s[11]={'H','e','l','l','o','\0','C','+','+','!','\0'};
```
则字符串的有效长度为 5,字符数组的长度仍然为 11。

6.7　逆序输出字符串

程序源代码 6.4: c6_4.c

微视频 6.2: 例 6.4 调试过程

【例 6.4】输入一串字符,将其按逆序输出。

程序代码:
```c
#include <stdio.h>
#include <string.h>
void main()
{
    char s[100];
    int i=0;
    printf("Input a string:");
```

```
    gets(s);
    while(s[i] != '\0') i++;
    while(--i>=0)
        putchar(s[i]);
    putchar('\n');
}
```
运行结果：

Input a string:123456789

987654321

注意：

（1）第 1 个 while 循环的作用是将 i 指向字符串结束符。所谓指向,其实就是让 i 等于字符串结束符在字符数组中的下标。

（2）第 2 个 while 循环是一个递减的循环,每次 i 减 1 后,输出 i 对应下标的字符 s[i]。注意,i 的自减是前缀的--i,由于第 2 个 while 循环之前 i 指向字符串结束符,减 1 后则指向倒数第一个有效字符。

（3）第 2 个 while 循环的条件是 i>=0,所以,当输出完第一个字符后,--i 将 i 变成 -1,循环退出。这时正好完成题目要求的逆序输出任务。

6.8　字符串函数

为了处理字符串方便,C 语言库函数中提供了很多字符串处理函数,使用这些函数需要包含头文件 string.h,形式如下：

#include <string.h>

下面具体介绍其中常用的函数。

1. strlen（字符串）字符串长度函数

求字符串中第一个结束符'\0'前的字符个数。例如：

```
char s[100]= "Hello World!";      /* 长度是 12 */
char t[100]= "12345\06789\0";     /* 长度是 5 */
```
实际上字符数组 s 和 t 实际存储长度都是 100。

2. strcpy（字符数组 1,字符串 2）字符串复制函数

函数将字符串 2 复制到字符数组 1。很显然,字符数组 1 必须有足够的空间来存储复制过来的字符串 2。例如：

```
char s1[20];
char s2[]="Good luck";
strcpy(s1,s2);
puts(s1);        /* 输出 Good luck */
```

strcpy 函数可以将结束符一起复制过去,以上复制操作也可以直接写成:

```
strcpy(s1, "Good luck");
```

字符数组 s2 的存储长度可以比 s1 长,但 s2 中存储的字符串长度必须小于等于 s1 的存储长度,否则串尾符号不能复制过去,经过复制后 s1 不是完整的字符串,只是得到 s2 中部分字符。

3. strcat(字符串 1,字符串 2)字符串连接函数

函数将字符串 s2 连接到字符串 s1 后面。很显然,s1 也必须有足够的空间来存储由原来的 s1 和 s2 构成的新 s1 字符串。例如:

```
char s1[20]= "Good luck";
char s2[]=" to you!";
strcat(s1,s2);
puts(s1);        /* 输出 Good luck to you! */
```

连接后的 s1 的有效字符长度为 17,包括结束符在内,s1 至少需要 18 个字符长度,否则连接是错误的。

4. strcmp(字符串 1,字符串 2)字符串比较函数

函数比较 s1 和 s2 字符串的大小,并返回比较的结果。

(1) 若 s1 大于 s2,则返回一个正整数。

(2) 若 s1 等于 s2,则返回 0。

(3) 若 s1 小于 s2,则返回一个负整数。

字符串比较规则:自左向右按 ASCII 码值大小进行比较,直至出现一对不同字符或者遇到结束符为止。例如:

```
strcmp("ABC","abc")      /* 返回负整数,前面字符串小 */
strcmp("ABC","ABC\0abc") /* 返回 0,两者相等,'\0'后面不是有效字符 */
strcmp("ABC","AB")       /* 返回正整数,前面的大,可以理解成 'C'比'\0'大 */
strcmp("AB","ABC")       /* 返回负整数,前面的小,可以理解成 '\0'比'C'小 */
```

可以根据比较结果来进行字符串排序操作。

5. strlwr(字符串)字符串大写变小写

将字符串 s 的所有大写字母转换成小写字母,其他字符不变。

例如:

```
char s[20] = "GoodLuck";
strlwr (s);
puts(s);        /* 输出 good luck */
```

6. strupr（字符串）字符串小写变大写

将字符串 s 的所有小写字母转换成大写字母，其他字符不变。

例如：

```
char s[20] = "GoodLuck";
strupr (s);
puts(s);        /* 输出 GOOD LUCK */
```

除了上面的几个函数以外，经常使用的还有以下几个函数。

```
strncpy(字符串 1, 字符串 2,字符个数)      /* 指定字符个数的复制函数 */
strncmp(字符串 1, 字符串 2,字符个数)      /* 指定长度的比较函数 */
strstr(字符串 1, 字符串 2)              /* 查找后面的字符串在前面字
                                         符串中的位置 */
strncat(字符串 1, 字符串 2,字符个数)      /* 指定字符个数的连接函数 */
```

6.9　查找最大字符串

程序源代码 6.5：
c6_5.c

【例 6.5】输出几个字符串中的最大串。

程序代码：

```
#include <stdio.h>
#include <string.h>
void main()
{
    char s[5][50] = {    "Hello World!",
                         "Good luck to you!",
                         "How are you?",
                         "Moon River",
                         "I love this book."
                         };
    int i,max = 0;
    for(i = 1 ; i < 5 ; i++)
        if(strcmp(s[i],s[max]) > 0)
```

```
            max=i;      /* 记录最大串的位置即可 */
        printf("max string is :%s \n",s[max]);
    }
```

运行结果:

max string is : Moon River

注意:

(1) 程序中用变量 max 来记录最大字符串所在的行下标,查找之前让 max 先指向 s[0],这是比较查找算法常用的一种技巧。

(2) 查找的原理是把字符串 s[1]、s[2]、s[3]、s[4]分别和 s[max]比较,如果大于 s[max]则改变 max 的值为该字符串所在的行下标。

6.10 冒泡排序算法

【例 6.6】将 5 个数排序输出。

程序源代码 6.6: c6_6.c

分析:

对一系列数进行排序有很多种方法,冒泡法是其中比较容易理解的一种算法。所谓冒泡法,就是指找到的小数像气泡一样浮出水面被发现。为了理解算法,来看下面的例子。

假如有 5 个数 8、1、9、2、7,冒泡排序算法如图 6.3 所示。

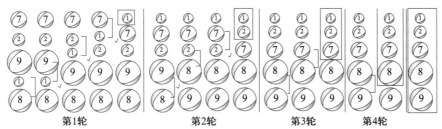

图 6.3 冒泡排序算法示意图

冒泡法采用的基本操作是比较交换,规则是,两两比较,前者小于后者,则交换。

第 1 轮:

(1) 8 和 1 比较,因为 8>1,什么也不做。

(2) 1 和 9 比较,因为 1<9,交换(示意图中用√表示)。

（3）1 和 2 比较,因为 1<2,交换。

（4）1 和 7 比较,因为 1<7,交换。

经过 4 次比较和 3 次交换,找到了 5 个数中最小的 1,并将其放在最上面。

同样的方法来处理下面 4 个数 8、9、2、7。

第 2 轮:

（1）8 和 9 比较,因为 8<9,交换。

（2）8 和 2 比较,因为 8>2,什么也不做。

（3）2 和 7 比较,因为 2<7,交换。

经过 3 次比较和 2 次交换,找到了 4 个数中最小的 2,并将其放在 4 个数的最上面。

在第 2 轮比较和交换的过程中,第 1 轮得到的最小数 1 不在处理之列。

第 3 轮、第 4 轮同上。

找到 4 个最小数,最后一个数自然就是最大数了。

程序代码:

微视频 6.3:例
6.6 调试过程

```c
#include <stdio.h>
void main()
{
    int a[5]={8,1,9,2,7};
    int i,j;
    int t;
    for(i=0 ; i <4 ; i++)   /*共 4 次循环,找 4 个最小数*/
    {
        for( j=0 ; j < 4-i ; j++)/*比较的次数和范围*/
            if(a[j] < a[j+1])      /*前面的数小于后面的数就交换*/
            {
                /*利用中间变量 t 实现 a[j]和 a[j+1]相邻两个数的交换*/
                t =a[j];
                a[j]=a[j+1];
                a[j+1]=t;
            }
    }
    for( i=0; i<5; i++)
        printf("%5d",a[i]);
    printf(" \n");
}
```

运行结果:

9 8 7 2 1

注意：

（1）为了便于阅读程序，给出如图 6.4 所示的变量跟踪图。

	i	j	a[j]	a[j+1]	a[0]	a[1]	a[2]	a[3]	a[4]
初始化：					8	1	9	2	7
	0√	0√	8	1(不交换)	8	1	9	2	7
		1√	1	9(交换)	8	9	1	2	7
		2√	1	2(交换)	8	9	2	1	7
		3√	1	7(交换)	8	9	2	7	1
		4×							•
	1√	0√	8	9(交换)	9	8	2	7	1
		1√	8	2(不交换)	9	8	2	7	1
		2√	2	7(交换)	9	8	7	2	1
		3×						•	
	2√	0√	9	8(不交换)	9	8	7	2	1
		1√	9	8(不交换)	9	8	7	2	1
		2×						•	
	3√	0√	9	8(不交换)	9	8	7	2	1
		1×					•		

图 6.4 变量跟踪图

（2）外循环 i 从 0 到 3，共 4 次循环，内循环 j 的循环次数受 i 影响，随着 i 的增加而减少，分别为 4、3、2、1 次，程序很好地地利用了 j 值的变化，并将 j 作为数组下标的引用，所以 j 不仅担任了内循环的循环变量，同时还作为数组下标的引用。

（3）比较范围的缩小是通过 j 的终值的减小来实现的，也就是通过 i 的增加来实现的，它们相互密切联系。

（4）循环之所以从 0 开始，主要是考虑到数组元素的下标是从 0 开始的。

（5）如果把 a[j] < a[j+1] 改成 a[j] > a[j+1]，程序将是按从小到大进行排序。

思考：

如果是 10 个数、n 个数的排序，如何修改程序？
下面是 10 个数的排序，请读者考虑如果是 n 个数该如何修改：
```
#include <stdio.h>
#define  N   10
void main()
{
    int a[10]={8,1,9,2,7,3,0,5,6,4};
    int i,j,t;
    for(i=0 ; i <N-1 ; i++)        /*共 N-1 次循环，找 N-1 个最小数*/
```

```
        {
            for( j = 0 ; j < N-1-i ; j++)       /* 分别为 N-1、N-2……1 次循
                                                        环 */
                if(a[j] < a[j+1])      /* 前面的数小于后面的数就交换 */
                {
                    /* 利用中间变量 t 实现 a[j] 和 a[j+1] 相邻两个数的交换 */
                    t = a[j];
                    a[j] = a[j+1];
                    a[j+1] = t;
                }
        }
        for( i = 0; i < N; i++)
            printf("%5d",a[i]);
        printf("\n");
}
```

6.11　字符串的连接、插入和删除

程序源代码 6.7:
c6_7.c

微视频 6.4: 例
6.7 调试过程

【例 6.7】编写程序将两个字符串连接成一个新的字符串。

程序代码:

```
#include <stdio.h>
void main()
{
    char s1[100] = "12345";
    char s2[50] = "6789";
    int i,j;

    i = j = 0;

    while(s1[i] ! = '\0') i++;      /* i 指向字符串结束符 */

    while(s2[j] ! = '\0')           /* j 从第 2 个字符串的首字符开始一直
                                         循环到结束符 */
```

```
    {
        s1[i] = s2[j];                      /* 把第 2 个字符串的字符依次存储到
                                               第 1 个字符串的后面 */
        i++;
        j++;
    }
    s1[i] = '\0';                           /* 放上一个字符串结束符 */

    printf("%s \n", s1);
}
```

运行结果：

123456789

注意：

(1) 字符串连接的过程如图 6.5 所示。

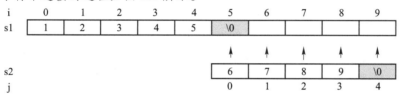

图 6.5　字符串连接示意图

(2) 由于当 s2[j] == '\0' 时退出循环，s2 字符串的结束符没有存储到 s1 上，所以需要加上一个字符串结束符，而 i 正好指向下一个要存储的字符位置，所以有语句：

s1[i] = '\0';

【例 6.8】编写程序删除字符串中的指定字符。

程序代码：

程序源代码 6.8：c6_8. c

```
#include <stdio.h>
void main()
{
    char s[100] = "I love this program.";
    char c;
    int i,j;

    printf("Input c:");
    c = getchar();
```

```
    for(i=j=0 ; s[i] ! = '\0'; i++)
    {
        if(s[i] ! = c)        /* 把不需要删除的字符重新存放 */
        {
            s[j]=s[i];
            j++;
        }
    }
    s[j]=' \0';
    printf("%s \n",s);

}
```

运行结果：

Input c:o

I lve this prgram.

程序中使用了两个变量 i 和 j 分别指向原始串和新串,由于删除后的字符串必然比原始串长度小,程序采取了在相同的字符数组中进行操作。除了指定字符 o 以外的其他字符 s[i] 都被保存到 s[j] 中,j 始终小于等于 i,不必担心后面的 s[i] 被误操作,变量跟踪表如图 6.6 所示。

i	j	s[i]	s[j]
0	0	I	I
1	1	空格	空格
2	2	l	l
3		o	v
4	3	v	e
5	4	e	空格
6	...	空格	...
...		...	

图 6.6　例 6.8 变量跟踪表

当 i 为 3 时,因为 s[i] 是指定要删除的字符 o,所以 j 没有自增还是 2。

以上算法删除前后字符数组存储状态如图 6.7 所示。

可以看出语句 s[j]=s[i];的功能是有条件地将第 i 字符存储到 j 位置。新串最后之所以还剩两个字符,是因为串中有两个字符 o。

删除操作前字符数组的存储状态:

| I | | l | o | v | e | | t | h | i | s | | p | r | o | g | r | a | m | /0 | |

删除后的字符数组的存储状态:

| I | | l | v | e | | t | h | i | s | | p | r | g | r | a | m | \0 | m | \0 |

图 6.7 例 6.8 中删除前后字符数组的存储状态

【例 6.9】将字符'c '插入到字符串" Iloveprogramming." 中的 p 前面。

程序代码:

程序源代码 6.9:
c6_9. c

```c
#include <stdio.h>
void main()
{
    char s[100]="Iloveprogramming.";
    char c='c';
    int pos=5;
    int i;

    for(i=0 ; s[i] ! = '\0'; i++);
    i++;
    while(i > pos)
    {
        s[i]=s[i-1];
        i--;
    }
    s[pos]=c;
    printf("%s \n",s);
}
```

运行结果:

```
Ilovecprogramming.
```

程序算法如下:

(1) 将变量 i 指向字符串结束符后面的字符,具体由下面的语句实现:

```c
for(i=0 ; s[i] ! = '\0'; i++);    /*i 指向结束符*/
i++;                              /*i 指向结束符后面的字符*/
```

(2) 将插入位置 pos 后面的字符向后移动一个字符位置,具体由下面的语句实现:

```c
while(i > pos)
{
```

```
    s[i]=s[i-1];
    i--;
}
```

（3）将指定字符存储到插入位置，实现的语句如下：

```
s[pos]=c;
```

算法的示意图如图 6.8 所示。

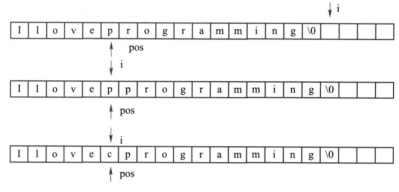

图 6.8　例 6.9 插入算法示意图

算法的关键在于移动插入点后面的所有字符包括字符串结束符。

6.12　转置矩阵

【例 6.10】已知一个 3×3 的二维数组，编程将行列元素互换，生成它的转置矩阵。

分析：

数学上将 $m×n$ 矩阵

$$A = \begin{bmatrix} a_{11} & a_{12} & \cdots & a_{1n} \\ a_{21} & a_{22} & \cdots & a_{2n} \\ \cdots & \cdots & \cdots & \cdots \\ a_{m1} & a_{m2} & \cdots & a_{mn} \end{bmatrix}$$

的行列互换之后得到的矩阵称为 A 的转置矩阵，记作 A^{T}，即

$$A^{\mathrm{T}} = \begin{bmatrix} a_{11} & a_{21} & \cdots & a_{m1} \\ a_{12} & a_{22} & \cdots & a_{m2} \\ \cdots & \cdots & \cdots & \cdots \\ a_{1n} & a_{2n} & \cdots & a_{mn} \end{bmatrix}$$

所以若矩阵 a 为 $\begin{bmatrix} 12 & 11 & 10 & 9 \\ 8 & 7 & 6 & 5 \\ 4 & 3 & 2 & 1 \end{bmatrix}$，它的转置矩阵存放在 b 中，则 b 应是

$\begin{bmatrix} 12 & 8 & 4 \\ 11 & 7 & 3 \\ 10 & 6 & 2 \\ 9 & 5 & 1 \end{bmatrix}$，b[i][j]=a[j][i]。

程序代码：

```c
#include <stdio.h>
void main()
{
    int t,a[3][4] = {{12,11,10,9},{8, 7 , 6, 5},{4,3 , 2, 1}};
    int b[4][3],i,j;
    for(i = 0; i<4; i++)
        for(j = 0; j<3; j++)
        {
            b[i][j]=a[j][i];
        }
    for(i = 0; i<4; i++)
    {   for(j = 0; j<3; j++)
            printf("% 5d \t", b[i][j]);
        printf(" \n");
    }
}
```

运行结果：

```
12  8  4
11  7  3
10  6  2
9   5  1
```

6.13 杨辉三角形

程序源代码6.11：
c6_11.c

【例6.11】编程输出以下的杨辉三角形（输出前10行）。

分析：

杨辉三角形是由$(x+y)^n$展开后的多项式系数排列而成，例如：

$(x+y)^1$展开后：$x+y$

$(x+y)^2$展开后：$x^2+2xy+y^2$

$(x+y)^3$展开后：$x^3+3x^2y+3xy^2+y^3$

$(x+y)^4$展开后：$x^4+4x^3y+6x^2y^2+4xy^3+y^4$

……

将多项式系数排列可以得到如图6.9所示的图形。

```
1
1   1
1   2   1
1   3   3   1
1   4   6   4   1
1   5   10  10  5   1
1   6   15  20  15  6   1
1   7   21  35  35  21  7   1
1   8   28  56  70  56  28  8   1
1   9   36  84  126 126 84  36  9   1
```

图6.9　例6.11的运行结果

完整的展开式可以写成

$$C_n^0 a^n + C_n^1 a^{n-1} b + \cdots + C_n^m a^{n-m} b^m + \cdots + C_n^{n-1} a^1 b^{n-1} + C_n^n b^n$$

其中第m项为

$$C_n^m = \frac{n!}{m!\,(n-m)!}$$

杨辉三角形的规律如下。

（1）第一列及对角线元素均为1。

（2）其他元素为其所在位置的上一行对应列和上一行前一列元素之和，如图6.10所示的三角形中标注的3个数4、6、10。

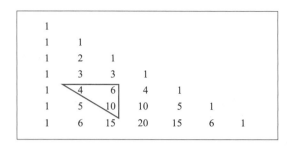

图 6.10 例 6.11 分析示意图

10 = 4 + 6

如果用二维数组 a 来存储的话,相当于

a[5][2] = a[4][1] + a[4][2]

其他系数也是一样,例如:

20 = 10 + 10

35 = 15 + 20

...

写成一般式:

a[i][j] = a[i-1][j-1] + a[i-1][j]

在数学里很容易证明,有兴趣的读者可以去验证一下:

$$C_{n+1}^m = C_n^{m-1} + C_n^m$$

程序代码:

微视频 6.5:例 6.11 调试过程

```
#include <stdio.h>
#define  N 10
void main()
{
    int i,j,a[N][N];
    for(i=0; i<N; i++)      /* 对 a 数组的第一列和对角线元素赋值为 1 */
    {
        a[i][i]=1;
        a[i][0]=1;
    }
    for(i=2; i<N; i++)      /* 对除第一列和对角线之外的元素赋值 */
        for(j=1; j<=i-1; j++)
            a[i][j]=a[i-1][j-1]+a[i-1][j];
```

```
for(i=0; i<N; i++)
{
    for(j=0; j<=i; j++)     /*注意条件 j<=i 表示只输出 a 数组的左
                                下三 */
        printf("%5d",a[i][j]);   /* 角形部分,a 数组其他未赋值元
                                    素值不定 */
    printf(" \n");
}
}
```

程序的运行结果如图 6.9 所示。

6.14　日历的打印

【例 6.12】输入 2019 年的某个月份,打印该月份的日历。

这个程序在第 5 章已经给出,这里结合数组,重新给出解决方案,将没有规律的数据放在数组中,则容易用循环实现对这些数据的处理。

程序代码:

```
#include<stdio.h>
void main()
{
    int i;
    int daysmonth[12] = {31,28,31,30,31,30,31,31,30,31,30,31};
    int first=2;
    int month;
    printf("Year is 2019,Please input the month:");
    scanf("%d",&month);
    for(i=0; i<month-1; i++)          /*求出 month 月第一天是星期几 */
        first=(first+daysmonth[i]) % 7;
    printf(" SU MO TU WE TH FR SA \n");
    for(i=0; i<first; i++)
        printf("   ");
    for(i=1; i<=daysmonth[month-1]; i++)
    {
```

```
        printf("%3d",i);
        if( (i+first) % 7 == 0)
            printf("\n");
    }
    printf("\n");
}
```

运行结果：

```
Year is 2019,Please input the month:1

 SU  MO  TU  WE  TH  FR  SA
          1   2   3   4   5
  6   7   8   9  10  11  12
 13  14  15  16  17  18  19
 20  21  22  23  24  25  26
 27  28  29  30  31
```

*6.15 统计汽车违规罚分

【例 6.13】设有 3 辆汽车牌号为 219、362、639。车管所查到的违规罚分情况如以下数组所示：

/* 车牌号数据 */

int car[10]={219,362,639, 219, 639, 219, 219,362,639,362};

/* 对应的罚分 */

int score[10]={3,2,6,3,2,3,6,1,3,2};

编程统计输出罚分满 12 分的车牌号。

程序代码：

```
#include<stdio.h>
void main()
{
    int carno[3]={219,362,639};/* 车牌号数组 */
    int car[10]={219,362,639, 219, 639, 219, 219,362,639,362};
                                                    /* 车牌号 */
    int score[10]={3,2,6,3,2,3,6,1,3,2};/* 车牌号对应的罚分 */
    int i,j,n;
```

程序源代码 6.13：
c6_13.c

微视频 6.6：例 6.13 调试过程

```
    for(i=0;i<3;i++)
    {
        n=0;
        for(j=0;j<10;j++)
            if(car[j]==carno[i])
                n=n+score[j];        /*统计车牌号 carno[i]的罚分*/
        if(n>=12)
            printf("%d,%d\n",carno[i],n);
    }
}
```
运行结果:
219,15

本章小结

1. 数组的概念及其在内存中的存储情况

数组是指相同类型数据的有序集合,属于构造数据类型。一个数组包含多个数组元素。数组元素在内存中占用一段连续的存储空间。

数组名代表整个数组的首地址,引用数组元素用数组名和下标,下标从 0 开始,上限是数组长度减 1。

数组的初始化有多种方式,每个数组元素本质上与普通变量相同,在引用之前需要赋初值。

2. 字符数组与字符串

存放字符型数据的数组称为字符数组。字符数组中的元素是字符类型的变量,只存放一个字符。

字符串是一种以'\0'作为结束标志的特殊的字符型数组,结束标志不计入字符串长度。存放字符串的字符数组的长度必须比字符串中字符的个数多 1。否则结束字符无法存入,不能构成完整的字符串。

字符串的输入输出不同于一般字符数组的地方还在于可以整体输入输出,例如 puts(s)、printf("%s",s);等形式。

3. 字符串函数

字符串函数的使用可大大减轻编程的工作量。本章主要介绍几个常用的函数,如 strcmp、strlen、strcat、strcpy 等。

习题 6

一、选择题

1. 阅读下面初始化数组程序段：

char a[ ] = "ABCDEF";

char b[ ] = {'A','B','C','D','E','F'};

则下面叙述正确的是(　　)。

A. a 和 b 完全相同　　　　　　　　　B. a 和 b 只是长度相等

C. a 和 b 不相同，a 是指针数组　　　　D. a 数组长度比 b 数组长

2. 以下程序的输出结果是(　　)。

```c
#include <stdio.h>
void main()
{
    int i,k,a[10],p[3];
    k=5;
    for (i=0;i<10;i++) a[i]=i;
        for (i=0;i<3;i++) p[i]=a[i*(i+1)];
    for (i=0;i<3;i++) k+=p[i]*2;
        printf("%d\n",k);
}
```

A. 20　　　　　　　　B. 21　　　　　　　　C. 22　　　　　　　　D. 23

3. 下列描述中不正确的是(　　)。

A. 字符型数组中可以存放字符串

B. 可以对字符型数组进行整体输入、输出

C. 可以对实型数组进行整体输入、输出

D. 不能在赋值语句中通过赋值运算符"="对字符型数组进行整体赋值

4. 以下程序的输出结果是(　　)。

```c
#include <stdio.h>
void main()
{
    int n[3][3], i, j;
    for(i=0;i<3;i++)
```

```
    for(j=0;j<3;j++) n[i][j]=i+j;
    for(i=0;i<2;i++)
    for(j=0;j<2;j++) n[i+1][j+1]+=n[i][j];
    printf("%d \n",n[i][j]);
}
```

A. 14   B. 0   C. 6   D. 值不确定

5. 设有数组定义:char array[ ]="China";,则数组 array 所占的空间为(　　)。

A. 4 个字节   B. 5 个字节   C. 6 个字节   D. 7 个字节

6. 执行下列程序时输入:123<空格>456<空格>789<回车>,输出结果是(　　)。

```
#include <stdio.h>
void main()
{
    char s[100]; int c, i;
    scanf("%c",&c);
    scanf("%d",&i);
    scanf("%s",s);
    printf("%c,%d,%s \n",c,i,s);
}
```

A. 123,456,789   B. 1,456,789   C. 1,23,456,789   D. 1,23,456

7. 下列程序执行后的输出结果是(　　)。

```
#include <stdio.h>
void main()
{
    char arr[2][4];
    strcpy(arr,"you"); strcpy(arr[1],"me");
    arr[0][3]='&';
    printf("%s \n",arr);
}
```

A. you&me   B. you   C. me   D. arr

8. 下面能正确将字符串"Boy"进行完整赋值操作的语句是(　　)。

A. char s[3]={'B','o','y'};

B. char s[ ]="Boy";

C. char s[3]={"Boy"};

D. char s[3];s[0]='B';s[1]='o';s[2]='y';

二、阅读程序题

  1. 写出下面程序的运行结果。

```
#include<stdio.h>
void main()
{
    int s[2][3]={6,5,4,3,2,1};
    int i,j;
    for(i=0;i<=1;i++)
    {
        for(j=0;j<=2;j++)
          printf("%3d",s[i][j]);
        printf("\n");
    }
}
```

2. 写出下面程序的运行结果。

```
#include<stdio.h>
void main()
{
    char s1[6],s2[6],s3[6],s4[6];
    scanf("%s%s",s1,s2);
    gets(s3);
    gets(s4);
    puts(s1);puts(s2);puts(s3);puts(s4);
}
```

运行时输入以下数据：

aaa bbb↙

ccc dde↙

3. 写出下面程序的运行结果,并指出该程序的功能。

```
#include<stdio.h>
void main()
{
    int i,j;
    int temp;
    int ii,jj;
    int s[4][3]={{3,32,14}, {10,12,3}, {11,2,33}, {6,7,28}};
    temp=s[0][0];
    ii=jj=0;
```

```
for(i=0;i<4;i++)
    for(j=0;j<3;j++)
        if(s[i][j]<temp)
        {
            temp=s[i][j];
            ii=i;
            jj=j;
        }
    printf("%d,%d,%d\n",temp,ii,jj);
}
```

微视频 6.7：第 2 题调试过程

三、编程题

1. 编程,求一个 4×4 矩阵两条对角线上所有元素之和。

2. 输入一个字符串,将指定位置的字符删除。

3. 输入一个字符串,在指定的位置插入一个字符。

微视频 6.8：第 5 题调试过程

4. 编写程序,求下列矩阵各行元素之和及各列元素之和。

1 2 3 4 5
2 3 4 5 6
3 4 5 6 7
4 5 6 7 8

5. 有一篇文章,共有 3 行文字,每行最多 80 个字符。要求分别统计其中英文大写字母、小写字母、数字、空格以及其他字符的个数。

四、高级应用

1. 一维数组和二维数组之间的亲密关系

C 语言中二维数组其实是一维数组的顺序组合,很多方面是和一维数组相似的。演示程序中通过各种转换实现数组元素的访问,目的在于使读者对数组有更深入的认识。

微视频 6.9：高级应用第 1 题调试过程

2. 多种方法输出日历

输入一个月日历的程序在教材中已经给出,输出一年的日历需要考虑更多的问题。另外,程序中用字符数组的方式输出日历体现了编写程序的灵活性和多样性。读者可以在此基础上实现多列显示日历。

微视频 6.10：高级应用第 2 题调试过程

第 7 章

函数

学习目标：

(1) 理解并掌握函数的概念、定义和调用的方法和实质。

(2) 掌握有参函数的数据传递方法，区分"值传递"与"地址传递"。

(3) 理解标识符作用域和生成期的概念。

(4) 理解并掌握存储类型的概念。

(5) 理解并学会设计简单的递归函数。

7.1 计算(1)+(1+2)+(1+2+3)+(1+2+3+4)+(1+2+3+4+5)

【例 7.1】计算 $(1)+(1+2)+(1+2+3)+(1+2+3+4)+(1+2+3+4+5)$。

这是第 5 章的程序，这里给出另外一种设计方法。

程序代码：

```c
#include <stdio.h>
int sum(int n)
{
    int i,s=0;
    for( i=1; i <= n ; i++)
        s = s + i;
    return s;
}
void main()
{
    int s,i;
    for(i=1,s=0; i<=5; i++)
        s=s+sum(i);
    printf("s=%d \n",s);
}
```

运行结果：

s=35

比较第 5 章中的程序，观察图 7.1。

```
for(i=1,s=0;i<=5;i++)
{
    for(j=1;j<=i;j++)                    int sum(int n)
    {                                     {    int i,s=0;
        s=s+j;                                 for(i=1;i<=n;i++)
    }                                              s=s+i;
}                                              return s;
                                          }
        s=s+sum(i);
```

图 7.1 程序比较图

　　左图中内循环被构造成一个单独的模块 int sum(int n){…},该程序模块内部的语句和左图中的内循环基本一样,只不过多了输入和输出的变量 n、s。

　　程序模块 sum 在 C 语言中称作**函数**。

　　函数可以实现程序的模块化,使得程序设计简单、直观,提高程序的可读性和可维护性,程序员还可以将一些常用的算法编写成通用函数,以供随时调用。因此无论程序的设计规模有多大、多复杂,都可划分为若干个相对独立、功能较单一的函数,通过对这些函数的调用,实现程序中所需要的功能。

　　C 语言的函数分为**库函数**和**用户自定义函数**。

　　下面介绍**用户自定义函数**的定义和调用。

7.2　函数的定义和调用

7.2.1　函数定义

函数的定义如下:

类型　函数名(参数列表)

{

　　函数体

　　…

}

类型:指函数返回值的数据类型。

函数名:采用标识符,一对括号"( )"内是参数列表。

函数体:一对大括号"{}"内是函数体,由一组语句组成,完成函数具体功能的实现。

　　函数的返回值通常是运行结果或状态值。返回采用 return 语句,例如:

```
return 0;
```

```
return x>y ? x : y;
```

```
return (x+y);
```

return 后面跟表达式。

返回值的类型也可以是 void 类型,这种情况下可以写成

```
return;
```

也可以省略返回语句。

参数列表可以是以下形式。

1. void

表示函数没有参数,通常把这种函数称为**无参函数**。例如:

```
int sum(void)
{
    int i,s = 0;
    for(i = 1,s = 0;i < = 100;i++)
        s = s + i;
    return s
}
```

函数计算并返回 1 到 100 之间的整数之和。

2. 参数类型 1 参数名 1, 参数类型 2 参数名 2,…

函数包含一个或多个参数,每个参数都必须标注具体的数据类型。这样的函数又称为**有参函数**。例如:

```
int sum(int n)
{
    int i,s = 0;
    for(i = 1,s = 0; i < =n; i++)
        s = s + i;
    return s
}
```

函数计算并返回 1 到 n 之间的整数之和。

7.2.2 函数调用

函数的执行是由函数的调用来完成的。

C 程序通过 main( )函数直接或间接调用其他函数。函数调用其他函数称作**嵌套调用**,函数直接或间接调用自身称为**递归调用**,递归调用也可以理解成是一种特殊的嵌套调用。函数被调用时获得程序控制权,调用完成后,返回调用处执行后面的语句。

函数调用的形式如下:

函数名(实参列表)

以上函数调用的形式可以出现在表达式中,也可以作为一条单独的调用语句来使用。例如:

```
s = sum(100)+sum(200);  /* 计算(1+2+…+100) + (1+2+…+200) */
s = sum(100+200);       /* 计算 1+2+3+…+300 */
s = sum(n);             /* 计算 1+2+3+…+n */
…
```

参数从调用的角度分为实际参数和形式参数,或简称为**实参**和**形参**。实参和形参是一一对应的关系,参数的个数必须相同,类型必须相容。如果类型不相容将进行系统自动类型转换,不能自动转换的将在编译或运行时出错。所谓相容指的是类型相同或者可以自动类型转换。

sum 函数完成 1~n 的求和计算并返回计算结果。100、200、100+200 是实参,sum 函数中的 n 是形参。

形参是在所在函数被调用时才分配存储单元,调用完成后被立即释放。

实参和形参各自分配独立的存储单元,实参可以是常量、变量和表达式,而形参必须是变量。

7.3 参数传递

C 语言中实参向形参的参数传递是单向的**值传递**。为了理解的方便,当传递的是地址时,称之为**地址传递**。**地址传递**本质上也是单向的数据传递,但这种数据往往是变量、结构等对象的**地址**,对形参所指向的数据的操作会直接影响实参指向的数据,从而使得这种形式上的"单向"数据传递变成"双向"的。C 语言中的地址传递是一种模拟的引用传递,在第 8 章中将会详细介绍。

图 7.2 是函数调用的示意图。

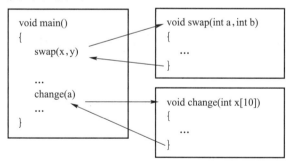

图 7.2 函数调用示意图

下面来看一个具体的例子。

【例 7.2】演示函数的参数传递。

程序代码:

```
#include <stdio.h>
void swap(int a,int b)
```

```
{
    int t;
    t = a;
    a = b;
    b = t;
    printf("a,b=%d, %d (swap) \n",a,b);
}


void change(int x[10])
{
    int i;
    for(i = 0 ; i<10 ; i++)
        x[i] = x[i]+ 1; /* 每个元素都加 1 */
}


void main()
{
    int x = 10,y = 20;
    int a[10] = {1,2,3,4,5,6,7,8,9,10};
    int i,s = 0;

    swap(x,y);       /* 值传递,传递过去的是 x、y 的值 */
    printf("x,y =%d, %d (main) \n",x,y);

    for(i = 0 ; i < 10 ; i++)
        s = s + a[i];

    printf("s =%d \n",s);

    s = 0;
    change(a);       /* 地址传递,数组名 a 是所有数组元素的首地址 */

    for(i = 0 ; i < 10 ; i++)
        s = s + a[i];
```

```
    printf("s=%d\n",s);
```

}

运行结果：

a,b=20,10（swap）

x,y=10,20（main）

s=55

s=65

swap 函数的功能是交换两个变量的值，t 是中间变量。返回主函数后，实参 x、y 并没有交换，这是因为实参 x、y 和形参 a、b 的传递关系是**值传递**。

change 函数将每个数组元素都加 1。主函数调用 change 函数传递的实参是数组名 a，数组名 a 存储的是数组的首地址，所以这种传递是**地址传递**，利用形参 x 可以直接操作实参 a 所指向的数组元素，调用完成返回主函数再输出数组时，发现数组元素的和增加了 10，其实就是 10 个元素都加 1 的缘故。

为了便于将结果和程序比对，程序在输出结果时标注了输出的出处（swap）和（main），这是一种调试程序不错的方法。s 的输出都在主函数，标注出处就没有必要了。

注意：

函数实参的值传递给形参，其实是一个赋值过程，其中存在赋值类型转换，如果类型相容的话，会自动转换，否则会报错。

7.4 函数声明

函数的声明是对函数类型、名称等的说明。对函数及其函数体的建立称为函数的定义。对函数的声明可以和定义一起完成，也可以只对函数的原型进行声明，这种声明通常称为**引用性声明**，其格式如下：

<类型> <函数名>（<形参表>）;

例如：

int sum(int a,int b);

和完整的函数声明不同的是，形参表可以只给出形参的类型，例如：

int sum(int,int);

形参名可以省略。

另外，这种声明是一条语句，后面的分号（;）必不可少。

之所以需要对函数进行声明,主要是为了获得调用函数的权限。如果调用之前定义或者声明了函数,则可以调用该函数。

被声明的函数其定义往往放在其他文件中或函数库中。经常把各种需要的库函数声明分类存储在不同的文件中,然后在自己设计的程序中包含该文件,例如:

```
#include <math.h>
```

其中 math.h 文件其实包含了很多数学函数的原型声明。

这样做最大的好处在于方便调用和保护源代码。库函数的定义代码已经编译成机器码,对用户而言是不透明的,但用户可以通过库函数的原型声明来获得参数说明并使用这些函数,从而实现程序设计需要的功能。

对于用户自定义的函数,也可以这样处理。和使用库函数不同的是,经常把自己设计的函数放在调用函数之后,例如,习惯于先设计 main( ) 函数,再设计自定义函数,这时需要超前调用自定义函数,在调用之前需要对超前调用的函数进行原型声明。

注意:

声明和定义的区分。

定义包括声明(定义性声明),通常所说的声明指的是引用性声明。引用性变量声明只是对变量的类型和名称的一种说明,不会分配内存;引用性函数声明是对函数的类型和名称的一种说明,不包括函数的函数体。

7.5 作用域

作用域指的是作用范围,不同作用域允许相同的变量出现,同一作用域内的变量不能重复。根据作用域的不同可将变量分为**全局变量**和**局部变量**,函数分为**内部函数**和**外部函数**。

C 语言的作用域分为程序、文件、函数、复合语句,其中程序可能包括多个文件。复合语句有时候称为分程序,有的计算机语言分程序和复合语句也是分开的两种形式。

下面是一个具体的演示程序。

【例 7.3】作用域演示。

程序代码:

```
#include <stdio.h>
int a=10;                      /* 全局变量 a,作用域为从定义处到文件结尾 */
static int add(int a,int b)  /* 函数为内部函数,其他文件不能调用 */
{
```

程序源代码 7.3:
c7_3. c

微视频 7.3:例
7.3 调试过程

```
    return a+b;              /*a、b 作用域为 add 函数 */
}
void main()
{
    int a,b,c;               /*a、b、c 作用域为 main 函数体,a 将屏蔽函数
                                外部的全局变量 a */
    int i,s = 0;             /*i 的作用域在 main 函数体 */
    int sub(int,int);        /*sub 函数在调用之后,所以在此作原型声明 */
    extern int d;            /*声明外部变量,因为变量在引用之后 */
    a=20;
    c=10;
    {  /*复合语句 */
        int a;               /*将屏蔽 main 中的 a 和函数外部的全局变量 a */
        int c=20;            /*将屏蔽 main 中的 c */
        b=10;                /*直接修改复合语句之外的 b */
        a = add(b,c);        /*直接引用 add,因为 add 在调用之前已经定义 */
    }
    printf("a = %d,b = %d,c = %d \n",a,b,c);
                             /* a、b 并非上面复合语句内定义的 */
    for(i=1 ; i <= 100 ; i++)
    {
        s = s + i;
    }
    for(i = 1 ; i <= 100 ; i++)
    {
        s = sub(s, i);
    }
    printf("s = %d \n",s);
    printf("d = %d \n" ,d);
}
extern int sub( int a, int b)     /* 外部函数,其他文件可以调用 */
{
    return a-b;
}
int d=888; /*外部变量,因为 main 函数有声明,作用域包括 main 函数 */
```

```
int e=999; /*外部变量,作用域从定义位置开始*/
```
运行结果:
```
a = 20,b = 10,c = 10
s = 0
d = 888
```

以上在函数内部或复合语句内部声明的变量为**局部变量**,只能在函数和复合语句内使用;在函数外部声明的变量称为**全局变量**,可以供所有函数和块使用,其默认的作用域是从声明位置到文件尾。

对于全局变量和函数,可以用加 extern 的原型声明来提前获得使用权限,上面程序中函数 sub 和变量 d 就是这种情况。

全局变量可以为所有作用域的函数共享,为函数之间的数据交换提供便利,但这种便利是建立在静态存储的基础上的,前面提到的函数之间参数的传递则是自动分配存储空间给形参,函数调用完成后会自动释放存储资源,数据流向清晰自然,易于控制,所以程序设计过程中尽量少用全局变量,除非遇到很多函数都需要共享数据时。

7.6 存储类型

存储类型与 C 语言的内存分配方式密切相关,C 语言的内存分配包括静态内存分配、自动内存分配和动态内存分配三种方式。

静态内存分配指的是在编译时就提供了对象的空间,当程序进入内存后,这些对象的空间分配相应的静态存储内存,直到程序运行结束才释放。

自动内存分配指的是程序运行后将临时对象存储在栈上,在声明它们的块退出后,这个空间会自动释放并可重用。

动态内存分配指的是在程序运行时用库函数(如 malloc)从称为堆的内存区域请求内存块,这些内存块将一直保留,直到通过调用库函数 realloc 或 free 释放。

从分配内存到被回收,变量的使用具有时效性,这就是变量的**生存期**。在整个程序运行过程中,不同存储类型的变量生存期也各有差异。

一个程序在内存中占用的存储空间可以简单地分为两个部分:程序区和数据区,数据区也可以分成静态数据区和动态数据区,如图 7.3 所示。

图 7.3 程序在内存中的存储空间

程序区用来存放可执行程序代码。静态存储区用来存放静态数据,如静态常量、静态变量。动态存储区用来存放动态数据,如动态常量、动态变量。管理结构上,动态存储区分为堆内存区和栈内存区,堆和栈是不同的数据结构,栈由系统管理,堆由用户管理。

静态变量是指 main( ) 函数执行前就已经分配内存的变量,其生存期为整个程序执行期;动态变量是在程序执行到该变量声明的作用域开始才临时分配内存,其生存期仅在其作用域内。

生存期和作用域是不同的概念,分别从**时间**上和**空间**上对变量的使用进行界定,相互关联又不完全一致,例如,静态的全局变量的生存期贯穿整个程序,但作用域是从声明位置开始到文件结束。

变量的存储类型包括自动(auto)、寄存器(register)、静态(static)、外部(extern)4 种。

7.6.1 自动(auto)类型

auto 用于局部变量的存储类型声明,可以省略,系统默认局部变量为 auto 类型。auto 类型变量是动态变量,内存分配方式是自动分配,声明时系统不会自动初始化,其值是随机的,所以必须在使用前初始化或赋值。下面的用法是错误的:

```
int add( int a,int b)
{
    int c;
    c = c + a + b;   /* 错误:c 没有初始化,不能在右边的表达式中被引用 */
    return c;
}
auto int a;          /* 错误:外部变量不能声明为 auto 类型 */
```

7.6.2 寄存器(register)类型

register 用于局部变量的存储类型声明,表示请求编译器尽可能直接分配使用 CPU 的寄存器,在寄存器满的情况下才分配内存。这种类型的变量主要用于循环变量,可以大大提高对这种变量的存取速度,从而提高程序效率。

能实际实现为 register 类型的变量很少,主要是寄存器数量有限。

7.6.3 静态(static)类型

static 类型变量称为静态变量,存放在静态存储区。

全局变量和局部变量都可以声明为 static 类型,但意义不同。

全局变量总是静态存储,默认值为 0 或空(NULL)。全局变量前加上 static 表示该变量只能在本程序文件内使用,其他文件无使用权限。对于全局变量,static 关键字主要用于在程序包含多个文件时限制变量的使用范围,对于只有一个文件的程序有无 static

都一样。

　　局部变量声明为 static 类型,则要求系统对该变量采用静态存储的内存分配方式。值得注意的是,对这种 static 类型的局部变量,系统初始化只进行一次,多次遇到该声明语句,将不再被执行。

【例 7.4】演示静态变量。

程序源代码 7.4: c7_4.c

程序代码:

```
#include <stdio.h>

int s;

static int t; /*其他文件不能使用*/

void main()
{
    int sum(int);
    int i;
    for(i=3 ; i<=5 ; i++)
    {
        s = sum(i);
        t = t + s; /*全局变量 t 自动初始化为 0 */
    }

    printf("1+2+3+4+5 = %d\n",s);
    printf("(1+2+3)+(1+2+3+4)+(1+2+3+4+5) = %d\n",t);
}

int sum(int n)
{
    static int s=0; /*该行语句只执行一次*/
    int i;
    for( i = 1; i <= n ; i++)
        s = s + i;

    return s;
}
```

运行结果：

```
1+2+3+4+5 = 31
(1+2+3)+(1+2+3+4)+(1+2+3+4+5) = 53
```

s 和 t 的结果没有达到预期的目的。

分析：

sum 函数计算 1+2+3+…+n。主函数中利用 for 循环 3 次调用 sum 函数，分别计算 sum(3)、sum(4)、sum(5)，s 的值是最后一个 sum(5)，t 将 3 次结果累加。由于 s 只能初始化一次，所以，当计算 sum(4)时，s 的值没有被修改为 0，而是上次计算 sum(3)的结果 6；同样，计算 sum(5)时，s 的值是前面两次的累加和 16，所以 sum(5)的结果是 31，正好是 sum(3)+ sum(4)+ sum(5)，而 t 实际上是 sum(3)+(sum(3)+sum(4))+(sum(3)+ sum(4)+sum(5))，即 6+(6+10)+ (6+10+15) 等于 53。

其实，如果将 sum 函数中的 static s＝0;改成 int s＝0;，则程序运行结果如下：

```
1+2+3+4+5 = 15
(1+2+3)+(1+2+3+4)+(1+2+3+4+5) = 31
```

显然，这才是程序需要的结果。

7.6.4 外部(extern)类型

extern 关键字用于声明外部的连接。对于全局变量，以下定义形式没什么区别：

```
extern int a;
```

```
int a;
```

默认情况下，在文件域中声明的变量和函数都是外部的。但对于作用域之外的变量和函数，需要 extern 来进行引用性声明。读者可以在例 7.3 中与普通变量和函数进行比较。

7.7 递归函数

程序源代码 7.5：c7_5.c

微视频 7.4：例 7.5 调试过程

函数不能嵌套定义，但可以嵌套调用。函数 A 可以调用 B，函数 B 也可以调用 C，这种调用称为嵌套调用。如果函数直接或间接调用自身，则称为**递归调用**，该函数则称为**递归函数**。

【例 7.5】计算 $s＝1+2+3+…+100$。

程序代码：

```
#include <stdio.h>
```

```
int f(int n)
{
    if(n == 1)
        return 1;
    else
        return n * f(n-1);
}

int s(int n)
{
    if(n == 1)
        return 1;
    else
        return n + s(n-1);
}

void main()
{
    printf("5! = %d \n",f(5));

    printf("1+2+3+…+100 = %d \n",s(100));
}
```

运行结果：

```
5! = 120
1+2+3+…+100 = 5050
```

例 7.5 中的函数 int f(int n)就是一个典型的递归函数，其原理如下：

$$f(n) = \begin{cases} 1 & n = 1 \\ n + f(n-1) & n > 1 \end{cases}$$

相当于：

$$\begin{aligned}
f(100) &= 100 + f(99) \\
&= 100 + 99 + f(98) \\
&= 100 + 99 + 98 + f(97) \\
&\cdots \\
&= 100 + 99 + 98 + \cdots + 2 + f(1) \\
&= 100 + 99 + 98 + \cdots + 2 + 1
\end{aligned}$$

再如前面提到的求 n 阶乘的程序,其原理如下:

$$f(n) = \begin{cases} 1 & n = 1 \\ n \times f(n-1) & n > 1 \end{cases}$$

对于 5!,相当于

$f(5) = 5 \times f(4)$

$\quad\quad = 5 \times 4 \times f(3)$

$\quad\quad = 5 \times 4 \times 3 \times f(2)$

$\quad\quad = 5 \times 4 \times 3 \times 2 \times f(1)$

$\quad\quad = 5 \times 4 \times 3 \times 2 \times 1$

函数的调用关系如图 7.4 所示。

图 7.4　递归函数调用示意图

当调用到 $f(1)$ 时,因为 $n=1$,则得到 1! 为 1,然后返回到 $f(2)$ 即 $2 \times f(1)$,结果为 2,再返回到 $f(3)$ 即 $3 \times f(2)$,结果为 6,再返回至 $f(4)$ 即 $4 \times f(3)$,结果为 24,最后返回到 $f(5)$ 即 $5 \times f(4)$,结果为 120。

可以看出,递归函数的层次越多,所调用的同名函数也就越多,对内存资源的消耗也就越多。其本质还是嵌套调用,只不过每次调用的实参是收敛的,最后通过终点值再层层返回,调用是有限次数的调用,整个调用和返回的过程是一个大的循环。

递归本质上并不简单,但形式上的确很简练,利用好递归算法能很好地解决很多实际问题。

7.8　函数参数处理次序的案例

【例 7.6】演示函数调用时求值的顺序。

程序代码:

程序源代码 7.6:
c7_6.c

```c
#include <stdio.h>
void f(int a,int b)
{
    printf("a=%d,b=%d \n",a,b);
}
void main()
```

```
 |
       int i,j;
       i = j = 1;
       f(i,++i);
       i = j = 1;
       f(i,i++);
       i = j = 1;
       f(i+j,++i);
       i = j = 1;
       f(i+j,i++);
 |
```

程序在 Visual C++ 6.0 下运行结果：

a = 2,b = 2

a = 2,b = 1

a = 3,b = 2

a = 3,b = 1

通过第 1 行和第 3 行的输出结果可以看出，参数的传递是从右向左的，否则 a 接收的值应该分别等于 1 和 2，实际上 a 接收的分别是 2 和 3。

实际上，C 标准并未规定函数处理参数的次序，不过大部分编译器都是按从右向左处理函数参数的。

7.9 外部函数和内部函数

函数如果声明为 static 类型，称为**内部函数**，该函数在本程序文件内被调用，其他文件无调用权限。

对于其他文件中的非 static 函数或本文件中的函数可以声明为 extern 类型函数，称为**外部函数**。

static 类型和 extern 类型函数或者说**内部函数**和**外部函数**，其实质是限定或扩展函数的使用范围。

说明：

static 的两重功能

static 是存储类型的关键字，当局部变量定义为 static 类型时，局部变量的存储类型是静态的，其存储位置在静态存储区，只初始化一次；全局变量默认是静态存储的，在静态存储区,但全局变量或函数声明为 static 时,其作用范围只限于本程序文件,其他文件不能将其声明为外部变量或外部函数。

7.10　9 999 符合"哥德巴赫猜想"吗

【例 7.7】验证 9 999 是否符合"哥德巴赫猜想"。

程序源代码 7.7: c7_7.c

哥德巴赫(Goldbach C.,1690.3.18~1764.11.20)是德国数学家,出生于格奥尼格斯别尔格(现名加里宁城),曾在英国牛津大学学习;原学法学,由于在欧洲各国访问期间结识了贝努利家族,所以对数学研究产生了兴趣;曾担任中学教师。

"哥德巴赫猜想"是哥德巴赫在 1742 年 6 月 7 日给著名数学家欧拉的信中提出的一个命题。

随便取某一个奇数,比如 77,可以把它写成 3 个素数之和:

77 = 53+17+7

再如 461:

461 = 449+7+5

下面用循环来验证 9 999 是否符合这个猜想。

程序代码:

```
#include <stdio.h>
#include <stdlib.h>
#include <process.h>
int isprimer(int);
void main()
{
    int n = 9999;
    int a,b,c;
    for(a = 2 ; a < n ; a++)
    {
        if(isprimer(a))
            for( b = 2; b < n ; b++)
            {
                c = n - a - b;
                if(isprimer(b) && isprimer(c))
                {
```

```
                    printf("%d In Goldbach Guess \n",n);
                    printf("%d = %d+%d+%d \n",n,a,b,c);
                    exit(0);
                }
            }
        }
        printf("%d Out Goldbach Guess \n",n);
}

int isprimer(int n)    /* 判断 n 是否是素数 */
{
    int i;
    for(i = 2 ; i <= n/2 ; i++)
        if(n %i == 0)
            break;
    if(i > n/2 )
        return 1;
    else
        return 0;
}
```

运行结果:

9999 In Goldbach Guess

9999 = 3+23+9973

上面的程序有很多缺点。

(1) 没有排除偶数。

(2) 素数的判断效率不高。

(3) 没有考虑到 3 个数之间的大小关系和范围。

为了提升效率, 下面的程序进行了优化:

```
#include<stdio.h>
#include<stdlib.h>
#include<math.h>
int isprimer(int);
void print(int n,int a,int b,int c)/* 将输出代码独立出来作为一个函数 */
{
    printf("%d In Goldbach Guess \n",n);
```

```
        printf("%d = %d+%d+%d \n",n,a,b,c);
}


int main()
{
    int n = 999999999;
    int a,b,c;/* 由于 a、b 是顺序查找判断,可以设定 a≤b≤c */
    if(isprimer(n-2-2))
    {
        print(n,2,2,n-2-2); /* a = 2,b 必等于 2,否则 c 是偶数 */
        return 1;
    }
    else
        for(a = 3; a<= n/3; a = a+2)/* 只需要搜索到 n/3,因为 a 是最小
                                数,b、c 都大于等于 a */
            if(isprimer(a))
                for(b = a; b<= (n-a)/2; b = b+2)
                {
                    c = n-a-b;
                    if(b>c) break;/* b 大于 c 的情况无须考虑了 */
                    if(isprimer(b) && isprimer(c))
                    {
                        print(n,a,b,c);
                        return 1;
                    }
                }
    printf("%d Out Goldbach Guess \n",n);
}


int isprimer(int n)
{
    int i,d;
    d = sqrt(n);
    for(i = 2 ; i <= d ; i++)/* 提高素数判断的效率,只需要搜索到 sqrt
                        (n)即可 */
```

```
        if(n %i == 0)
            break;
    if(i > d )
        return 1;
    else
        return 0;
}
```

程序中的 n 值很大,如果用前面的程序,计算时间会很长,效率极低。

7.11 星号图形的打印

程序源代码 7.8：
c7_8. c

【例 7.8】利用递归函数调用输出如图 7.5 所示的图形。

图 7.5 例 7.8 要求输出的图形

程序代码:

```
#include <stdio.h>
#define N 5
void lineprint(int n)
{
    while(n--) printf(" * ");
    printf(" \n");
}
void print(int n)
{
    if( n >=1)
    {
```

```
        lineprint(n); /*输出一行星号*/
        print(n-1);   /*递归调用*/
    }
    else
        return;
}
void main()
{
    print(N);
}
```

如果修改 lineprint 函数,可以得到不同的图形,例如下面的 lineprint:

```
void lineprint (int n)
{
    int i =n;
    while(i--) printf(" ");
    while(n--) printf("*");
    printf("\n");
}
```

程序的运行结果如图 7.6 所示。

图 7.6 例 7.8 修改后输出的图形

7.12 演示数组和函数的关系

【例 7.9】演示数组和函数的关系。

程序代码:

```
#include <stdio.h>
int sum(int a,int b)
{
```

程序源代码 7.9:
c7_9. c

```
        return a+b;
    }


    int sumarray( int a[10])
    {
        int s = 0;
        int i;
        for( i = 0 ; i < 10 ; i++)
            s = s+ a[i];
        return s;
    }


    void cleararray(int a[],int pos)
    {
        int i;
        a[pos] = 0;
    }


    void clear( int a)
    {
        a = 0;
    }


    void main( )
    {
        int a[10] = {1,2,3,4,5,6,7,8,9,10};

        printf("a[0]+a[2]=%d \n",sum(a[0],a[2]));
                                /* 以数组元素 a[0]、a[2]为实际参数 */
        printf("a[0]+a[1]+…+a[9]=%d \n",sumarray(a));
                                /* 以数组名 a 为实际参数 */

        clear(a[2]);                /* 以数组元素 a[2]为实际参数 */

        printf("a[0]+a[2]=%d \n",sum(a[0],a[2]));
```

```
                        /* 以数组元素 a[0]、a[2]为实际参数 */
    printf("a[0]+a[1]+…+a[9]=%d \n",sumarray(a));
                        /* 以数组名 a 为实际参数 */

    cleararray(a,2);        /* 以数组名 a 为实际参数 */

    printf("a[0]+a[2]=%d \n",sum(a[0],a[2]));
                        /* 以数组元素 a[0]、a[2]为实际参数 */
    printf("a[0]+a[1]+...+a[9]=%d \n",sumarray(a));
                        /* 以数组名 a 为实际参数 */

}
```

运行结果:

a[0]+a[2]=4

a[0]+a[1]+…+a[9]=55

a[0]+a[2]=4

a[0]+a[1]+…+a[9]=55

a[0]+a[2]=1

a[0]+a[1]+…+a[9]=52

7.13 科室排班

【例 7.10】某医院 8 个科室春节排班(放假 7 天),科室人员数分别为 5、3、3、3、3、3、3、3,要求每天有 4 人值班,并且分属不同科室,人员不足的班次由院领导补充。请设计输出一种排班方案。

假设科室代号 1~8,科室人员编号为 11、12、13、14、15、21、22、23……81、82、83。构造下面的数组存储上面的数据:

int doctor[8] = {5,3,3,3,3,3,3,3};

程序代码:

```
#include <stdio.h>
#include <stdlib.h>
#include <time.h>
resort(int a[],int n)
```

程序源代码 7.10: c7_10.c

微视频 7.5:例 7.10 调试过程

```
{
    int i,j,t;
    /* 选择排序 */
    for(i=0; i<n-1; i++)
        for(j=i+1; j<n; j++)
            if(a[i]>a[j])
            {
                t=a[i];
                a[i]=a[j];
                a[j]=t;
            }
    /* 还原科室人员编号,即取后两位 */
    for(i=0; i<n; i++)a[i] = a[i] % 100;
}


int check(int a[],int n)
{
    int ngroup,total=4;
    int i,j,k;
    ngroup = (n+3) /4 ;          /* 不够 4 人的也作为一组 */
    for(i=1; i<=ngroup; i++)
    {
        if(n% 4! =0 && i==ngroup)  total = n % 4;
        else                       total = 4;
        /* 对 i 班次检测是否有同科室人员,有则返回 0 */
        for(j=0; j<total-1; j++)
            for(k=j+1; k<total; k++)
                if(a[(i-1)*4+j] /10 == a[(i-1)*4+k] /10 )
                    return 0;
    }
    return 1;
}
/* 输出函数 */
void print(int a[],int n)
{
```

```
    int ngroup,total = 4;
    int i,j;
    ngroup = (n+3) /4 ;
    for(i =1; i<=ngroup; i++)
    {

        printf("%d.",i);
        if(n% 4! =0 && i==ngroup)  total = n % 4;
        else                       total = 4;
        for(j=0; j<total; j++)
            printf("%d ",a[(i-1) * 4+j]);
        printf(" \n");

    }

}
void main()
{

    int group[8] = {5,3,3,3,3,3,3,3};
    int doctor[100];
    int i,j,n = 0;
    /******************************************
        生成科室人员编号,存入 doctor 数组中
        编号为 11,12,13,14,15,21,22,23,31,…,81,82,83
    ******************************************/
    for(i = 0; i<8; i++)
        for(j=0; j<group[i]; j++)
            doctor[n++]=(i+1)* 10+(j+1);
    while(1)
    {
        /*
        产生一个随机整数,放在人员编号前面,用来排序,结果相当于打乱原来
            的编号顺序
        例如:11,12,21,22
        加上两位随机数后变成:4311,5112,3821,1022
        重新排序:1022,3821,4311,5112
        去除随机数:22,21,11,12
        可以看出原来的顺序被改变了
```

```
                     */
        srand((int)time(0));              /* 重置随机数种子 */
        for(i = 0; i < n; i++)
            doctor[i] = rand()%100 * 100+doctor[i];
        resort(doctor,n);
        /*检验同一班次是否有同科室人员,若有则重新加随机数,排序检测,若
          没有则退出 */
        if(check(doctor,n))break;
    }
    print(doctor,n);
}
```

运行结果:

```
1.11 31 41 81
2.32 73 15 22
3.83 42 33 14
4.82 72 62 53
5.12 43 61 52
6.63 51 21 13
7.71 23
```

由于方案的多样性,上面只是结果中的一种。

上面的程序通过打乱编号顺序,然后依次检查是否符合规定的方法只是解决问题的一种途径,程序简单,但效率并不高,可能很多轮次都不合格,需要重新来。读者可以考虑其他的方法,例如每次选 4 个科室安排在 4 个不同的值班日,直到该科室全部排完。类似的方法很多,请感兴趣的读者继续研究,这里就不一一给出程序了。

思考:

如果是 8 个队分别派出 5、3、3、3、3、3、3、3 名选手参加扑克牌比赛,要求每桌 4 名选手不能来自相同的队呢?

*7.14　汉诺塔游戏

汉诺塔(Hanoi)游戏又称圆盘游戏,玩法如下。

有 3 个柱子 A、B、C,其中 A 上由大到小穿插 n 个中间含孔的圆盘,要求借助柱子

B,将这 n 个圆盘移动到 C 上,每次只能移动 1 个盘子,并且任何时候都不能出现大盘在上、小盘在下的情况,如图 7.7 所示。

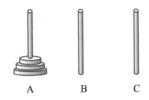

图 7.7　Hanoi 塔游戏示意图

算法:

将 A 上 n 个盘子移动到 C 上,可以分 3 步完成,如图 7.8 所示。

(1)将 A 上 $n-1$ 盘子借助 C 移动到 B 上。

(2)将下面的第 n 个盘子移动到 C 上。

(3)将 B 上 $n-1$ 盘子借助 A 移动到 C 上。

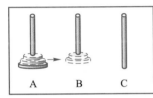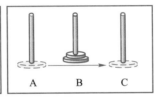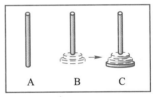

图 7.8　Hanoi 塔游戏算法示意图

将 A 上 $n-1$ 盘子借助 C 移动到 B 上

和

将 A 上 n 盘子借助 B 移动到 C 上

相似,可以分 3 步完成,具体如下。

(1)将 A 上 $n-2$ 盘子借助 B 移动到 C 上。

(2)将下面的第 $n-1$ 个盘子移动到 B 上。

(3)将 C 上 $n-2$ 盘子借助 A 移动到 B 上。

这样的移动可以一直收缩下去,最终变成两个盘子的移动,如图 7.9 所示。

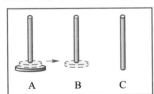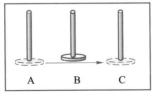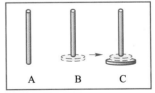

图 7.9　Hanoi 塔游戏算法示意图(两个盘子)

显然,反过来思考,2 个盘子可以完成,则 3 个、4 个……n 个也就不成问题了。

这是典型的递归调用,为了更好地理解,请大家观察下面程序运行的结果:

程序代码:

程序源代码 7.11:
c7_11.c

```c
#include <stdio.h>
/* 函数 move:移动一个盘子 */
void move(int n,char getone,char putone)
{
    printf("%d:%c->%c \n",n,getone,putone);
}
/* 函数 hanoi:移动 n 个盘子 */
void hanoi(int n,char one,char two,char three)
{
    if(n==1)
        move(n,one,three);
    else
    {
        hanoi(n-1,one,three,two);/* 把 A 上的 n-1 个盘子借助 C 移动到 B */
        move(n,one,three);/* 把第 n 个盘子移动到 C */
        hanoi(n-1,two,one,three);/* 把 B 上的 n-1 个盘子借助 A 移动到 C */
    }
}
int main()
{
    int m;
    printf("Input the number of disks:");
    scanf("%d",&m);
    printf("The steps to moving %d disks: \n",m);
    hanoi(m,'a','b','c');
    return 0;
}
```

运行结果:

```
Input the number of disks:3
The steps to moving 3 disks:
1:a->c
2:a->b
```

```
1:c->b
3:a->c
1:b->a
2:b->c
1:a->c
```

注意:

运行结果中的数字表示盘子的层次。

本章小结

本章内容如下。

（1）函数的分类:库函数和用户自定义函数。

（2）函数的定义:类型、函数名、形式参数、函数体以及函数的原型声明等。

（3）函数的调用:函数的嵌套和递归调用,其中包括函数实参和形参之间的 3 种传递方式:值传递、引用传递、地址传递。

（4）变量的作用域和存储方式:变量的作用域是指变量在程序中的有效范围,分为局部变量和全局变量。变量的存储方式是指变量在内存中的存储类型,它表示了变量的生存期,分为静态存储和动态存储,具体的存储类型包括 auto、register、static 和 extern 4 种。

习题 7

一、选择题

1. C 语言中,关于函数说法正确的是(　　)。

A. 函数的定义可以嵌套,但函数的调用不可以嵌套

B. 函数的定义不可以嵌套,但函数的调用可以嵌套

C. 函数的定义和函数的调用均不可以嵌套

D. 函数的定义和函数的调用均可以嵌套

2. C 语言中,下列说法正确的是(　　)。

A. C 语言程序必须要有 return 语句

B. C 语言程序中,要调用的函数必须在 main( )函数中定义

C. C 语言程序中,只有 int 类型的函数可以未经声明而出现在调用之后

D. C 语言程序中,main( )函数必须放在程序开始的部分

3. C 程序中,若实参是普通变量,则调用函数时,下面说法正确的是(　　)。

A. 实参和形参各占用一个独立的存储单元

B. 实参和形参可以共用存储单元

C. 可以由用户指定是否共用存储单元

D. 由计算机系统自动确定是否共用存储单元

4. 已知函数 f 定义如下:

```
void f( int &n)
{
    int i;
    ...
}
```

则函数定义中 void 的含义是(　　)。

A. 执行函数 f 后,函数不需要用 return 返回值

B. 执行函数 f 后,函数不再返回

C. 执行函数 f 后,函数返回任意类型值

D. 以上 3 个答案都是错误的

5. 下面叙述中不正确的是(　　)。

A. 在不同的函数中可以使用相同名称的变量

B. 函数中的形式参数是局部变量

C. 在一个函数内定义的变量只在本函数范围内有效

D. 在一个函数内的复合语句中定义的变量在本函数范围内有效

6. C 语言中,可以用来说明函数类型的是(　　)。

A. auto 或 static 　　　　　　B. extern 或 auto

C. static 或 extern 　　　　　　D. auto 或 register

7. 在 C 语言中,若有一个变量能在本文件中被所有函数使用,则该变量的存储方式是(　　)。

A. register 　　　　　　B. extern

C. static 　　　　　　D. auto

8. 下面描述中不正确的是(　　)。

A. 在一个函数中,既可以使用本函数中的局部变量,又可以使用全局变量

B. 在函数之外定义的变量称为全局变量

C. 在同一程序中,若全局变量与局部变量同名,则在局部变量作用范围内,局部变

量不起作用

D. 其他程序文件中定义的全局变量可以通过外部变量声明来引用

9. 在 C 语言中,变量的存储方式为(　　)类型时,系统才在使用时分配存储单元。

A. static

B. static 和 auto

C. auto 和 register

D. register 和 static

10. 一个源文件中定义的全局变量的作用域是(　　)。

A. 本函数的全部范围

B. 本程序全部范围

C. 本文件全部范围

D. 从定义开始至本文件结束

二、填空题

1. 函数参数传递方式有_____、_____。

2. 全局变量与函数体内定义的局部变量同名时,在函数体内_____变量起作用。

3. 函数默认的数据类型是_____。

4. 下面程序的功能是在 f 函数中计算 10 个学生的平均成绩,返回主函数输出,请填空。

```c
#include <stdio.h>
float f(float x[],int n)
{
    int i;
    float average,s = 0;
    for(i = 0 ; i <n ; i++)
        s = s +_____;
    average = s /n;
    _____
}
int main()
{
    float a[20];
    for (int i = 0 ; i < 20 ; i++)
        scanf("%d",&a[i]);
    printf("average =%f \n",_____);
    return 0;
}
```

5. 下面程序的功能是用函数的递归调用求 1! +2! +3! +…+5!。

```c
#include <stdio.h>
long f(int n)
```

```
{
    if(n==1)
        return 1;
    else
        return _____;
}
int main()
{
    int i=1;
    long s;
    s = _____ ;
    for( int i = 1 ; i <= 5 ;i++)
        s =  s +_____;
    printf("1! +2! +3! +…+5! =%d \n",s);
}
```

三、阅读程序,写出运行结果

1. 下列程序的输出结果是_____。

```
#include <stdio.h>
int add(int a,int b);
int main()
{
    extern int x,y;
    printf("%d",add(x,y));
    return 0;

}
int x=20,y=5;
int add(int a,int b)
{
    int s=a+b;
    return s;
}
```

2. 下列程序的输出结果是_____。

```
#include <stdio.h>
void f(void)
```

```
{
    int x = 5;
    static int y = 10;
    ++x;
    ++y;
    printf("%d,%d \n",x,y);
}

void main()
{
    f();
    f();
}
```

微视频 7.6：第 3
题调试过程

微视频 7.7：第 5
题调试过程

四、程序设计题

1. 编写函数,求 $1+3+5+7+\cdots+99$。

2. 编写函数,求 3 个整数中的最大数。

3. 斐波那契数列的定义为,数列前两个数都是 1,从第 3 个数开始,每个数都是前面两个数的和,即

$$f(n)=\begin{cases}1 & n=1,2 \\ f(n-1)+f(n-2) & n\geqslant 3\end{cases}$$

编写一函数实现调用该函数,输出该数列的第 n 项的数值。

4. 编写函数,实现在一个字符串中插入指定字符。

5. 编写函数,将输入的十进制数转换成十六进制数并输出。

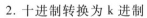

微视频 7.8：高级应
用第 1 题调试过程

五、高级应用

1. 递归函数的复用

递归函数可以实现很多特殊的程序功能,也极大地简化了程序。程序中演示了如何将多种类似的递归函数合并在一起,从而构造一种具备复用能力的递归函数,体现了递归函数的多样性。

2. 十进制转换为 k 进制

进制转换是编程必须考虑的需求,通过一个函数将十进制转换为多种进制可以训练编程思维的扩展能力。

微视频 7.9：高级应
用第 2 题调试过程

第 8 章
指针

学习目标：

（1）理解并掌握地址、指针和指针变量的概念。

（2）熟练掌握指针变量的定义、初始化和引用方法。

（3）理解并掌握指针与数组的关系。

（4）了解指针数组和多级指针的概念。

（5）了解指针与函数的关系。

（6）学会在程序设计中正确应用指针解决实际问题。

8.1 地址

电子教案：
指针

计算机内存中每个用于数据存取的基本单位都被赋予一个唯一的序号,称为**地址**。通过地址可以存取数据。

在程序编译或者运行时,系统开辟了一张表格,每遇到一次声明语句(包括函数传入参数的声明)都会开辟一个内存空间,并在表中增加一条记录,记载着一些对应关系,如图 8.1 所示。

声明	记录表					
	序号	名称	类型	地址(十六进制)	长度(单位：字节)	…
int a;	1	a	int	0012FF00	4	
char c;	2	c	char	0012FF04	1	
double d;	3	d	double	0012FF08	8	
int*p;	4	p	int*	0012FF10	4	

图 8.1 地址映射表

通过名称就可以查表找到对应的地址,再通过地址就可以找到对应存储的数据了。

内存地址可能不是实际的物理地址,可能是虚拟的内存地址,不过这并不影响对数据存取的理解。

32 位地址是 4 个字节的整数,64 位地址是 8 个字节的整数。地址都是无符号的。

8.2 指针的概念

变量、数组、函数等在程序执行时在内存中都有地址编号,考虑到直接使用这些地址(如 0x 0012FF18)的不便,C 语言允许使用变量名、数组名[下标]、函数名等标识符来访问。这种访问是**间接**地访问内存中相应的地址。这些地址可以通过 & 变量名、数组名、函数名分别得到,例如:

```
scanf("%d",&x);
int a[10]; a[0]=5;
```

为了更好地利用地址访问数据,C 语言内置了一种特殊的类型:**指针类型**,专门用来引用地址访问数据。

指针是表示地址的类型,但依赖于其所指向的数据对象,所以指针是一种派生类型。**指针的值**就是其所指向的对象在内存中的地址,它可能是变量的地址,也可能是数组的首地址、函数的入口地址等。**指针的类型**就是指向对象的类型。例如:

```
int a,*p;
p=&a;
```

p 就是指针类型,由于其指向了 int 类型的变量 a,所以 p 是 int 型的指针。

可以像基本类型 int、char、double 等一样定义指针类型的变量,这样的变量称为**指针变量**。指向其他变量的指针变量存储的是变量的地址,称为**变量指针**;如果指针变量存储的地址是函数的入口地址,称该指针为**函数指针**。

如基本类型的常量一样,指针也有常量和变量之分。例如下面就是一些指针常量:

```
NULL
(int *)0x0012FF18
```

NULL 是一个空指针,(int *)0x0012FF18 是一个整型数地址强制转换为 int 型的指针常量表达式。

前面学习的数组是与指针关系密切的数据类型,数组名类似于一个指针常量或只读的变量,代表数组的首地址。

指针常量应用很少,C 语言程序中以指针变量的应用为主,有的书籍直接把指针当作指针变量。

指针是 C 语言区别于其他程序设计语言的主要特征之一。正确灵活地使用指针可以充分地发挥 C 语言的特点,提高某些程序的执行效率,更加方便地表示和访问复杂的数据结构,直接对内存操作等。

8.3　指针变量的定义和初始化

定义指针变量的形式如下:

数据类型　*指针变量名;

定义并初始化的形式如下:

数据类型　*指针变量名 = & 变量名;

没有指向的指针变量的值是随机的,称为**野指针**。只有被赋值以后,指针变量才有确定的指向,没有初始化的指针变量必须在使用之前进行赋值操作,使其有所指向。

例如:

```
int  a;
int  *p=&a;
```

或者

```
int   a,*p=&a;
```

指针变量的数据类型可以是任意类型,是指针所指向的变量的类型。"＊"不是指针变量的一部分,这里用来说明不是普通变量,而是一个指针变量。

例如:

```
int a=1000;        /*定义普通变量*/
int *p;            /*定义指针变量*/
```

假设有

```
p=&a;
```

则指针变量 p 的值就是普通变量 a 的地址。这样,访问变量 a 就多了一种方法:根据指针变量 p 的值找到普通变量 a 的内存地址(相当于 &a),再从该地址取得 a 的值。

如图 8.2 所示,内存中指针变量 p 对应的数据是 0012FF68,是变量 a 的地址,通过这个地址将 p 和 a 形成关联,从而可以实现用 p 间接访问 a 的数据 1000。

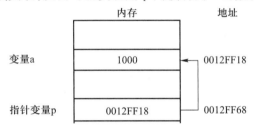

图 8.2　指针和普通变量的内存存储关系示意图

需要注意的是,p 若指向其他变量,如 p=&b,则 p 和 a 之间就没有关联了,由此可见,所谓指向其实就是指针变量的值是其指向对象的地址。

在定义了一个指针后,系统会为指针分配内存单元。各种类型的指针被分配的内存单元大小是相同的,因为每个指针存放的都是内存地址的值,所需要的存储空间也相同。

8.4　指针运算

8.4.1　指向运算符 ＊ 和取地址运算符 &

指向运算符 ＊ 作用在指针(地址)上,代表该指针所指向的存储单元(及其值),实现间接访问,因此又可称作**间接引用运算符**。例如:

```
int  a=1000,*p;
```

p = &a;

p 的值为 1000,与 a 等价。 运算符为单目运算符,与其他的单目运算符具有相同的优先级和结合性(右结合性)。根据 * 运算符的作用特点,* 运算符和取地址运算符 & 互逆:

*(&a)==a   &(*p) == p

注意:

(1) 在定义指针变量时,"*"表示其后是指针变量;在执行部分的表达式中,"*"是指向运算符。

(2) & 和 * 运算符作用对象不同,& 作用于一个有地址的存储对象,通常是变量、函数名、数组名,* 作用于一个指针,可以是指针变量,也可以是常量或表达式,例如:

int a[10];

int *p=a;

下面的表达式是正确的:

&a、&p、&a[1]

*(a+1)、*p、*((int *)(0x0012FF18))

下面的表达式是错误的:

&(a+1)

a+1 是一个表达式,不是一个**存储对象**。

8.4.2　指针变量的引用

有了指针变量及运算符,就可以引用指针变量了。

【例 8.1】输入两个整数 a 和 b,演示指针变量的引用。

程序代码:

```
#include <stdio.h>
voidswap1(int x , int y)
{
    int temp;
    temp = x;
    x = y;
    y = temp;
}


voidswap2(int *x , int *y)
{
```

```
    int temp;
    temp = *x;
    *x = *y;
    *y = temp;
}

voidswap3(int *x , int *y)
{
    int *temp;
    temp = x;
    x = y;
    y = temp;
}

intmain()
{
    int a,b;
    int *pa,*pb;

    pa = &a;
    pb = &b;

    a = 10,b = 20;
    swap1(a,b);
    printf("a = %d,b = %d, *pa = %d, *pb = %d \n",a,b, *pa, *pb);

    a = 10,b = 20;
    swap2(pa,pb);
    printf("a = %d,b = %d, *pa = %d, *pb = %d \n",a,b, *pa, *pb);

    a = 10,b = 20;
    swap3(pa,pb);
    printf("a = %d,b = %d, *pa = %d, *pb = %d \n",a,b, *pa, *pb);
}
```

运行结果:

a = 10,b = 20, * pa = 10, * pb = 20
a = 20,b = 10, * pa = 20, * pb = 10
a = 10,b = 20, * pa = 10, * pb = 20

分析：

程序中设计了 3 个交换值的函数,交换的结果是有差别的,分析如下。

（1）swap1。swap1 函数形式参数表为 int x,int y,主函数调用方式为 swap1(a,b);,函数参数传递方式为值传递,a、b 的值以及 pa、pb 指针变量都不受 x、y 的影响。

（2）swap2。swap2 函数形式参数表为 int * x,int * y,主函数调用方式为 swap2(pa,pb);,形参是指针变量,实参也是指针变量。交换算法中采用指向运算符 *,所以 * x、* y 和 pa、pb 指向相同的数据 a、b,最后函数实现了交换。

（3）swap3。swap3 函数形式参数表为 int * x,int * y,主函数调用方式为 swap3(pa,pb);,形参是指针变量,实参也是指针变量。交换算法中局部的指针变量 x、y 虽然交换了值,但并没有交换 x、y 所指向的 a、b 的值,交换是失败的。

调用 swap3 前后的各个变量情况分别如图 8.3 和图 8.4 所示。

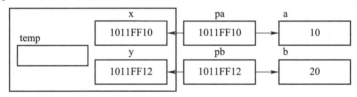

图 8.3　交换算法之前

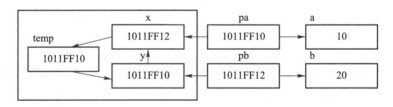

图 8.4　交换算法之后

8.4.3　指针的算术运算和关系运算

指针变量有赋值运算,指针有指向运算。有意义的指针运算还包括算术运算和关系运算。不过,参与算术运算和关系运算的指针是有一定限制的,通常在指针代表一些连续的存储单元的情况下才有实际意义。

1. 算术运算

指针可进行的算术运算有以下几种。

（1）指针变量的++和--运算。

（2）指针加、减整数运算。

（3）指向同一数组不同元素的指针相减运算。

假定有

char str[100]= "Hello World";

char *p=str,*q;

指针变量 p 指向字符数组的首字符 H，如图 8.5 所示，为了阅读的方便，字符外省略了一对单引号。

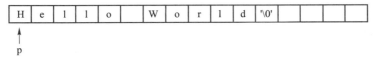

图 8.5　指针变量 p 和字符数组初始状态

以下运算：

p++;

为指针变量自增运算，指针变量向地址高端移动一个单元。指针变量 p 将指向字符 e，如图 8.6 所示。

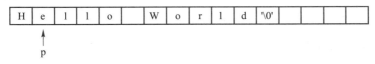

图 8.6　p++后指针变量 p 和字符数组的状态

q=p+3;

含义是，将 p 存放的地址值增加 3 个单元赋给 q，即 q 指向 p 的高端两个单元，即指向字符 o，如图 8.7 所示。此时两指针变量相减 q-p 值为 3，表示相差 3 个单元。注意，"单元"不是字节，而是根据不同数据类型长度不同，如果指针变量是 float 类型，则单元的长度就是 4 个字节长度。

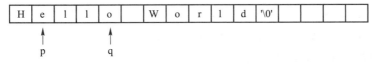

图 8.7　q=p+3 后指针变量 q 和字符数组的状态

指向数组的指针还有下标运算，例如，在 p 指向 e、q 指向 o 的情况下，字符 W 可以用 str[6]表示，也可以用 p[5]、q[2]表示。

2. 关系运算

关系运算是比较指针大小的运算。两个指针相等说明指向同一存储单元。

例如上面的示例中，由于 q-p=3，显然有 q>p。

有时候需要判断 p 是否指向结束符,可以写成 if(∗ p == ' \0') 。

8.5 指针与数组

C 语言中,指针和数组关系非常密切,有了指针,对数组的操作就更加方便了。

数组名类似于一个指针,存储了数组元素在内存中的首地址,数组元素可用下标访问,也可以用指针访问。数组类型其实与指针关系密切,在实际的编译和运行中类似于指针操作。例如:

int a[10],∗p=a;

a 其实类似于一个 int ∗ 型指针,所以 a 和 p 指向的地址相同,操作也类似,∗(a+1)和∗(p+1)都是表示 a[1]。同样,下标的表示形式在编译运行时也会被地址和偏移量的计算所替换,a[5]其实会执行∗(a+5),因为∗(5+a)也是表示同样地址的数据,所以 a[5]写成 5[a]也是可以的,只不过这种方式可读性极差,不建议使用。

8.5.1 指针与字符数组

前面提到一个字符数组和字符指针(如图 8.8 所示):

char str[100]= "Hello World";

char ∗p=str;

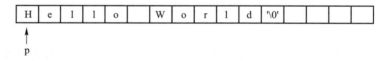

图 8.8 指针变量 p 和字符数组

字符 W 的表示方法至少有以下几种:str[6]、∗(str+6)、p[6]、∗(p+6)。

如果 p++后 p 指向了 e,则用 p 表示的字符 W 形式就更改为 p[5]、∗(p+5)。

程序源代码 8.2: c8_2.c

微视频 8.2:例 8.2 调试过程

为了说明指针和数组的关系,下面来看一个例子。

【例 8.2】演示指针和数组的关系。

程序代码:

```
#include <stdio.h>
void main()
{
    char str[100]="123456789";
    char *p=str;
```

```
    char des[100],* q;

    /* 顺序输出 */
    while( * p ! =' \0') printf("%c",* p++);
    printf(" \n");

    /* 逆序输出 */
    while(--p >= str) printf("%c",* p);
    printf(" \n");

    /* 字符串复制 */
    p = str;
    q = des;
    while( * p ! =' \0') * q++ = * p++;
    * q =' \0';
    printf("%s \n",des);
    return 0;
}
```

运行结果:

```
123456789
987654321
123456789
```

程序中没有使用循环变量,但同样实现了字符数组的遍历。程序的关键在于当指针指向字符串的结束符' \0'时,终止循环。

8.5.2 指针与其他类型数组

对于其他类型数组,指针与数组的关系也很类似,下面的例子可以说明。

【例 8.3】演示指针和整型数组的关系。

程序代码:

程序源代码 8.3:
c8_3.c

```
#include <stdio.h>
void main()
{
    int a[10] = {1,2,3,4,5,6,7,8,9,10};
    int * p=a,* q=p+9;
    int s;
```

```
    for(s = 0 ; q >= p ; q--)
        s = s + *q;
    printf("s=%d\n",s);
}
```

运行结果：

```
s=55
```

注意：

程序中的 q--,每次递减的是一个 int 类型单元,而不是一个字节。

8.5.3　指针与二维数组

对于二维数组,同样可以定义指针变量来引用、操作数组及数组元素。

必须认识到,二维数组其实可以看成由一维数组构造而成。就相当于几个队列构成一个方阵,方阵由队列组成,队列由具体的元素——人组成。

前面学习的指针只能管理队列,如果管理方阵,则需要二级指针。

和前面介绍的一级指针不同的是,下面定义了一个指针变量 ppa,指向指针变量 pa,所以 ppa 又可以称为**指向指针的指针**,如图 8.9 所示。

那么表示变量 a 的方法又多了一种：

$*(*(ppa)) \equiv *(pa) \equiv a \equiv 1000$

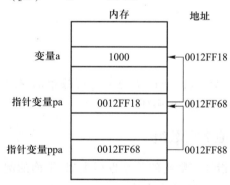

图 8.9　二级指针示意图

定义这样指向指针的指针的形式如下：

```
int **ppa;

ppa=&pa;
```

利用 ppa 可以访问二维数组及其元素,下面的例子可以说明两者的关系。

【例 8.4】演示指针和二维数组的关系。

程序代码：

```
#include <stdio.h>
void main()
{
    int s,t;
    int a[3][4];
    int *p[3],*q;              /*p是指针数组*/
    int i,j;

    s = t = 0;

    for(i = 0 ; i < 3 ; i++)
    {
        p[i] = a[i];    /*让指针数组的元素分别指向二维数组的行地址*/
        for(j = 0 ; j < 4 ; j++)
            a[i][j] = i * 3 + j;
    }

    for(i = 0 ; i<3 ; i++)
    {
        q = p[i];        /*取得每一行的首地址*/
        for(j=0 ; j<4 ; j++)
        {
            s = s + *( *(p+i)+j) ; /*用二级指针表示元素*/
            t = t + *(q+j);         /*用一级指针表示元素*/
        }
    }

    printf("s = %d,t = %d \n",s,t);
}
```

运行结果：

s = 54,t = 54

分析：

例题展示了指针和数组之间的关系。

int *p[3]是指针数组。

指针数组,首先是一个数组,只不过其元素不是普通的变量,而是指针变量,即 p[0]、p[1]、p[2]相当于前面提到的指针变量。单独的指针变量可以指向一个一维数组,例如例题中的数组 a 的第一行,如图 8.10 所示。

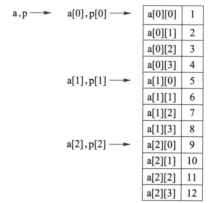

图 8.10 指针数组的元素和二维数组的关系

p 是指针数组的数组名,这样的指针数组和普通的数组形式上是一样的。

那么如何通过 p 访问二维数组元素呢? 显然 p 是指向指针的指针,是二级指针,所以需要降级两次才能访问到二维数组的数组元素。

a[1][2]用 p 表示就是 *(*(p+1)+2),其实就是 *(p[1]+2)、*(a[1]+2)。

参考:

划分指针类别。

为了**理解**的方便(并非 C 标准),可以为前面提到的指针、变量、数组等划分类别。
例如,对于

int x=10,*px=&x;

int a[5]={1,2,3,4,5},*pa=a;

int b[3][4]={{1,2,3,4},{5,6,7,8},{9,10,11,12}},*pb[3]={b[0],b[1],b[2]};

int **ppa=&pa;

int (*q)[4];q=b;

可以划分为 3 个类别,如表 8.1 所示。

表 8.1 指针类别划分

名称	实例	类型	类别		
			0	1	2
常量	100	int	√		

续表

名称	实例	类型	类别 0	类别 1	类别 2
普通变量	x	int	√		
一级指针变量	px、pa	int *		√	
二级指针变量	ppa	int * *			√
一维数组名	a	int [5]		√	
一维数组名地址	&a	int(*)[5]			√
一维数组元素	a[0]、a[1]、a[2]、…、a[4]	int	√		
一维数组元素地址	&a[0]、&a[1]、&a[2]、…、&a[4]	int *		√	
二维数组名	b	int [3][4]			√
二维数组元素	b[0][0]、b[0][1]、…、b[2][3]	int	√		
二维数组元素地址	&b[0][0]、&b[0][1]、…、&b[2][3]	int *		√	
二维数组的一维名	b[0]、b[1]、b[2]	int *		√	
二维数组的一维名地址	&b[0]、&b[1]、&b[2]	int(*)[4]			√
一维指针数组名	pb	int(*)[3]			√
一维指针数组元素	pb[0]、pb[1]、pb[2]	int *		√	
一维指针数组元素地址	&pb[0]、&pb[1]、&pb[2]	int * *			√
行指针	q	int(*)[4]			√

那么从 2 类到 1 类或从 1 类到 0 类,需要进行 * 运算;从 0 类到 1 类或从 1 类到 2 类,需要进行 & 运算,不过进行 & 运算的前提是运算对象是一个可寻址的对象,如 x,而常量 100 不可以进行 & 运算。例如:

```
*(pa+1)        ≡a[1]         ≡2
*(pb+1)        ≡b[1]         ≡*(b+1)
*(*(pb+1)+2)  ≡*(b[1]+2)   ≡*(*(b+1)+2) ≡b[1][2] ≡7
&a[1]          ≡a+1          ≡pa+1
&b[1][2]       ≡b[1]+2       ≡pb[1]+2
&b[1]          ≡b+1          ≡pb+1
```

所以,从 2 类到 0 类需要 2 次 * 运算,如 * (* (b+1)+2)。

指向运算 * 的运算对象是指针,形式上可以是变量,也可以是表达式,甚至是指针常量,例如:

```
*b,**b,*(b+1),*((int *)(0x0012FF28))
```

由于 0 类不是指针,所以 * x、* b[1][2]等是错误的引用。

& 运算要求运算对象是一个有地址的对象,如变量、函数名或数组名(数组名可以理解成是一个只读变量),例如:

&b[1]、&b[1][2]

而 &(b+1)是错误的引用,因为表达式 b+1 的结果是一个地址值,不是一个存储对象。

行指针 q 若指向二维数组,例如:q=b;,可称之为指向数组的指针,简称数组指针。例如:q+1 将直接指向二维数组的下一行。

说 明:

(1) 表 8.1 中 int[5]类似于 int * ,int [3][4]、int (*)[4]、int (*)[5]类似于 int * * ,相当于多了长度限制的指针,长度限制会影响其算术运算的结果,例如 int (*)[4]、int (*)[5]类型的指针加 1 将分别移动 4、5 个 int 型存储单位,即 4 * sizeof(int)个字节、5 * sizeof(int)个字节。

(2) a 和 &a 虽然类型不同,但表示的地址值相等。

比 较:

(1) b 和 b[0]。

前者是二维数组名,指向整个二维数组,是二级指针、行指针。

后者是第 0 行的首地址,是一级指针或者看作第 0 行的一维数组的"数组名"。

b 也可以看成是 b[0]、b[1]、b[2]这 3 个元素组成的一维数组的数组名,只不过这个一维数组是指针数组。

(2) b+1 和 b[0]+1。

前者相当于 &b[1],因为 * (b+1)就是 b[1],即第 1 行的首地址,是二级指针。

后者相当于第 0 行的地址向后移动 1 个 int 单元,即从 b[0][0]到 b[0][1],所以 b[0]+1就是 b[0][1]的地址, * (b[0]+1)就是 b[0][1]。

(3) pb+1 和 q+1。

q 是指向 b 的二级指针变量,q+1 同 b+1。

pb 是指针数组的数组名,pb+1 相当于 &pb[1],pb[1]等于 b[1]。

两者都是 b[1]的地址,即 &b[1]。

q 是指针变量,可以 q++,相当于移动 4 个 int 单元,即 b 数组的一行,4 个元素。

b、pb 都是数组名,其值不可以改变,b++、pb++都是错误的。

其实,在编辑环境中,可以像跟踪普通变量一样跟踪和观察指针变量。如图 8.11 所示为指针变量跟踪调试图(Visual C++环境)。

图 8.11 对应一个综合的指针案例,该案例试图演示本章大部分指针使用的形式,具

微视频 8.3:综合指针案例调试过程

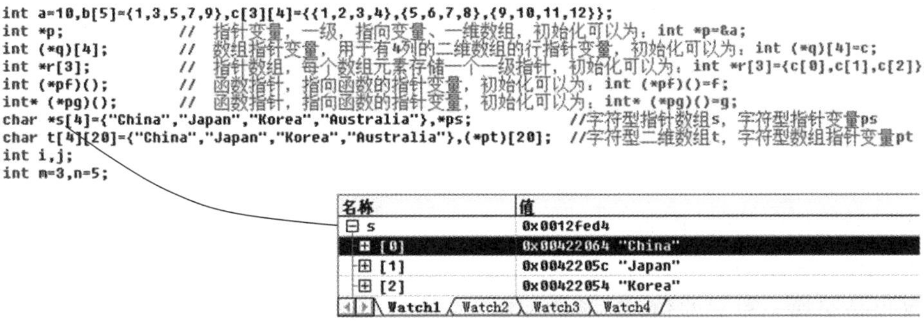

```
int a=10,b[5]={1,3,5,7,9},c[3][4]={{1,2,3,4},{5,6,7,8},{9,10,11,12}};
int *p;              // 指针变量，一级，指向变量、一维数组，初始化可以为：int *p=&a;
int (*q)[4];         // 数组指针变量，用于有4列的二维数组的行指针变量，初始化可以为：int (*q)[4]=c;
int *r[3];           // 指针数组，每个数组元素存储一个一级指针，初始化可以为：int *r[3]={c[0],c[1],c[2]};
int (*pF)();         // 函数指针，指向函数的指针变量，初始化可以为：int (*pF)()=f;
int* (*pg)();        // 函数指针，指向函数的指针变量，初始化可以为：int* (*pg)()=g;
char *s[4]={"China","Japan","Korea","Australia"},*ps;      //字符型指针数组s，字符型指针变量ps
char t[4][20]={"China","Japan","Korea","Australia"},(*pt)[20]; //字符型二维数组t，字符型数组指针变量pt
int i,j;
int m=3,n=5;
```

名称	值
⊟ s	0x0012fed4
⊞ [0]	0x00422064 "China"
⊞ [1]	0x0042205c "Japan"
⊞ [2]	0x00422054 "Korea"
◀▶ **Watch1** \ Watch2 \ Watch3 \ Watch4 /	

图 8.11 指针变量跟踪调试图

体请观看对应的微视频。

8.6 指针与函数

8.6.1 指针作为函数的参数

同其他变量一样,指针也可以用作函数的参数。前面示例中已经出现过,例如:

```
int swap2(int *x, int *y)
{
    int temp;
    temp = *x;
    *x = *y;
    *y = temp;

    return 0;
}
```

实际调用该函数时,例如:

```
swap2(&a,&b);
```

把实参的指针传送给形参,即传送 &a、&b,这是函数参数的地址传递。但是,作为指针本身,仍然是函数参数的值传递方式。因为在 swap 函数中创建的临时指针 x、y 在函数返回时被释放,它不能影响调用函数中的实参指针(即地址)值,例如前面提到的 swap3:

```
int swap3(int *x , int *y)
{
    int *temp;
```

```
        temp = x;
        x = y;
        y = temp;
        return 0;
}
```

实际调用该函数时,例如:

```
swap3(&a,&b);
```

由于仅仅是交换 x 和 y 的值,而不是 x 和 y 指向的 a 和 b 的值,所以 a、b 并没有实现交换。

8.6.2   函数指针

和数组名类似,**函数名**代表了函数在内存中的入口地址。函数代码在程序执行前也会分配一段连续存储的区域,该区域的首字节编号称为**函数指针**。类似于数组名,函数名是一个**指针常量**(或理解成**只读的指针变量**),也可以定义指向函数的指针变量来接受函数指针,然后通过该指针变量访问该函数。

用函数名调用函数称为**直接调用**,用指向函数的指针变量调用函数称为**间接调用**。例如:

```
int  (*Copy)(char *, char *);
```

该语句定义了一个函数名为 Copy 的函数指针,用于复制字符串。Copy 指针可以指向 C 语言标准的字符串函数库中的函数 strcpy:

```
Copy = &strcpy;     /* Copy 指向 strcpy 函数 */
```

& 运算符可以省略:

```
Copy = strcpy;      /* Copy 指向 strcpy 函数 */
```

函数指针也能在定义时初始化:

```
int  (*Copy)(char *, char *) = strcpy;
```

下面的 3 个调用是等价的:

```
strcpy(des,str);        /* 直接调用 */
(*Copy)( des,str);      /* 间接调用 */
Copy(des,str);          /* 间接调用 */
```

【例 8.5】演示函数指针。

程序代码:

```
#include <stdio.h>
#include <math.h>
int sum(int n)
{
```

```
        int i,s = 0;
        for(i = 1; i <= n; i++)
            s = s + i;
        return s;
}
void main()
{
        double ( * s)(double)= &sin;
        double PI = 3.1415926;
        int ( * f)(int);
        int n = 100;

        printf("sin(PI/2)= % f \n",s(PI/2));

        f = sum;

        printf("1+2+3+…+100 = %d \n",f(n));

}
```

程序运行结果：

sin(PI/2)= 1.000000

1+2+3+…+100 = 5050

上面的程序中指针 s 指向 C 语言标准库函数 sin，指针 f 指向自定义的函数 sum。

上面的例子没有什么意义，通过函数指针的访问方式其实反而麻烦了一些。再看下面的示例。

【例 8.6】演示函数指针。

程序代码：

程序源代码 8.6：c8_6.c

```
#include <stdio.h>
#include <math.h>

int f1(int a,int b)
{
        return a+b;
}
int f2(int a,int b)
```

```
{
    return a-b;
}
int f3(int a,int b)
{
    return a*b;
}

int f4(int a,int b)
{
    if(b! =0)
        return a/b;
    else
    {
        printf("error \n");
        return 0;
    }
}

int f5(int a,int b)
{
    if(b! =0)
        return a% b;
    else
    {
        printf("error \n");
        return 0;
    }
}

int f6(int n)
{
    int i,s=0;
    for(i=1 ; i<=n ; i++)
        s = s + i;
```

```
        return s;
}


int f7(int n)
{
        int i,s=1;
        for(i=1 ; i<=n ; i++)
            s = s * i;
        return s;
}


int f8(int a,int b,int c)
{
        return a+b+c;
}


void main()
{
        int ( * f)();
        int a,b,c;

        a=53;
        b=44;
        c=35;

        f=f1;
        printf("a+b=%d \n",f(a,b));

        f=f2;
        printf("a-b=%d \n",f(a,b));

        f=f3;
        printf("a * b=%d \n",f(a,b));

        f=f4;
```

```
printf("a/b=%d\n",f(a,b));

f=f5;
printf("a%%b=%d\n",f(a,b));

f=f6;
printf("1+2+3+…+100=%d\n",f(100));

f=f7;
printf("1*2*3*…*8=%d\n",f(8));

f=f8;
printf("a+b+c=%d\n",f(a,b,c));
}
```

程序运行结果：
a+b=97
a-b=9
a*b=2332
a/b=1
a%b=9
1+2+3+…+100=5050
1*2*3*…*8=40320
a+b+c=132

程序中的函数指针 f 可以随时指向不同的函数,充分体现了函数指针的灵活性。函数指针变量 f 在间接访问或者调用所指向函数时,参数形式也在发生变化,具体的形式需要参考所指向的函数的参数说明。

8.6.3 返回指针的函数

函数的返回值可以是一个指针。需要返回指针的函数,其类型必须也是指针类型。例如：

```
char * copy(char * s,char * t)
{
    …
    return s;
```

```
}
```

函数名 copy 的类型是 char＊,其返回值 s 的类型也是 char＊,两者需要类型一致。

注意 copy 是函数名,是一个指针常量,如果定义成

```
char (＊copy)(…);
```

则加上括号的 copy 是指针变量,两者完全不同。

定义成指针变量的形式没有函数体部分,变量是简单的实体,不能再包括其他代码。

【例 8.7】设计一个类似于 strcat 的函数。

程序代码:

程序源代码 8.7: c8_7.c

```
#include <stdio.h>
char ＊ cat(char ＊ s,char ＊ t)
{
    char ＊p=s,＊q=t;
    while(＊p！=' \0') p++;   /＊将 p 指向 s 的结束符 ＊/
    while(＊q！=' \0') ＊p++ = ＊q++;
                        /＊将 q 指向的字符逐个存在 p 指向的位置 ＊/

    ＊p =' \0';
    return s;
}

void main()
{
    char s[100]="Hello ";
    char t[]="World!";

    printf("%s \n",cat(s,t));
}
```

程序运行结果:

Hello World!

参考:

指针的强制类型转换:指针是一种数据类型,但因为指向的数据类型的不同,也存在不同类型的指针,它们之间也可以进行强制类型转换。例如:

```
char s[]={"Hello World!"},＊p=s;
```

```
long a[10]={1,2,3,4,5,6,7,8,9,10},*q=a;
long *m;
char *n;
m=(long *)p;
n=(char *)q;
printf("%c,%d",*(m+2),*(n+4));
```

输出结果如下：

r,2

m 是 long * 型指针变量，m+2 将移动 2 * sizeof(long)，即 8 个字节，指向字符 r。

n 是 char * 型指针变量，n+4 将移动 4 * sizeof(char)，即 4 个字节，指向数组元素 2。

同样可以理解下面的语句段：

```
float f=0.5;int i;
for(i=3;i>=0;i--) printf("%02X",*((unsigned char *)&f+i));
```

输出结果如下：

3F000000

二进制形式如下：

0011 1111 0000 0000 0000 0000 0000 0000

&f 是 float * 型指针，强制转换为 unsigned char * 后，再通过 * 引用计算得到的是第 1 个字节的内容，再通过 for 循环和偏移量 i 即可逐个输出 float 型数据的 4 个字节的存储内容，只不过实际存储时是逆序的，所以循环设计成逆序循环。

8.7 字符的查找

程序源代码 8.8：
c8_8.c

微视频 8.5：例
8.8 调试过程

【例 8.8】编写一个查找字符位置的函数。

程序代码：

```
#include <stdio.h>

int atc(char *string,char c)
{
    int pos=0;
    while(*string != c && *string != '\0')
    {
        pos++;
```

```
            string++;
        }
    if( * string == ' \0')
        return 0;
    else
        return pos+1;
}


void main( )
{
    char str[ ] = "Hello World!";
    int pos;
    pos = atc(str,'o');
    if(pos ! = 0)
        printf("o's position is:%d \n",pos);
    else
        printf("not found the char o \n");

    pos = atc(str,'k');

    if(pos! =0)
        printf("k's position is:%d \n",pos) ;
    else
        printf("not found the char k \n");
}
```

运行结果：
```
o's position is:5
not found the char k
```

程序源代码 8.9：c8_9.c

微视频 8.6：例8.9 调试过程

8.8 统计字符的个数

【例 8.9】用指针方法统计字符串"I love music more than games "中单词的个数。规定单词由字母组成,单词之间由空格分隔,字符串开始和结尾没有空格。

程序代码:

```
#include <stdio.h>
void main()
{
    char string[]="I love music more than games";
    char *p=string;
    int n=0;

    while( *p ! = '\0')
    {
        if( *p == '')
        {
            n++;
            ++p;
            while( *p++ =='');   /*指针继续移动,忽略后面连续的空格 */
        }
        else
            p++;
    }
    n=n+1;              /*单词个数等于间隔数加 1 */

    printf("n=%d\n",n);
}
```

运行结果:

n=6

程序源代码 8.10:
c8_10. c

【例 8.10】编写一个函数用来查找一个字符串在另外一个字符串中的位置,注意有可能出现多次,要求能够查找指定次数出现的位置。

程序代码:

```
#include <stdio.h>

int at(char *,char *);
int atn(char *,char *,int);
void main()
{
    int pos;
```

```c
    char source[101],subs[21];

    printf("Input a string:");
    gets(source);

    printf("Input a substring:");
    gets(subs);

    pos = at(subs,source);

    if(pos)
        printf("Found,The first posistion is :%d \n",pos + 1);
    else
        printf("Not found \n");

    pos = atn(subs,source,2);

    if(pos)
        printf("Found,The second position is :%d \n",pos + 1);
    else
        printf("Not found \n");
}

int at(char * subs,char * source)
{
    char * p1, * p2;
    p1 = source;
    p2 = subs;

    while( * p1 ! = '\0'&& * p2 ! = '\0')
    {
        if( * p1 == * p2)
        {
            p2++;
```

```
                    if( * p2 == '\0')
                        return (int)(p1-source-(p2-subs)+1);
            }
            else
                p2 = subs;
            p1++;
        }


        return 0;
}


int atn(char * subs,char * source,int times)
{
    char * p1, * p2;
    p1 = source;
    p2 = subs;

    while( * p1 ! = '\0'&& * p2 ! = '\0')
    {
        if( * p1 == * p2)
        {
            p2++;
            if( * p2 == '\0')
            {
                if(times == 1)
                    return (int)(p1-source - (p2-subs)+1);
                else
                {
                    p2 = subs;
                    times --;
                }
            }
        }
        else
            p2 = subs;
```

```
        p1++;
    }
    return 0;
}
```

程序运行结果：

Input a string:12345678901234567890012345

Input a substring:78

Found,The first posistion is :7

Found,The second position is :17

程序中定位函数 at 用于查找第 1 次出现的位置，atn 函数用于查到第 n 次出现的位置，指定第几次查找的函数在查找到目标串后需要考虑次数问题。atn 函数可以替代 at 函数，替代的形式如下：

```
atn(subs,source,1);
```

查找算法的关键在于**如何认定查找到的状态**，确认找到了目标串时，正好是指针 p2 指向目标串的结束符，这一点非常重要，在这个状态下，指针 p1 指向找到位置的串的最后一个字符，所以在计算串的位置时需要减去串的长度，考虑到计数是从 1 开始，所以返回的位置表达式如下：

```
(int)(p1-source - (p2-subs)+1)
```

示意图如图 8.12 所示。

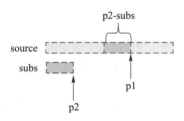

图 8.12　计算串的位置示意图

【例 8.11】编写一个函数用来清理一个字符串中的空格，将多个连续的空格合并为一个空格，例如下面的字符串：

I   like   this   games!

清理后变成

I like this games.

程序源代码 8.11：
c8_11.c

程序代码：

```
#include <stdio.h>
#include <string.h>
```

```c
char *DeleteOtherSpace(char *);

void main()
{
    char s[100];
    printf("Input a string:");
    gets(s);

    printf("%s \n",DeleteOtherSpace(s));
}

char *DeleteOtherSpace(char *s)
{
    char *p,*q;
    int IfFirstSpace = 1;
    p=q=s;
    while(*p ! = '\0')
    {
        if(*p ! = '□')          /*□表示空格*/
        {
            *q++ = *p++;
            IfFirstSpace = 1; /*遇到非空格字符将 IfFirstSpace 置为 1 */
        }
        else if(IfFirstSpace)/*遇到第一个空格字符*/
        {
            *q++= *p++;
            IfFirstSpace  = 0;/* 将 IfFirstSpace 置为 0 */
        }
        else
            p++; /*遇到第 2 个以上的空格字符,只是简单地移动 p 指针即可 */
    }
    *q = '\0';
    return s;
}
```

程序运行结果:

```
Input a string:I    like    this    games!
I like this games!
```

程序中设置了判断是否是第一个空格的标志 IfFirstSpace,该标志在遇到一个非空格字符时重新设置为1。

*8.9   计算药品使用的频次

【例 8.12】王医生开了 5 个处方,每个处方含多种用药,请统计每种药品使用的频次。处方数据存储在数组 char drug[5][200] 中。

算法分析与设计:

(1) 由于是统计所有处方中的药品使用频次,可以将 5 个处方中所有药品集中在一起统计。

(2) 统计方法的设计:建立一个简单的数据模型(这是一种解决复杂问题的良好习惯),例如:

AAA,BBBB,CC,DDD,AAA,BBBB,AAA,DDD

第 1 轮,统计 AAA 的频次。

① 通过“,”分隔符,找到第一个要统计的药品 AAA。

② 从第一个 AAA 后面开始一次查找 AAA,找到了则计数,直到最后。

第 2 轮,从第一个 AAA 后面找到第 2 个要统计的药品 BBBB,同法处理……

必须解决三个重要的问题。

(1)每次开始统计时,必须记住下一轮从何处开始,例如 AAA 统计后需要统计 BBBB,则下一轮开始的位置就是第一个 AAA 后面。

(2)重复的 AAA 如何处理? 如上所示,统计完 DDD 后,又会遇到 AAA,这样会导致重复统计的错误,避免的方法可以是,在统计 AAA 时,每次遇到 AAA,计数后,将 AAA 更换成其他字符,如“---”,这样就不会重复统计了。

第一轮后:AAA,BBBB,CC,DDD,---,BBBB, ---,DDD

第二轮后:AAA,BBBB,CC,DDD,---, ----,---,DDD

……

(3) 程序何时终止。由于每次统计都会记住下一轮开始的位置,所以当这个位置到达最后则结束程序。

程序代码:

```
#include <stdio.h>
#include <string.h>
```

程序源代码 8.12: c8_12. c

微视频 8.7: 例 8.12 调试过程

```
/* 从字符数组 s 位置开始,查找合法的名称,存入 t 指向的字符数组中 */
char * getName( char * s,char * t)
{
    while( * s == ',' || * s == '-') s++;/* 找到第一个合法的字符 */
    while( * s ! = ','&& * s ! = '-'&& * s ! = '\0')
        * t++ = * s++;
    * t =' \0';
    return s;
}
/* 从字符数组 s 位置开始,查找合法的名称,逐个修改为字符'-',防止重复统计 */
void clearName( char * s)
{
    while( * s == ',' || * s == '-') s++; //找到第一个合法的字符
    while( * s ! = ','&& * s ! = ' \0')
        * s++ = '-';
}


void main( )
{
    char drug[5][200] = {{"丹皮,生黄芪,五味子,茵陈,炒栀子,赤芍,黄
芩"},{"石见穿,薏仁,赤芍,丹皮,柴胡,黄芩,半夏,白芥子"},{"薏仁,黄芩,太子参,
丹皮,白芥子,五味子,桃仁"},{"赤芍,白芥子,白芷,赤芍,薏仁,丹皮,桃仁,杏仁"},
{"柴胡,黄芩,川朴,五味子,苏子,白芥子"}};
    char buf[4000]= {""},*p,*q,*r;
    int i,n,len;
    char s[50],t[50];

    for(i=0; i<5; i++)
    {
        strcat(buf,drug[i]);
        strcat(buf,",");
    }
    len = strlen(buf);
    p = getName(buf,s); /* 取药品名存在 s 中,p 指向该名称后面的字符 */
    r = p; /* 记录下一轮开始统计的位置 */
```

```
    n = 1;
    while(r<buf+len)
    {
        q = getName(p,t);  /*从 p 后面取一个合法药品名,存储在 t 中,q
                             指向该名称后面的字符 */
        if(strcmp(s,t) == 0)
        {
            n++;
            /*修改同名数据,防止下次重复统计 */
            clearName(p);
        }
        p = q;
        if(p >=buf +len)/*重置指针 p、r,准备统计下一个名称 */
        {
            printf("%s,%d \n",s,n);
            p = getName(r,s);
            r = p ;
            n = 1;
        }
    }
}
```

以上程序中包含汉字,建议在 Visual C++ 6.0 下调试运行,如在 Turbo C 2.0 下,可以修改药品名称为英文字符。

运行结果:

丹皮,4

生黄芪,1

五味子,3

茵陈,1

炒栀子,1

赤芍,4

黄芩,4

石见穿,1

薏仁,3

柴胡,2

半夏,1

白芥子,4

太子参,1

桃仁,2

白芷,1

杏仁,1

川朴,1

苏子,1

本章小结

本章介绍了指针的概念以及指针变量的定义和初始化等。C 语言的指针变量形式有以下几种。

(1) 一级指针变量:int ＊p,p 可指向变量、数组元素。

(2) 二级指针变量:int ＊＊pp,pp 可指向一级指针变量。

(3) 指向二维数组的指针变量:int (＊p)[n],可用于二维数组的行指针变量。

(4) 指针数组:int ＊p[n],元素是一级指针变量。

(5) 指向函数的指针变量:int (＊p)(),p 可指向一个函数。

(6) 返回指针的函数:int ＊f(){…},f 函数返回一个一级指针。

指针的运算包括变量的取地址运算"&"和指针的指向运算"＊"。"&"和"＊"是一对互逆的运算符。除此以外,指针变量还可以进行受限制的算术运算、赋值运算和关系运算。

指针可以指向常变量、数组、函数。特别是指针作为函数的参数时,函数的参数传递方式变成地址传递,相对于值传递和引用传递有质的不同。

指针具有很大的灵活性和风险性,同时也是 C 语言功能强大的基础条件之一,希望读者认真学习。

习题 8

一、选择题

1. 若有以下说明和语句,且 0<i<10,则(　　)是对数组元素的错误引用。

```
int a[ ]={1,2,3,4,5,6,7,8,9,0},*p,i;
```

```
p=a;
```
A. *(a+i)   B. a[p-a]   C. p+i   D. *(&a[i])

2. 下面程序的输出是(   )。

```
#include <stdio.h>
void main()
{
    int a[10]={1,2,3,4,5,6,7,8,9,10},*p=a;
    printf("%d\n",*(p+3));
}
```
A. 3   B. 4   C. 1   D. 2

3. 若有以下语句,且 0≤n<5,则正确表示数组元素地址的语句是(   )。

```
int  a[]={1,2,3,4,5};
int  *p=a,n=2;
```
A. &p   B. *p[n]   C. &(a+n)   D. ++p

4. 设有以下函数定义,则该函数返回的值是(   )。

```
int * f(int a)
{
    int *p,n;
    n=a;
    p=&n;
    return p;
}
```
A. 一个不可用的存储单元地址值   B. 一个可用的存储单元地址值

C. n 中的值   D. 形参 a 中的值

5. 对于类型相同的指针变量,不能进行(   )运算。

A. +   B. -   C. =   D. ==

6. 指针 p 所指的字符串的存储长度为(   )。

```
char *p="Hello\tWorld!";
```
A. 12   B. 13   C. 14   D. 15

7. 设 p1 和 p2 均为指向同一个 int 型一维数组的指针变量,k 为 int 型变量,下列语句不正确的是(   )。

A. k=*p1+*p2;   B. k=*p1*(*p2);

C. p2=k;   D. p1=p2;

8. 说明语句"int (*p)();"的含义是(   )。

A. p 是一个指向一维数组的指针变量

B. p 是指针变量,指向一个整型变量

C. 一个指向函数的指针,该函数的返回值是一个整数

D. 以上都不对

9. 若 x 是整型变量,p 是基类型为整型的指针变量,则正确的赋值表达式是(　　)。

A. p = &x　　　　　　B. p = x　　　　　　C. *p = &x　　D. *p = *x

10. 若有以下定义,则值为 3 的表达式是(　　)。

```
int a[ ]={1,2,3,4,5,6,7,8,9,10}, *p=a;
```

A. p+=2, *(p++)　　　　　　　　B. p+=2, *++p

C. p+=3, *p++　　　　　　　　　D. p+=2, ++*p

二、填空题

1. 设 int a[10], *p=a;,则对 a[9] 的正确引用有_____。

2. 设有以下语句:

```
int a[3][2]={1,2,3,4,5,6};
int (*p)[2];
p=a;
```

则 (*(p+1)+1) 的值是_____, *(p+2) 是元素_____的地址。

3. 若有以下定义,利用指针 p 引用值为 9 的数组元素的表达式是_____。

```
int a[10] = {1,2,3,4,5,6,7,8,9,10}, *p = a;
```

4. 下面的程序是求两个整数之和,并通过形参传回结果。

```
int add(int a,int b, _____ z)
{_____ = a + b; }
```

5. 以下程序运行的结果是_____。

```
#include <stdio.h>
void main()
  {
    int a[ ]={1,2,3,4,5};
    int x, y, *p;
    p=&a[0];
    x = *(p+2);
    y = *(p+4);
    printf("%d \t%d \t%d \n", *p,x,y);
  }
```

三、程序设计题

1. 写一个函数,求一个字符串的长度。

2. 输入一个字符串,将其逆序输出。

3. 输入 10 个整数,输出其中最大数和最小数。

4. 输入一行字符,将其中的每个字符从小到大排列后输出。

5. 从字符串中删除子字符串。从键盘输入一字符串,然后输入要删除的子字符串,最后输出删除子串后的新字符串。

四、高级应用

1. 输出奇数数码

程序演示了多种指针的使用技巧。指针的使用是把双刃剑,用得好可以充分挖掘和体现 C 程序的能力。指针其实并不复杂,当真正掌握其精髓后会发现其能力的非同一般。

微视频 8.8: 高级应用第 1 题调试过程

数组及指针定义如下:

```
int a[10]={1,2,3,4,5,6,7,8,9,0},*p,i;
char s[]="1234567890",t[2][10]={"123456","7890"},*q;
char *m[2]={"123456","7890"};
char (*n)[2];
```

2. 模仿"零比特填充"

模仿"零比特填充"实现连续 6 个 1 后插入 0,并能还原。例如:

11000 11111100011101001101111110101101

微视频 8.9: 高级应用第 2 题调试过程

插入 0 后:

11000 111111000011101001101111110010101101

"零比特填充"是计算机网络中数据链路层实现透明传输的一种基本技术,非常适合用于练习 C 语言中插入和删除的编程训练,书中已经给出基本的程序。本程序演示如何多点插入和删除,并能考虑到编程的效率,值得读者参考。

第 9 章
结构、联合与枚举

学习目标：

（1）了解结构、联合和枚举类型的特点。

（2）熟练掌握结构类型、变量、数组、指针变量的定义、初始化和成员的引用方法。

（3）掌握联合和枚举类型、变量的定义和引用。

（4）掌握用户自定义类型的定义和使用。

9.1 结构

问题:如何表示下面的数据?

```
        姓名:嫦娥
        年龄:6
        性别:女
        民族:汉
        学号:20131215
        地址:中国
        手机:13900000000
```

电子教案:
结构、联合与枚举

单独分析以上数据,可以定义以下类型的变量来分别表示上面的数据:

```
char name[20];          /* 嫦娥 */
int age;                /* 6 */
char sex[3];            /* 女 */
char xh[11];            /* 20131215 */
char nation[20];        /* 汉 */
char address[20];       /* 中国 */
char tel[20];           /* 13900000000 */
```

如果还有下面的数据,如何表示?

张　丽、18 岁、男、学号 2010010002、汉族、广州、手机号 13901000002

顾雨萍、18 岁、女、学号 2010010003、汉族、上海、手机号 13901000003

……

能否用一种类型来统一描述以上数据?由于必须类型相同才能构造成数组,显然以前学习的数据类型都不能很好地解决问题,而本章介绍的结构类型(struct)则把这些不同类型的数据组合起来构造成一种新的数据类型,用起来更加方便。

9.1.1 结构类型的定义

结构类型的定义形式如下:

```
struct   类型名
{
    成员说明表列
};
```

例如前面问题中提到的数据可以表示如下：

```
struct   student        /* 结构类型名 */
{
    char name[20];      /* 结构成员,以下都是 */
    int age;
    char sex[3];
    char xh[11];
    char nation[20];
    char address[20];
    char tel[20];
};
```

struct 是结构关键字,结构类型定义中的每个**成员**项都有确定的类型和名称,称为结构类型的"**域**",每个域的定义后面要有";"号。

结构类型由用户定义,所以结构类型不是固定结构的类型,用户可以定义不同结构的结构类型,也可以定义相同结构的结构类型,系统均认为是不同的结构类型,例如下面是两个不同的结构类型,虽然 aa 和 bb 的结构是一样的：

```
struct aa{int a;int b;char c;}
struct bb{int a;int b;char c;}
```

定义了结构类型,就可以定义结构变量、结构数组了。

9.1.2　结构变量的定义和初始化

定义结构变量的方法有以下几种。

（1）用已定义的结构类型名定义变量。

例如：

```
struct student wang,zhang;   /* 定义了两个结构变量 wang 和 zhang */
```

（2）在定义结构类型的同时定义结构变量。

例如：

```
struct   student            /*结构类型名 */
{
  char name[20];            /*结构成员,以下都是 */
  int age;
  char sex[3];
  char xh[11];
  char nation[20];
  char address[20];
```

```
    char tel[20];
}wang,zhang;
```

（3）不定义结构类型名，直接定义结构变量。

例如：

```
struct
{
    char name[20];/*结构成员,以下都是*/
    int age;
    char sex[3];
    char xh[11];
    char nation[20];
    char address[20];
    char tel[20];
}wang,zhang;
```

这种定义形式由于没有给结构类型命名，只能一次性定义若干结构变量。

结构类型的长度可以用 sizeof 运算符计算出来，形式如下：

sizeof(结构类型名)

或者

sizeof(变量名)

如 sizeof(struct student)或 sizeof(wang)，在 VC 下，结果是 98。

注意：

结构长度和字节对齐问题

内存空间都是按照字节(byte)来划分的，虽然理论上对任何类型的变量的访问可以从任何地址开始，但实际情况并非如此，而是需要按照一定的规则在空间上排列，这就是对齐。对齐的规则与编译器和操作系统有关，没有统一的规则。例如，在 Visual C++ 下：

```
struct student
{
char c;
int a;
};
```

其实际存储位置如图 9.1 所示。

所以该结构的实际长度是 8，而不是 5。

对齐问题是个复杂的内存分配问题，对于初学者，只需要记住结构的长度等于其成员长度之和就可以了。

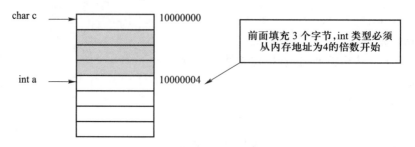

图 9.1　对齐的规则示意图

结构的成员也可以是一个结构类型,这种形式称为结构类型的嵌套。例如:

```
struct date
{
   int year;
   int month;
   int day;
};
struct student
{
   char name[20];
   int age;
   char sex[3];
   char xh[11];
   char nation[20];
   char address[20];
   char tel[20];
}wang,zhang;
```

以上形式也可以写成:

```
struct student
{
   char name[20];
   int age;
   char sex[3];
   char xh[11];
struct
   {
```

```
        int year;
        int month;
        int day;
    }birthday;
    char nation[20];
    char address[20];
    char tel[20];
}wang,zhang;
```

关于生日的结构直接写在结构 student 的成员说明项表列中,注意 birthday 是成员名称,放在结构的后面。

和普通变量一样,结构变量定义时也可以初始化。例如:

```
struct   student   wang = {"王云平",18,"男","2010010001","汉族",
                    "北京", "13901000001"},
                    zhang = {"张丽",18,"男","2010010002","汉族",
                    "广州", "13901000002"};
```

注意初始化的数据及其类型要与各个成员一一对应,对于包含嵌套结构类型的变量,其嵌套部分的初始化也按顺序赋初值,例如:

```
struct student wang = {"王云平",18,"男","2010010001",2010,3,3,
"汉族","北京","13901000001"};
```

9.1.3　结构变量的引用

数组元素的引用采用数组名和下标结合的引用方法,例如 a[2]、b[5]等。结构变量其成员的引用则采用成员运算符“.”来完成,格式如下:

结构变量名.成员名

或

结构变量名.结构成员名.….结构成员名.基本成员名

后者是指包含嵌套的结构类型。

例如前面定义的变量 wang,其成员引用如下:

wang.age

wang.birthday.year

注意:

(1) 结构成员引用的形式比普通的变量(或数组)复杂一些,但本质上相当于一个普通变量(或数组),可参与该成员所属数据类型的一切运算。例如,设有普通变量 int iage,比较下面的引用形式:

```
wang.age = 20;
iage = 20;
printf("age=%d\n",wang.age);
printf("age=%d\n", iage + wang.age);
...
```

（2）成员运算符"."的优先级最高,在表达式中的结构变量成员不需要加括号。例如:

```
wang.age++;
```

相当于

```
(wang.age)++;
```

（3）结构变量的成员名可以相同,但必须处在不同的层次。例如:

```
sturct student
{
  int no;
  char name[20];
  struct
  {
  int no;
  char classname[20];
  }class;
  struct
  {
  int no;
  char groupname[20];
  }group;
}wang;
```

上面的结构存在几个相同的成员 no,但层次不同,其引用形式能够区别开来,引用形式分别如下:

```
wang.no
wang.class.no
wang.group.no
```

（4）同一类型的结构变量可相互赋值。

数组之间不能整体赋值,数组名不能作为左值,但同类型的两个结构变量之间可以整体赋值,这样可以提高程序的效率。例如:

```
zhang = wang;
```

zhang.birthday = wang.birthday;

【例9.1】演示结构类型。

程序代码：

程序源代码9.1：
c9_1.c

微视频9.1：例
9.1调试过程

```c
#include <stdio.h>
#include <string.h>
struct   date
{
    int   year;
    int   month;
    int   day;
};


struct   student
{
    char name[20];
    int age;
    char sex[3];
    char xh[11];
    struct date birthday;
    char nation[20];
    char address[20];
    char tel[20];
};


void main()
{
    struct   student wang = {"Wang YunPing",18,"M","2010010001",2010,
        3,3,"Han","Bei Jing","13901000001"
    },zhang;
    zhang = wang;
    strcpy(zhang.name,"Zhang Li");
    strcpy(zhang.xh,"2010010002");

    zhang.birthday.year = 2011;
    zhang.birthday.month = 4;
```

```
zhang.birthday.day = 4;


strcpy(zhang.address,"Guang Zhou");
strcpy(zhang.tel,"13901000001");


printf ( "%s,%d,%s,%s,", zhang.name, zhang.age, zhang.sex,
zhang.xh);
printf ( "%d,%d,%d,", zhang.birthday.year, zhang.birthday.
month,zhang.birthday.day);
printf("%s,%s,%s \n",zhang.nation,zhang.address,zhang.tel);
}
```

运行结果：

Zhang Li,18,M,2010010002,2011,4,4,Han,Guang Zhou,13901000001

9.1.4　结构数组

结构类型既可以定义单个的变量,也可以定义结构数组,用以存储批量的数据,例如一个班级的学生信息。

1. 结构数组的定义

和结构变量定义一样,结构数组的定义也有以下 3 种方法。

（1）先定义结构类型,用结构类型名定义结构数组。

例如：

```
struct   student
{
    char name[20];
    int age;
    char sex[3];
    char xh[11];
    char nation[20];
    char address[20];
    char tel[20];
};
struct   student   stud[50];
```

（2）定义结构类型名的同时定义结构数组。

例如：

```
struct  student
{
    char name[20];
    int age;
    char sex[3];
    char xh[11];
    char nation[20];
    char address[20];
    char tel[20];
} stud[50];
```

（3）不定义结构类型名，直接定义结构数组。

例如：

```
struct
{
    char name[20];
    int age;
    char sex[3];
    char xh[11];
    char nation[20];
    char address[20];
    char tel[20];
} stud[50];
```

2. 结构数组的初始化

和普通数组的元素是普通变量一样，结构数组的每一个元素相当于一个结构变量，两者的初始化也很类似，例如：

```
struct student stud[2]={
    {"王云平",18,"男","2010010001","汉族","北京","13901000001"},
    {"张丽",18,"男","2010010003","汉族","广州","13901000003"}};
```

3. 结构数组的引用

结构数组元素的成员表示如下：

结构数组名[下标].成员名

或

结构数组名[下标].结构成员名.…….结构成员名.成员名

例如：

```
stud[i].age                /* 下标为 i 的数组元素的成员 age */
stud[5].birthday.year      /* 下标为 5 的数组元素结构成员 birthday 的
                              成员 year */
```

结构数组元素和类型相同的结构变量一样，可相互赋值。例如：

```
stud[1] = stud[0];
```

对于结构数组元素内嵌的结构类型成员，情况也相同。例如：

```
student[2].birthday = student[1].birthday;
```

【例 9.2】演示结构数组的定义和应用。

程序源代码 9.2：
c9_2.c

程序代码：

```
#include <stdio.h>
#include <string.h>
struct   date
{
    int   year;
    int   month;
    int   day;
};

struct   student
{
    char name[20];
    int age;
    char sex[3];
    char xh[11];
    struct date birthday;
    char nation[20];
    char address[20];
    char tel[20];
};

void main()
{
    struct   student stud[3] = {
        {   "Wang YunPing",18,"M","2010010001",2010,3,3,
            "Han","Bei Jing","13901000001"
```

```
            },
            {  "Zhang Li",18,"M","2010010002",2011,4,4,"Han",
               "Guang Zhou","13901000002"
            },
            {  "Gu YuPing",18,"F","2010010003",2012,5,5,"Han",
               "Shang Hai","13901000003"
            }
    };
    int i;

    for(i=0; i<3; i++)
    {
            printf("%s,%d,%s,%s,",stud[i].name,stud[i].age,stud[i].
            sex,stud[i].xh);
            printf("%d,%d,%d,",stud[i].birthday.year,stud[i].birth-
            day.month, stud[i].birthday.day);
             printf("%s,%s,%s \n",stud[i].nation,stud[i].address,
            stud[i].tel);
        }
}
```

运行结果:
```
Wang YunPing,18,M,2010010001,2010,3,3,Han,Bei Jing,13901000001
Zhang Li,18,M,2010010002,2011,4,4,Han,Guang Zhou,13901000002
Gu YuPing,18,F,2010010003,2012,5,5,Han,Shang Hai,13901000003
```
如果想通过键盘输入数据,将程序修改如下:
程序代码:
```
#include <stdio.h>
#include <string.h>
struct  date
{
    int  year;
    int  month;
    int  day;
};
```

```
struct   student
{
    char name[20];
    int age;
    char sex[3];
    char xh[11];
    struct date birthday;
    char nation[20];
    char address[20];
    char tel[20];
};

void main()
{
    struct   student stud[3];
    int i;

    for(i=0; i<3; i++)
    {
        printf("Input No:%d\n",i+1);
        printf("Name:");
        gets(stud[i].name);
        printf("Age:");
        scanf("%d",&stud[i].age);
        getchar();
        printf("Sex:");
        gets(stud[i].sex);
        printf("XH:");
        gets(stud[i].xh);
        printf("Birthdat(YY,MM,DD):");
        scanf("%d,%d,%d",&stud[i].birthday.year,&stud[i].birth-
                day.month,&stud[i].birthday.day);
        getchar();
        printf("Nation:");
```

```
        gets(stud[i].nation);
        printf("Address:");
        gets(stud[i].address);
        printf("Tel:");
        gets(stud[i].tel);
    }
    for(i = 0; i < 3; i++)
    {
        printf("%s,%d,%s,%s,",stud[i].name,stud[i].age,stud[i].
            sex, stud[i].xh);
         printf("%d,%d,%d,", stud[i].birthday.year, stud[i].
             birthday.month,stud[i].birthday.day);
        printf("%s,%s,%s \n",stud[i].nation,stud[i].address,
            stud[i].tel);
    }
}
```

注意:

（1）程序中利用 gets 输入字符串，而不用 scanf("%s", stud[i].name) 的形式，是因为后者不能输入包含空格的字符串。

（2）由于利用 scanf("%d",&stud[i].age); 输入数据后需要按 Enter 键确认，而回车字符在键盘缓冲中仍然存在，没有相应的变量接收，将作为下一个字符串的输入，导致输入匹配错误，具体如下，Sex 项被跳过去了。

```
Input No:1
Name:Wang YunPing
Age:18
Sex:XH:
```

加上 getchar() 函数可以吸收该回车字符。

完整程序的运行结果如下，在输入数据时需要细心和耐心，程序中加入了较多的输入提示，目的在于防止输入匹配错误。

运行结果：

```
Input No:1
Name:Wang YunPing
Age:18
Sex:M
```

```
XH:2010010001
Birthdat(YY,MM,DD):2010,3,3
Nation:Han
Address:Bei Jing
Tel:13901000001
Input No:2
Name:Zhang Li
Age:18
Sex:M
XH:2010010002
Birthdat(YY,MM,DD):2011,4,4
Nation:Han
Address:Guang Zhou
Tel:13901000002
Input No:3
Name:Gu YuPing
Age:18
Sex:F
XH:2010010003
Birthdat(YY,MM,DD):2012,5,5
Nation:Han
Address:Shang Hai
Tel:13901000003
Wang YunPing,18,M,2010010001,2010,3,3,Han,Bei Jing,13901000001
Zhang Li,18,M,2010010002,2011,4,4,Han,Guang Zhou,13901000002
Gu YuPing,18,F,2010010003,2012,5,5,Han,Shang Hai,13901000003
```

9.1.5 结构指针

可以定义结构类型的指针变量来访问结构变量或结构数组。例如：

```
struct  student
{
    char name[20];
    int age;
    char sex[3];
    char xh[11];
```

```
    struct date birthday;
    char nation[20];
    char address[20];
    char tel[20];
}wang, * p = &wang;
```

p 是指向结构变量 wang 的指针变量,准确地说是指向该变量对应的结构数据区域的首地址。

利用结构指针变量同样可以访问其成员,访问的形式如下:

```
( * p).age
```

或

```
p->age
```

因为 * p 其实相当于 wang,所以(* p).age 相当于 wang.age。

"->"是一个运算符,和"."优先级相同,具有最高的优先级,用于成员的引用。

【例 9.3】修改例 9.2,利用结构指针变量访问数据。

程序代码:

```
#include <stdio.h>
#include <string.h>
struct  date
{
    int  year;
    int  month;
    int  day;
};

struct  student
{
    char name[20];
    int age;
    char sex[3];
    char xh[11];
    struct date birthday;
    char nation[20];
    char address[20];
    char tel[20];
```

程序源代码 9.3:
c9_3.c

```c
};

void main()
{
    struct student wang = {"Wang YunPing",18,"M","2010010001",
    2010,3,3,"Han", "Bei Jing","13901000001"
    };
struct   student stud[3] = {
        {"Wang YunPing",18,"M","2010010001",2010,3,3,"Han",
         "Bei Jing","13901000001"},
        {"Zhang Li",18,"M","2010010002",2011,4,4,"Han","Guang
         Zhou","13901000002"},
        {"Gu YuPing",18,"F","2010010003",2012,5,5,"Han","Shang
         Hai","13901000003"}
};
struct   student *p;/*定义一个结构指针 p */
int i;

p=&wang;/*p 指向结构变量 wang */

printf("%s,%d,%s,%s,",p->name,p->age,p->sex,p->xh);
printf("%d,%d,%d,",p->birthday.year,p->birthday.month,p->
        birthday.day);
printf("%s,%s,%s \n",p->nation,p->address,p->tel);

p=&stud[0];/*p 指向结构数组的第一个元素 stud[0],即数组的首部 */
for(i=0; i<3; i++)
{
        printf("%s,%d,%s,%s,",p->name,p->age,p->sex,p->xh);
        printf("%d,%d,%d,",p->birthday.year,p->birthday.month,
                p->birthday.day);
        printf("%s,%s,%s \n",p->nation,p->address,p->tel);
        p++;/*p++每次移动一个结构的长度,指向下一个结构数组元素 */
    }
}
```

运行结果:

```
Wang YunPing,18,M,2010010001,2010,3,3,Han,Bei Jing,13901000001
Wang YunPing,18,M,2010010001,2010,3,3,Han,Bei Jing,13901000001
Zhang Li,18,M,2010010002,2011,4,4,Han,Guang Zhou,13901000002
Gu YuPing,18,F,2010010003,2012,5,5,Han,Shang Hai,13901000003
```

第 1 行的输出是 p 指向结构变量 wang 后输出的。这样的访问方式和结构变量访问方式差不多。

第 2 行至第 4 行是 p 指向结构数组后输出的。当 p 指向 &stud[0],即第一个结构数组元素时,输出第一个元素的所有成员;p++ 表示结构类型指针变量移动一个结构类型单位,指向下一个结构数组元素 stud[1]。所以 p 的移动体现了指针的效率和方便之处。

9.1.6 结构与函数

结构类型和函数的关系表现在以下几方面。

(1)结构变量成员作为函数的参数。

(2)结构变量作为函数的参数。

(3)结构指针作为函数的参数。

下面通过实例演示结构和函数的关系。

【例 9.4】打印学号为 20050102 的学生的年龄。

程序代码:

程序源代码 9.4:c9_.4c

```c
#include <stdio.h>
#include <string.h>
struct date
{
    int year;
    int month;
    int day;
};

struct student
{
    char name[20];
    int age;
    char sex[3];
    char xh[11];
```

```
    struct date birthday;
    char nation[20];
    char address[20];
    char tel[20];
};


void showage(int age)
{
    printf("Age:%d\n", age);
}


/*结构变量作为形参*/
void show1(struct student s)
{
    printf("%s,%d,%s,%s,",s.name,s.age,s.sex,s.xh);
    printf("%d,%d,%d,", s.birthday.year, s.birthday.month, s.
            birthday.day);
    printf("%s,%s,%s\n",s.nation,s.address,s.tel);
}
/*结构指针作为形参*/
void show2(struct student *p)
{
    printf("%s,%d,%s,%s,",p->name,p->age,p->sex,p->xh);
    printf("%d,%d,%d,",p->birthday.year,p->birthday.month,p->
            birthday.day);
    printf("%s,%s,%s\n",p->nation,p->address,p->tel);
}
/*结构数组作为形参*/
void show3(struct student s[],int n)
{
    int i;
    for(i=0; i<n; i++)
    {
        printf("%s,%d,%s,%s,",s[i].name,s[i].age,s[i].sex,s[i].
                xh);
```

```
        printf("%d,%d,%d,",s[i].birthday.year,s[i].birthday.
              month,s[i].birthday.day);
        printf("%s,%s,%s\n",s[i].nation,s[i].address,s[i].tel);
    }
}


void main()
{
    struct student wang =
    {   "Wang YunPing",18,"M","2010010001",2010,3,3,"Han","Bei
        Jing","13901000001"
    };
    struct student zhang =
    {"Zhang Li",18,"M","2010010002",2011,4,4,"Han","Guang
        Zhou","13901000002"};

    struct  student stud[3] = {
    {"Wang YunPing",18,"M","2010010001",2010,3,3,"Han","Bei
        Jing","13901000001"},
    {"Zhang Li",18,"M","2010010002",2011,4,4,"Han","Guang
        Zhou","13901000002"},
    {"Gu YuPing",18,"F","2010010003",2012,5,5,"Han","Shang
        Hai","13901000003"}
    };
    struct  student *p;
    struct student t;

    printf("Demo showage:\n");
    showage(wang.age); /*结构成员作为实参*/

    printf("Demo show1:\n");
    show1(wang);/*结构变量作为实参*/

    p = &wang;
```

```
        printf("Demo show2:\n");
        show2(p);  /*结构指针作为实参,也可以写成 show2(&wang) */

        printf("Demo show3:\n");
        show3(stud,3);  /*结构数组名作为实参*/

        /*结构变量交换*/
        t = wang;
        wang = zhang;
        zhang = t;

        printf("Demo swap:\n");
        show1(zhang);
}
```

运行结果:

Demo showage:

Age:18

Demo show1:

Wang YunPing,18,M,2010010001,2010,3,3,Han,Bei Jing,13901000001

Demo show2:

Wang YunPing,18,M,2010010001,2010,3,3,Han,Bei Jing,13901000001

Demo show3:

Wang YunPing,18,M,2010010001,2010,3,3,Han,Bei Jing,13901000001

Zhang Li,18,M,2010010002,2011,4,4,Han,Guang Zhou,13901000002

Gu YuPing,18,F,2010010003,2012,5,5,Han,Shang Hai,13901000003

Demo swap:

Wang YunPing,18,M,2010010001,2010,3,3,Han,Bei Jing,13901000001

注意:

（1）由于结构 struct student 作为主函数之外其他函数的形式参数,所以结构的定义需要放在函数之外,不能放在主函数 main 内。

（2）show1(wang)写成 show1(stud[0])效果一样,结构数组元素也相当于一个结构变量,例题中正好对应的成员数据也一样。

（3）结构变量不同于数组体现在结构变量名需要计算才能得到结构数据域的地址,如 &wang。而数组名直接代表所有数组元素的首地址,不过也可以计算得到某一个元素的地址,如 &stud[2]。

　　必要的情况下,函数也可以返回结构类型数据,包括结构类型变量或结构类型指针。观察下面的例子。

【例 9.5】演示函数返回结构类型。

程序源代码 9.5:
c9_5.c

程序代码:

```c
#include <stdio.h>
#include <string.h>
struct   date
{
    int   year;
    int   month;
    int   day;
};


struct   student
{
    char name[20];
    int age;
    char sex[3];
    char xh[11];
    struct date birthday;
    char nation[20];
    char address[20];
    char tel[20];
};



struct student seek1(struct student s[],int n,char name[])
{
    int i;
    for(i=0; i<n; i++)
        if(strcmp(s[i].name,name) == 0)
            break;
    return s[i];
}
```

```
struct student * seek2(struct student s[],int n,char name[])
{
    int i;
    for(i=0; i<n; i++)
        if(strcmp(s[i].name,name) == 0)
            break;
    return &s[i];
}


struct student * seek3(struct student s[],int n,char name[])
{
    int i;
    struct student * p=s;
    for(i=0; i<n; i++)
        if(strcmp(p->name,name) == 0)
            break;
        else
            p++;
    return p;
}


void show1(struct student s)
{
    printf("%s,%d,%s,%s,",s.name,s.age,s.sex,s.xh);
    printf("%d,%d,%d,",s.birthday.year,s.birthday.month,
            s.birthday.day);
    printf("%s,%s,%s \n",s.nation,s.address,s.tel);
}


void show2(struct student * p)
{
    printf("%s,%d,%s,%s,",p->name,p->age,p->sex,p->xh);
    printf("%d,%d,%d,", p->birthday.year,p->birthday.month,
            p->birthday.day);
```

```
        printf("%s,%s,%s\n",p->nation,p->address,p->tel);
}


void main()
{
    struct   student stud[3] = {
        {"Wang YunPing",18,"M","2010010001",2010,3,3,"Han",
            "Bei Jing","13901000001"},
        {"Zhang Li",18,"M","2010010002",2011,4,4,"Han","Guang
            Zhou","13901000002"},
        {"Gu YuPing",18,"F","2010010003",2012,5,5,"Han","Shang
            Hai","13901000003"}
    };

    show1(seek1(stud,3,"Gu YuPing"));
    show2(seek2(stud,3,"Zhang Li"));
    show2(seek3(stud,3,"Wang YunPing"));
}
```

运行结果:

```
Gu YuPing,18,F,2010010003,2012,5,5,Han,Shang Hai,13901000003
Zhang Li,18,M,2010010002,2011,4,4,Han,Guang Zhou,13901000002
Wang YunPing,18,M,2010010001,2010,3,3,Han,Bei Jing,13901000001
```

由于结构类型的聚合特点,可以实现不通过指针传递数组数据,例如下面的程序:

```
#include<stdio.h>
struct data{int a[10];};
int sum(struct data x)
{
    int i,s = 0;
    for(i = 0;i<10;i++) s = s+x.a[i];
    return s;
}
int main()
{
    struct data y = {1,2,3,4,5,6,7,8,9,10};
    int s;
```

```
        s = sum(y);
        printf("s = %d \n",s);
    }
```

结构的应用领域很广,特别是结构指针,有关内容可以学习"数据结构"课程,在此
不再赘述。

9.2 联合

为了节约内存或便于对数据进行特殊处理,C 语言允许不同类型的数据共享一段
存储单元,这种共享存储单元的特殊数据类型叫做**联合**类型,也可称之为**共用体**类型。
联合的定义和结构相似,可以借鉴结构部分,其中不同的地方在本节中将逐一
指出。

9.2.1 联合类型的定义

联合类型的定义形式如下:
```
union 类型名
{
    成员说明列表
};
```
例如:
```
union data
{
    char c;
    float f;
    double d;
};
```
定义了联合类型 union data,它有 3 个成员,分别为 char、float 和 double 型。

9.2.2 联合变量的说明和引用

与结构变量的说明类似,联合变量的说明也有 3 种方式。
(1) 先定义联合类型,再用联合类型定义联合变量。
```
union 类型名
{
```

　　成员说明列表

｝;

union 类型名　联合变量名表;

例如,用 union data 类型定义联合变量。

union data x;

(2) 定义联合类型名的同时定义联合变量。

union 类型名

｛

　　成员说明列表

｝联合变量名表;

例如:

union data

｛

　　char c;

　　float f;

　　double d;

｝x;

(3) 不定义联合类型名直接定义联合变量。

union

｛

　　成员说明列表

｝联合变量名表;

注 意:

　　联合变量和结构变量不同的是,结构变量所占内存的长度等于其所有成员长度之和,每个结构成员分别占用各自的内存单元。联合变量则不然。联合变量所占的内存的长度等于最长的成员的长度。例如,前面定义的联合类型 union data 或变量 x,表达式 sizeof(union data) 和 sizeof(x) 的值均为 8。

　　联合变量的所有成员的首地址都相同,并且等于联合变量的地址。上例中联合变量 x 的存储单元如图 9.2 所示。

　　引用联合变量的形式以及注意事项均与引用结构变量相似,例如:

x.c　　　　　/* 联合字符型成员,相当于普通字符型变量 */

　　对联合变量中的任何一个成员赋值,都会导致共享区域数据发生变化,所以联合只能保证只有一个成员的值是有效的。例如,对于联合变量 x,假设有

x.f = 3.14159;

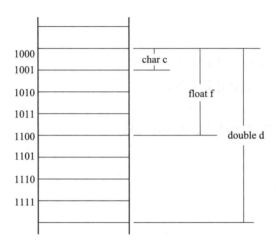

图 9.2 联合变量存储单元示意图

必然使得地址 1000~1011 四个字节的内容发生变化,如图 9.3 所示。这种变化会导致以下两个结果。

(1) char c 的内容被修改成其他内容,相当于 char c 内容被清除,char c 原来的值失去意义。

(2) double d 的一半存储内容被修改,还有 4 个字节没有修改,但这已经导致 double d 原来的值失去意义。

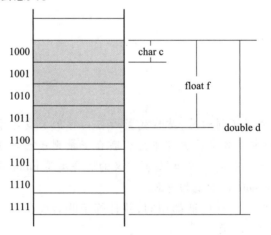

图 9.3 联合变量成员赋值示意图

由此可以看出,整体引用联合变量没有多大的意义,通常都是引用联合变量的成员。联合变量的成员共享一段内存空间,这种共享的意义在于空间上的节约,但不能保证所有成员数据的完整性。这种特殊的共享空间的方式可以被有效利用,如例 9.6 的程序。

【例9.6】演示联合类型的引用。

程序代码：

程序源代码 9.6：
c9_6.c

微视频 9.2：例
9.6 调试过程

```c
#include "stdio.h"
#include "string.h"

struct date
{
    int year;
    int month;
    int day;
};

union call
{
    char mobile[20];
    int telephone;
};

struct   student
{
    char name[20];
    int age;
    char sex[3];
    char xh[11];
    struct date birthday;
    char nation[20];
    char address[20];
    union call callnumber;
};

void main()
{
    struct student wang =
    {"Wang YunPing",18,"M","2010010001",2010,3,3,"Han","Bei Jing"};
```

```
struct student li =
{"Li Zhen",20,"F","2010010001",2010,3,3,"Han","He Fei"};

struct student *p;

strcpy(wang.callnumber.mobile,"13901000001");
li.callnumber.telephone = 56023328;

p = &wang;

printf("%s,%d,%s,%s,",p->name,p->age,p->sex,p->xh);
printf("%d,%d,%d,",p->birthday.year,p->birthday.month,p->
        birthday.day);
printf("%s,%s,%s \n",p->nation,p->address,p->callnumber.
        mobile);

p = &li;

printf("%s,%d,%s,%s,",p->name,p->age,p->sex,p->xh);
printf("%d,%d,%d,",p->birthday.year,p->birthday.month,p->
        birthday.day);
printf("%s,%s,%ld \n",p->nation,p->address,p->callnumber.
        telephone);
}
```

运行结果：

```
Wang YunPing,18,M,2010010001,2010,3,3,Han,Bei Jing,13901000001
Li Zhen,20,F,2010010001,2010,3,3,Han,He Fei,56023328
```

上面的程序中用联合类型变量 union call callnumber 作为结构变量的成员，从而解决了不同类型联系方式的共存问题。Wang 和 Li 两条记录在 callnumber 成员的输出方式上也是不完全相同的，所以也可以认为两者不是完全相同的记录，或者称为"**变体记录**"。

利用联合可以对内存空间和数据进行拆分，下面的例子是很好的一种应用。

【例 9.7】运行下面的程序，分析运行结果。

程序代码：

```c
#include <stdio.h>
#include <string.h>

void main()
{
    union keycode
    {
        short int i;
        char c[2];
    } key;

    printf("size=%d\n",sizeof(key));

    key.i = 16961;        /* 十进制 16961 相当于十六进制 0x4241 */
    printf("key.c[0] = %d,key.c[1]=%d\n",key.c[0], key.c[1]);

    strcpy(key.c,"AB");

    printf("key.c[0] = %c,key.c[1]=%c\n",key.c[0], key.c[1]);
    printf("key.i = %d(0x%x)\n",key.i,key.i);
}
```

运行结果：
```
size=2
key.c[0] = 65,key.c[1]=66
key.c[0] = A,key.c[1]=B
key.i = 16961(0x4241)
```

注意：

联合变量 key 有两个成员：short int 型成员 i 和字符数组 c，它们都占用 2 字节，因此联合变量 key 长度为 2 字节。

给 short int 型成员 i 赋值 16961，然后将该数据的两个字节用字符数组 c 分别输出，低位字节 key.c[0] 为十六进制数 42，对应字符'B'；高位字节 key.c[1] 为十六进制数 41，对应字符'A'。

给字符数组 key.c 赋值"AB"，得到的结果和前面一样。由于长度的限制，这里 strcpy 没能把字符串结束符存入 key.c，对于本题没有关系。

由此可以看出,key. i 被 key. c[0]、key. c[1]拆开成两部分,从而分别取得其高位或低位字节部分的内容。

9.3　枚举

假设有序列:

Sunday、Monday、Tuesday、Wednesday、Thursday、Friday、Saturday

从星期的名称上不能体现它们的顺序,但如果将其与下面的序列对应就可以体现了:

0、1、2、3、4、5、6

这两种序列都有优点,前者表达的意义自然明确,容易接受;后者更能体现星期名称之间的顺序。

能否将两者结合起来,形成一种新的数据类型?

为此,C 语言提供用户定义枚举类型来解决这个问题。

9.3.1　枚举类型的定义

枚举类型定义的形式如下:

enum 类型名{标识符序列};

例如:

enum　week{Sunday,Monday,Tuesday,Wednesday,Thursday,Friday, Saturday};

enum 是定义枚举类型的关键字,枚举类型 week 包含 7 个标识符序列,分别等于 0、1、2、3、4、5、6,这些标识符常量是有序的。

注意:

(1)枚举值标识符是常量不是变量,这些常量是基本数据类型。

(2)枚举值只能是一些标识符,不能是基本类型常量。下面的定义是错误的:

enum　week{0,1,2,3,4,5,6};

(3)可以在定义枚举类型时对枚举常量重新定义值,例如:

enum　week{Monday = 1, Tuesday, Wednesday, Thursday, Friday, Saturday, Sunday};

这样对应的序列为

1、2、3、4、5、6、7

下面的定义也是可以的：

```
enum color{black,blue,green,red=4,yellow=14,white};
```

此时 red 为 4,yellow 为 14,white 为 15。

9.3.2 枚举变量的定义和引用

1. 枚举变量的定义

形式可以如下：

```
enum 类型名   变量名表;      /* 用定义过的枚举类型来定义枚举变量 */
enum 类型名{标识符序列} 变量名表; /* 在定义类型的同时定义变量 */
enum {标识符序列} 变量名表;        /* 省略类型名直接定义变量 */
```

例如：

```
enum color backcolor;
enum color {black,blue,green,red=4,yellow=14,white}backcolor;
enum {black,blue,green,red=4,yellow=14,white} backcolor;
enum week firstweek,nextweek;
```

2. 枚举变量的引用

（1）正确的引用方式：

```
backcolor = red;
backcolor = 4;
backcolor ++;                    /* 假设原来是 red,现在将变成 yellow 了 */
if(backcolor == red)
printf("The color is red!");  /* 和枚举类型中说明的标识符进行比较 */
scanf("%d",& backcolor);      /* 输入一个整型数给 backcolor 变量,不过
                                必须在枚举类型定义的范围之内,可以是
                                0、1、2、4、14、15,其他都是错误的 */
```

（2）错误的引用方式：

```
backcolor = 3;         /* 不在枚举类型定义的范围之内 */
backcolor = grey;      /* 不在枚举类型定义的范围之内 */
```

由于枚举变量可以作为循环变量,因此可以利用循环语句和 switch 语句打印全部的枚举值字符串。

程序源代码 9.8:
c9_8. c

微视频 9.3: 例
9.8 调试过程

【例 9.8】输出全部的枚举值字符串。

程序代码：

```
#include <stdio.h>

enum eweek {Monday=1,Tuesday,Wednesday,Thursday,Friday,Satur-
```

```
day, Sunday};

void main()
{
char weekname[7][20] = {"Sunday","Monday","Tuesday","Wednes-
day","Thursday","Friday","Saturday"};
enum eweek week;
for(week = Monday ; week <= Sunday ; week++)
    printf("%d:%s \n",week,weekname[week% 7]);
}
```

运行结果：

1:Monday

2:Tuesday

3:Wednesday

4:Thursday

5:Friday

6:Saturday

7:Sunday

程序中 week%7 的值依次为 1、2、3、4、5、6、0，正好对应字符数组 weekname 的第一维下标。

注意：

虽然枚举类型中的标识符名称和字符串中的星期名称一样，但程序不能直接输出标识符名称，只能引用标识符常量的值，例如上面程序中用%d 格式输出 week 变量得到的是

1、2、3、4、5、6、7

而不是

Monday,Tuesday,Wednesday,Thursday,Friday,Saturday, Sunday

9.4 用户定义类型

C 语言不仅提供了丰富的数据类型，还允许用户自己定义类型说明符，相当于允许用户为数据类型取"别名"。所用的类型定义符是 typedef。

1. 名称替换

定义的形式如下:

typedef 类型名　别名;

"类型名"必须是系统提供的数据类型或用户已定义的数据类型,"别名"是标识符。

例如:

typedef　int　INTEGER;

typedef　struct student　STUDENT;

typedef　struct{int year;int month;int day} DATE;

typedef　char＊　CHAR;　/＊char＊ 是字符指针类型 ＊/

有了上面的替换,就可以定义相应类型的变量了:

INTEGER a,b;　　　　/＊相当于 int a,b ＊/

STUDENT wang,zhang;　/＊相当于 struct student wang,zhang; ＊/

DATE birthday;　　　　/＊相当于 struct{int year;int month;int

　　　　　　　　　　　　　day} birthday; ＊/

CHAR string="Hello World!";

　　　　　　　　　　　　/＊相当于 char ＊ string="Hello World!" ＊/

CHAR p=&s;　　　　/＊相当于 char ＊ p=&s ＊/

2. 定义数组类型

定义的形式如下:

typedef 类型名　别名[数组长度];

例如:

typedef int NUM[3];

typedef char STRING[20];

定义相应类型的变量:

NUM a,b;　　/＊相当于 int a[3],b[3] ＊/

STRING s;　　/＊相当于 char s[20] ＊/

这样就定义了该结构类型的变量和指针变量。

注意:

(1) 定义新类型名时一般用大写的标识符,以便区别于习惯的写法,并不是必须的。

(2) 用 typedef 定义类型只是定义新的类型名而不是创建新的数据类型。

(3) 注意定义新类型名与宏替换的区别。例如:

typedef　int INTEGER;

```
#define INTEGER  int
```

上述定义的作用都是用标识符 INTEGER 代替 int,但实质不同。typedef 是用标识符 INTEGER 代替类型"int",而#define 是用标识符 INTEGER 代替字符串"int";typedef 在编译时解释 INTEGER,而 #define 是在编译之前将 INTEGER 替换成字符串"int"; typedef 并不是做简单替换,例如:

```
typedef  int NUM[3];
```

不是简单地将 NUM[3]替换成 int,因为 NUM a;相当于 int a[3];而不是 int a;。

3. 使用 typedef 有利于程序在不同的计算机系统间进行移植。例如:

```
typedef  int  INTEGER;
```

程序中全部用 INTEGER 定义变量,例如:

```
INTEGER a,b
```

显然 a、b 的类型取决于"typedef int INTEGER;"中的"int",如果将其改成

```
typedef  long int INTEGER;
```

则所有用 INTEGER 定义的变量的类型和长度都相应被改过来。对于不同字长的计算机,程序的修改就变得非常容易了。

*9.5 动态内存分配与链表

1. 固定内存分配与动态内存分配的概念

在 C 语言程序中用说明语句定义的各种存储类型(自动、静态、寄存器、外部)的变量或数组,均由系统分配存储单元,这样的存储分配称作**固定内存分配**;C 语言也允许程序员在函数执行部分的任何地方使用动态存储分配函数开辟或回收存储单元,这样的存储分配叫**动态内存分配**。动态内存分配使用自由、节约内存。

2. 链表

用数组来存储数据,有存取效率高,方便等特点。但是,数组的元素个数不能动态扩充,大小固定,不适用于数据元素个数动态增长的数据。在数组中进行数组元素的插入与删除,需要移动其他数据元素,从而保持数组中数据元素的相对次序不变,这就造成了数组中数据的插入与删除的效率很低。而**链表**适用于数据元素频繁的插入与删除,其存储空间可以动态增长和减少。

组成链表的基本存储单元叫**结点**,该存储单元存有若干数据和指针,由于存放了不同数据类型的数据,它的数据类型应该是结构类型。在结点的结构存储单元中,存放数据的域叫**数据域**,存放指针的域叫**指针域**,结点及链表的形式如图 9.4 所示。

结点类型定义的一般形式如下:

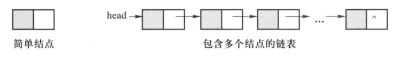

简单结点   包含多个结点的链表

图 9.4 链表

```
struct 类型名
{
    数据域定义；
    struct  类型名 * 指针域名；
};
```

其中的数据域和指针域都可以不止一个,当指针域不止一个时,将构成比较复杂的链表,如循环链表(图 9.5)和双向链表(图 9.6)。

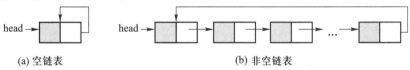

(a) 空链表   (b) 非空链表

图 9.5 循环链表

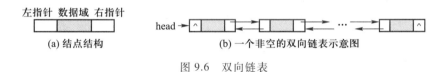

左指针 数据域 右指针

(a) 结点结构   (b) 一个非空的双向链表示意图

图 9.6 双向链表

可以看出结点类型的特殊性:指针域的类型就是结点类型,这种循环定义的形式是结点类型的重要特征。由于有了此特性,才能由结点构成链表。

链表的插入操作如图 9.7 所示。

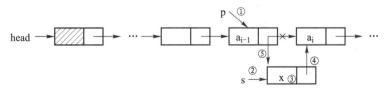

图 9.7 链表的插入操作

链表的删除操作如图 9.8 所示。

【例 9.9】下面是一个简单的单向链表的案例,其中包括建立、查找、插入、删除和显示等基本操作。

程序代码:

程序源代码 9.9:
c9_9.c

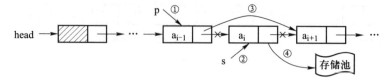

图 9.8 链表结点的删除操作

```
#include <stdio.h>
#include <malloc.h>
#include <string.h>

typedef struct link
{
    long xh;
    char xm[10];
    struct link *next;
} STUDENT;
/*创建新链表,参数 n 为链表长度*/
STUDENT *new(int n)
{
    int i;
    STUDENT *head,*p,*s;
    printf("\n");
    /*定义头结点*/
    if((head=(STUDENT *)malloc(sizeof(STUDENT)))==NULL)
    {
        printf("\n 不能创建链表");
        return NULL;
    }
    p = head;
    for(i=1; i<=n; i++)
    {
        /*定义新结点*/
        if((s=(STUDENT *)malloc(sizeof(STUDENT)))==NULL)
        {
            printf("\n 不能创建链表");
```

```
            return NULL;
        }
        s->next=NULL;/*将当前结点的后继指针置空*/
        p->next=s;/*连接结点*/
        printf("输入第%d个人的学号:",i);
        scanf("%ld",&s->xh);
        getchar();
        printf("输入第%d个人的姓名:",i);
        gets(s->xm);/*输入当前结点的数据域内容*/
        p=s;
    }
    return head;
}


/*查找结点函数*/
STUDENT *locate(STUDENT *link,char *s)
{
    STUDENT *p;
    p=link->next;
    while(p)
    {
        if(strcmp(p->xm,s)==0)
            break;
        else
            p=p->next;
    }
    return p;
}


/*显示链表函数*/
void showlink(STUDENT *link)
{
    STUDENT *p;
    p=link->next;
    while(p)
```

```
    }
        printf("%101d,% s \n",p->xh,p->xm);
        p = p->next;
    }
}
/* 插入结点函数 */
void insert(STUDENT * link,char xm[10],long xh)
{
    STUDENT * p,* s;
    if((s =(STUDENT * )malloc(sizeof(STUDENT)))==NULL)
    {
        printf(" \n 不能创建链表");
        return;
    }
    strcpy(s->xm,xm);
    s->xh = xh;
    p =link;
    s->next =p->next;
    p->next = s;
}


/* 删除姓名结点函数 */
void delete(STUDENT * link,char * xm)
{
    STUDENT * p,* temp;
    p =link;
    while(p->next)
    {
        if(strcmp(p->next->xm,xm)==0)
        {
            temp = p->next;
            p->next = p->next->next;
            free(temp);
            break;
        }
    }
```

```
        else
        {
            p = p->next;
        }
    }
}


void main()
{
    STUDENT *link;
    STUDENT *p;
    char xm[10];
    link = new(5);
    showlink(link);
    insert(link,"yataoo",999);
    printf("插入结点后为:\n");
    showlink(link);
    printf("请输入要删除的结点的名字:");
    gets(xm);
    delete(link,xm);
    printf("删除结点后为:\n");
    showlink(link);
    printf("请输入要查找的结点的名字:");
    gets(xm);
    p = locate(link,xm);
    if(p)  printf("找到了,学号是:%ld\n",p->xh);
}
```

运行结果:

输入第 1 个人的学号:201901001

输入第 1 个人的姓名:Ding ling

输入第 2 个人的学号:201901002

输入第 2 个人的姓名:Wang ping

输入第 3 个人的学号:201901003

输入第 3 个人的姓名:Zhang zhen

输入第 4 个人的学号:201901004

输入第 4 个人的姓名:Sun li

输入第 5 个人的学号:201901005

输入第 5 个人的姓名:Gu yun

201901001,Ding ling

201901002,Wang ping

201901003,Zhang zhen

201901004,Sun li

201901005,Gu yun

插入结点后为:

    999,yataoo

201901001,Ding ling

201901002,Wang ping

201901003,Zhang zhen

201901004,Sun li

201901005,Gu yun

请输入要删除的结点的名字:Sun li

删除结点后为:

    999,yataoo

201901001,Ding ling

201901002,Wang ping

201901003,Zhang zhen

201901005,Gu yun

请输入要查找的结点的名字:Zhang zhen

找到了,学号是:201901003

9.6　求两个复数之和

程序源代码 9.10:
c9_10. c

【例 9.10】编程求两个复数的和。

复数的形式:a+bi。

其中,a 是实部,b 是虚部。建立描述复数的结构类型:

```
struct complex
{
    double r;
```

```
    double i;
};
```

程序代码:

```
#include<stdio.h>

struct complex
{
    double r;
    double i;
};

struct complex add(struct complex x,struct complex y)
{
    struct complex z;
    z.r=x.r+y.r;
    z.i=x.i+y.i;
    return z;
}

void main()
{
    struct complex z,add(struct complex,struct complex);
    struct complex x={1.2,2.5},y={2.4,5.6};
    z=add(x,y);
    printf("x+y=%.2f+%.2fi\n",z.r,z.i);
}
```

运行结果:

```
x+y=3.60+8.10i
```

程序中主函数调用了一个 add 函数, add 函数的参数和返回值都是结构变量。

9.7 已知今天,明天为何

【例 9.11】已知今天的日期,编程求出明天的日期。

程序源代码 9.11:
c9_11.c

程序代码：

```c
#include<stdio.h>

struct date
{
    int year,month,day;
};

int judge(struct date *pd)
{
    int l_year=0;
    if ((pd->year % 4==0 && pd->year % 100!=0)||pd->year % 400==0)
        l_year=1;
    return l_year;
}

int day_no(struct date *pd)
{
    int day;
    int month[13]={0,31,28,31,30,31,30,31,31,30,31,30,31};
    if (judge(pd)&&(pd->month==2))
        day=29;
    else
        day=month[pd->month];
    return day;
}

void main()
{
    struct date today,tomorrow;
    int judge(struct date *),day_no(struct date *);
    printf("Enter today(yyyy,mm,dd): ");
    scanf("% d-% d-% d",&today.year,&today.month,&today.day);
    if (today.day!=day_no(&today))
    {
```

```
        tomorrow.day = today.day + 1;

        tomorrow.month = today.month;

        tomorrow.year = today.year;

    }

    else if (today.month == 12)

    {

        tomorrow.day = 1;

        tomorrow.month = 1;

        tomorrow.year = today.year + 1;

    }

    else

    {

        tomorrow.day = 1;

        tomorrow.month = today.month + 1;

        tomorrow.year = today.year;

    }

    printf("Tomorrow's date is %d-%d-%d \n",

                tomorrow.year, tomorrow.month, tomorrow.day);

}
```

程序运行结果：

```
Enter today(yyyy,mm,dd): 2011-12-31
Tomorrow's date is 2012-1-1
```

程序中 scanf 中的数据分隔符设置为 "-"，输入日期时需要加 "-" 分隔。函数 judge 用来判断是否是闰年，day_no 用于获得某月的天数。

*9.8 统计汽车违规罚分

【例 9.12】第 6 章例 6.13 设有 3 辆汽车牌号为 219、362、639。车管所查到的违规罚分情况如以下数组所示：

程序源代码 9.12:
c9_12. c

```
int car[10] = {219,362,639, 219, 639, 219, 219,362,639,362};
int score[10] = {3,2,6,3,2,3,6,1,3,2};
```

编程统计输出罚分满 12 分的车牌号。

下面用链表存储数据的方法来重新设计程序。

程序代码：

```
#include<stdio.h>
#include<malloc.h>

struct car
{
    int no;/*车牌号*/
    int score;/*罚分*/
    struct car *next;
};
void main()
{
    int car[10]={219,362,639,219,639,219,219,362,639,362};
    int score[10]={3,2,6,3,2,3,6,1,3,2};
    int i;
    struct car *p,*q,*head;

    head=(struct car *)malloc(sizeof(struct car));  /*头结点*/
    head->next=NULL;

    p=(struct car *)malloc(sizeof(struct car)); /*第1辆车结点*/
    p->no=car[0];
    p->score=score[0];
    p->next=head;

    for(i=1;i<10;i++)
    {
        q=p;
        while(q->next!=NULL)
            if(car[i]==q->no)
                break;
            else
                q=q->next;
        if(q->next!=NULL)
            q->score=q->score+score[i];
```

```
        else
        {
            q = (struct car *) malloc(sizeof(struct car));
                                        /* 新的车牌号,创建新结点 */
            q->no = car[i];
            q->score = score[i];
            q->next = p;
            p = q;      /* p 指向尾结点 */
        }
    }
    q = p;
    while(q->next! =NULL)
    {
        if(q->score>=12)
            printf("%d,%d \n",q->no,q->score);
        q = q->next;
    }
}
```

本章小结

本章介绍了 C 语言的用户定义类型,包括结构、联合(共用体)和枚举类型 3 种,其中结构和联合是构造类型,枚举类型是基本数据类型,本章重点介绍了结构类型。

(1) 结构与联合有很多相似的地方。

① 类型定义的形式相同。通过定义类型说明了结构或联合所包含的不同数据类型的成员项,同时确定了结构或联合类型的名称。

② 变量说明的方法相同。都有三种方法说明变量:第一种方法是先定义类型,再定义变量;第二种方法是在定义类型的同时定义变量;第三种方法是定义无名称类型时直接定义变量。数组、指针等可与变量同时说明。

③ 结构与联合的引用方式相同。除了同类型的变量之间可赋值外,均不能对变量整体赋常数值、输入、输出和运算等,都只能通过引用其成员项进行,嵌套结构只能引用其基本成员,例如:

变量.成员

或

变量.成员.成员.….基本成员

结构或联合的(基本)成员是基本数据类型的,可作为简单变量使用,是数组的可当作一般数组使用。

④ 无论结构还是联合,其应用的步骤是基本相同的,都要经过 3 个过程:定义类型;用定义的类型定义变量,编译系统会为其开辟内存单元存放具体的数据;引用结构或联合的成员。

(2) 了解结构与联合的区别非常重要,它们的主要区别如下。

① 在结构变量中,各成员均拥有自己的内存空间,它们是同时存在的,一个结构变量的总长度等于所有成员项长度之和;在联合变量中,所有成员只能先后占用该联合变量的内存空间,它们不能同时存在,一个联合变量的长度等于最长的成员项的长度。这是结构与联合的本质区别。

② 在说明结构变量或数组时可以对变量或数组元素的所有成员赋初值,由于联合变量同时只能存储一个成员,因此只能对一个成员赋初值。对联合变量的多个成员多次赋值后,只有最后一个成员有值。

③ 定义结构与联合类型时可相互嵌套。

④ 对于结构类型,如果其中的一个成员项是一个指向自身结构的指针,则该类型可以用作链表的结点类型。实用的链表结点必须是动态存储分配的,即在函数的执行部分通过动态存储分配函数开辟存储单元。链表的操作有建立、输出链表,插入、删除结点等。

⑤ 枚举类型的数据就是用户定义的一组标识符(枚举常量)的序列,其存储的是整型数值,因此枚举类型是一种基于基本数据类型的构造类型。由于枚举常量对应整数值,因此枚举类型数据与整数之间可以比较大小,枚举变量还可以进行++、-- 等运算。枚举类型不能直接输入输出,只能通过赋值取得枚举常量值,输出也只能间接进行。

⑥ 用户可以通过 typedef 给系统数据类型以及构造类型重新命名,注意这并没有定义新的类型。其中定义替代类型名的作用是,给已有的类型起个别名标识符;而定义构造类型名的作用是,自己定义(一般是简化)新“构造”类型名标识符。

习题 9

一、选择题

1. 假设 int 类型占 4 个字节,已知:

```
struct
```

```
{
    int i;
    char c;
    float a;
}ex;
```
则理论上 sizeof(ex) 的值是(　　)，如果考虑字节对齐的话，sizeof(ex) 的值可能是 12。

A. 6   B. 7   C. 8   D. 9

2. 已知：
```
union
{
    int i;
    char c;
    double a;
}ex;
```
则 sizeof(ex) 的值是(　　)。

A. 1   B. 4   C. 8   D. 9

3. 设有以下说明语句：
```
struct ex
{
    int x;
    float y;
    char z;
}example;
```
则以下叙述中不正确的是(　　)。

A. struct 是结构类型的关键字   B. example 是结构类型名

C. x、y、z 都是结构成员名   D. struct ex 是结构类型

4. 若有如下定义：
```
struct person{char name[9];int age;};
struct person class[10]={ "John", 17, "Paul", 19, "Mary", 18, "Adam", 16};
```
根据上述定义，能输出字母 M 的语句是(　　)。

A. printf("%c\n", class[3].name);

B. printf("%c\n", class[3].name[1]);

C. printf("%c\n", class[2].name[1]);

D. printf("%c\n", class[2].name[0]);

5. 以下结构变量的定义中,不正确的是(   )。

A. typedef struct aa
{
　int n;
　float m;
}AA;

B. #define AA struct aa
　AA{
　int n;
　float m;
}td1;

C. struct aa
{
　int n;
　float m;
};
struct aa td1;

D. struct
{
　int n;
　float m;
}td1;

6. 设有定义语句:

enum team{me, you = 4, his, her = his+10};

则 printf("%d, %d, %d, %d\n", me, you, his, her);的输出是(   )。

A. 0、1、2、3　　　　　　　　　　B. 0、4、0、10

C. 0、4、5、15　　　　　　　　　　D. 1、4、5、15

7. 假设 int 类型占 4 个字节,若有如下定义,则 printf("%d\n", sizeof(them));的输出是(   )。

typedef union{long x[2]; int y[4]; char z[8];} MYTYPE;
MYTYPE them;

A. 32　　　　　　B. 16　　　　　　C. 8　　　　　　　　D. 24

8. 若有如下定义,则对 data 中的成员 a 的正确引用是(   )。

struct sk{int a; float b;}data, *p=&data;

A. *(p).data.a　　　B. (*p).a　　　C. p->data.a　　　　D. p.data.a

9. C 语言联合类型在任何给定的时刻(   )。

A. 所有成员一直驻留在结构中

B. 只能有一个成员驻留在结构中

C. 部分成员驻留在结构中

D. 没有成员驻留在结构中

10. 以下对 C 语言中联合类型数据的叙述正确的是(   )。

A. 可以对联合变量名直接赋值

B. 一个联合变量中可以同时存放其所有成员

C. 一个联合变量中不能同时存放其所有成员

D. 联合类型定义中不能出现结构类型的成员

11. 以下关于枚举的叙述不正确的是(　　　)。

A. 枚举变量只能取对应枚举类型的枚举元素表中的元素

B. 可以在定义枚举类型时对枚举元素进行初始化

C. 枚举元素表中的元素有先后次序,可以进行比较

D. 枚举元素的值可以是整数或字符串

12. 以下关于 typedef 的叙述不正确的是(　　　)。

A. 用 typedef 可以定义各种类型名的别名

B. 用 typedef 可以增加新类型

C. 用 typedef 只是将已存在的类型用一个新的名称来代表

D. 使用 typedef 便于程序的通用和移植

二、填空题

1. "."称为_____运算符,"->"称为_____运算符。

2. 若有如下定义语句,则变量 w 在内存中所占的字节数是_____。

```
union aa{float x; char c[8];};
struct st{union aa v; float w[6]; double ave;}w;
```

3. 设有以下结构类型定义和变量说明,则变量 a 在内存中所占字节数是_____。

```
struct stud
{
    char num[8];
    int s[4];
    double ave;
}a;
```

4. 以下程序用来输出结构变量 ex 所占存储单元的字节数,请填空。

```
struct st
{
    char name[20];
    double score;
};
void main()
{
    struct st ex;
    printf("ex size: %d \n", sizeof(_____));
}
```

5. 以下语句要使指针变量指向一个整型的动态存储单元,请填空。

```
int *p;
p = _____malloc(sizeof(int));
```

6. 请定义一个枚举类型 month,其枚举元素是一年中的 12 个月份,要求每个元素的取值等于其相应的月份数,例如:对于 12 月份,枚举元素 December 的值为 12。

```
enum  month_____;
```

7. 下面程序的输出是_____。

```
#include <stdio.h>
void main()
{
    enum em{em1 = 3, em2 = 1, em3};
    char *aa[] = {"AA", "BB", "CC", "DD"};
    printf("%s%s%s \n", aa[em1], aa[em2], aa[em3]);
}
```

三、阅读程序题

1. 阅读下列程序,写出运行结果。

```
#include <stdio.h>
void main(void)
{
    union {char  c; char  i[4];}z;
    z.i[0] = 0x39;
    z.i[1] = 0x36;
    printf("%c \n", z.c);
}
```

2. 阅读下列程序,写出运行结果。

```
#include <stdio.h>
struct stru
{
    int x; char ch;
};
void main()
{
    struct  stru  a = {10, 'x'};
    func(a);
    printf("%d, %c \n", a.x, a.ch);
}
```

```
func(struct   stru   b)
{b.x=100; b.ch='n';}
```

3. 阅读下列程序,写出运行结果。

```
union st
{
    int i; char ch[2];
}a;
void main()
{
    a.ch[0]=13; a.ch[1]=0;
    printf("%d \n", a.i);
}
```

4. 阅读下列程序,写出运行结果。

```
#include <stdio.h>
struct stu
{
    int x, *y;
}*p;
int a[]={15, 20, 25, 30};
struct  stu  aa[]={35, &a[0], 40, &a[1], 45, &a[2], 50, &a[3]};
void main()
{
    p=aa;
    printf("%d ", ++p->x);
    printf("%d ", (++p)->x);
    printf("%d \n", ++(p->x));
}
```

5. 阅读下列程序,写出运行结果。

```
#include <stdio.h>
union myun
{
    struct
    {
        int   x, y, z;
    }u;
```

```
        int   k;
    }a;
void main()
{
    a.u.x = 4, a.u.y = 5; a.u.z = 6;
    a.k = 0;
    printf("%d\n", a.u.x);
}
```

6. 阅读下列程序,写出运行结果。

```
#include <stdio.h>
void main()
{
    union
    {
        int k;
        char c[2];
    } * s, a;
    s = &a;
    s->c[0] = 0x39; s->c[1] = 0x38;
    printf("%x\n", s->k);
}
```

7. 阅读下列程序,写出运行结果。

```
#include <stdio.h>
enum week{Sun = 7, Mon = 1, Tue, Wed, Ths, Fri, Sat};
void main()
{
    printf("%d\n", hour(Fri, Sun));
}
int hour(int x, int y)
{
    if(y>x) return 24 * (y-x);
    else   return(-1);
}
```

四、程序设计题

1. 定义一个结构类型,成员项包括一个字符型、一个整型。编程实现结构变量成员项的输入、输出,并通过结构指针引用该变量。

2. 定义一个结构类型,其中包括学生的姓名、性别和计算机课程的成绩。建立一个有 5 个元素的结构数组。输入学生信息,输出成绩大于平均分的学生的姓名、性别和计算机课程成绩。

3. 已知一长度为 2 个字节的短整型数,现欲将其高位字节与低位字节相互交换后输出,试用联合类型实现这一功能。

五、高级应用

1. 字节对齐深度研究

字节对齐是结构类型数据存储中特殊的技术,与编译系统有关。本案例通过各种方法测试验证字节对齐的实际情况,读者可从中体会到数据类型与其实际存储之间的关系。

2. 双向循环链表初探

链表是数据结构课程中的重点内容。作为 C 语言课程的深度学习部分,本案例以特点全面的双向循环链表为例,简单演示了链表的建立、结点的插入与删除等操作。感兴趣的读者可从中了解和学习到新的数据类型、数据结构和新的算法。

微视频 9.4:高级应用第 1 题调试过程

微视频 9.5:高级应用第 2 题调试过程

第 10 章
位运算

学习目标：

（1）掌握基本位运算的形式。

（2）掌握位运算的一般性计算方法。

10.1　位、字节与编码

10.1.1　字节与位

字节(byte)是计算机中的存储单元。一个字节可以存放一个英文字母或符号,一个汉字通常要用两个字节来存储。每一个字节都有自己的编号,叫做"地址"。1 个字节由 8 个二进制位(位的英文是 bit)构成,每位的取值为 0 或 1。最右端的那一位称为"最低位",编号为 0;最左端的那一位称为"最高位",而且从最低位到最高位顺序依次编号。下面是 65 的二进制位的编号。

65 0 0 0 0 0 0 0 0 0 0 0 0 0 0 0 0 0 0 0 0 0 0 0 0 0 1 0 0 0 0 0 1

位 31 30 29 28 27 26 25 24 23 22 21 20 19 18 17 16 15 14 13 12 11 10 9 8 7 6 5 4 3 2 1 0

高位→低位

把若干字节组成一个单元,叫做"字"(word)。一个字可以存放一个数据或指令。至于一个字由几个字节组成,取决于计算机的硬件系统。一般由 1 个、2 个、4 个或 8 个字节组成,所对应的计算机也被称为 8 位机、16 位机、32 位机或 64 位机。目前微机以 32 位机或 64 位机为主。

本章用的数据默认是指 4 字节 32 位的数据。

10.1.2　原码

计算机使用的是二进制数。但这些数据有不同的编码方式,分别有原码、反码和补码。

以 8 位计算机系统为例,把最高位(即最左面的一位)留作表示符号,其他 7 位表示二进制数,这种编码方式叫做原码。最高位为"0"表示正数,为"1"表示负数。例如:

0000 0000 0000 0000 0000 0000 0000 0011　　　表示　　+3

1000 0000 0000 0000 0000 0000 0000 0011　　　表示　　−3

显然,这样可以表示的数值范围在$-(2^{31}-1)$到$+(2^{31}-1)$间。

这种表示方法有一个缺陷,数值 0 会出现歧义:

0000 0000 0000 0000 0000 0000 0000 0000　　　表示　　+0

1000 0000 0000 0000 0000 0000 0000 0000　　　表示　　−0

电子教案:
位运算

10.1.3 反码

对于正数,反码与原码相同,表示负数时与"原码"相反:符号位(最高位)为"1"表示负数。但其余位的值相反。例如:

0000 0000 0000 0000 0000 0000 0000 0011 　　表示　　+3

1111 1111 1111 1111 1111 1111 1111 1100 　　表示　　−3

显然,这样可以表示的数值范围在 $-(2^{31}-1)$ 到 $+(2^{31}-1)$ 间。

这种表示方法仍然有一个缺陷,数值 0 会出现歧义:

0000 0000 0000 0000 0000 0000 0000 0000 　　表示　　+0

1111 1111 1111 1111 1111 1111 1111 1111 　　表示　　−0

10.1.4 补码

对于正数,补码与原码相同。对于负数,可以从原码分步骤得到补码。步骤如下:首先,符号位不变,为 1;其次,把其余各位取反,即 0 变为 1,1 变为 0;然后,对整个数加 1。

已知一个数的补码,求原码的操作分两种情况。

(1)如果补码的符号位为"0",表示是一个正数,所以补码就是该数的原码。

(2)如果补码的符号位为"1",表示是一个负数,求原码的操作可以是,符号位不变,其余各位取反,然后再整个数加 1。

例如:

0000 0000 0000 0000 0000 0000 0000 0011 　　表示　　+3

1111 1111 1111 1111 1111 1111 1111 1101 　　表示　　−3

转换步骤如下。

(1)−3 原码:

　　1000 0000 0000 0000 0000 0000 0000 0011

(2)除符号位外,各位取反:

　　1111 1111 1111 1111 1111 1111 1111 <u>1100</u>

(3)加 1,得到

　　1111 1111 1111 1111 1111 1111 1111 <u>1101</u>

显然,这样可以表示的数值范围在 -2^{31} 到 $+(2^{31}-1)$ 间。

这种表示方法数值 0 不会出现歧义,只有一种表示形式:

　　0000 0000 0000 0000 0000 0000 0000 0000　　表示　　0

而

　　1111 1111 1111 1111 1111 1111 1111 1111　　表示 −1

　　1000 0000 0000 0000 0000 0000 0000 0000　　表示 -2^{31}

计算机中的数据都采用补码。原因在于使用补码可以将符号位和其他位统一处理;同时,减法也可按加法来处理。如 −3+4 可以变成 −3 的补码与 +4 的补码相加。另外,两个用补码表示的数相加时,如果最高位(符号位)有进位,则进位被舍弃。

10.2　位运算符和位运算

位运算符是以单独的二进制位为操作对象的运算。也就是说,其操作数是二进制数。这是与其他运算符的主要不同之处。

C 语言中提供的位运算符有按位与(&)、按位或(|)、按位异或(^)、按位取反(~)、左移(<<)、右移(>>),此运算规则如表 10.1 所示。

表 10.1　位运算规则

x	y	x & y	x | y	x ^ y	~ y
0	0	0	0	0	1
0	1	0	1	1	0
1	0	0	1	1	1
1	1	1	1	0	0

下面逐一讲述这些位运算符及其应用。运算对象按有符号数对待。

10.2.1　按位取反 ~

运算符:~

格式:~ x

功能:各位翻转,即原来为 1 的位变成 0,原来为 0 的位变成 1。

主要用途:间接地构造一个数,以增强程序的可移植性。

示例:如 x = 83,则 ~x 如表 10.2 所示。

表 10.2　位运算 ~

	十进制	二进制
x	83	00000000000000000000000001010011
~x	−84	11111111111111111111111110101100

10.2.2　按位与 &

运算符:&

格式:x & y

功能:当两个操作对象二进制数的相同位都为 1 时,结果数值的相应位为 1,否则相应位是 0。

主要用途:取(或保留)1 个数的某(些)位,其余各位置 0。

示例:如 x = 154,y = 214,则 x & y 如表 10.3 所示。

表 10.3　位 运 算 &

	十进制	二进制
x	154	00000000000000000000000010011010
y	214	00000000000000000000000011010110
x & y	146	00000000000000000000000010010101

10.2.3　按位或 |

运算符:|

格式:x | y

功能:当两个操作对象二进制数的相同位都为 0 时,结果数值的相应位为 0,否则相应位是 1。

主要用途:将一个数的某(些)位置 1,其余各位不变。

示例:如 x = 154,y = 214,则 x | y 如表 10.4 所示。

表 10.4　位 运 算 |

	十进制	二进制
x	154	00000000000000000000000010011010
y	214	00000000000000000000000011010110
x	y	222	00000000000000000000000011011110

10.2.4　按位异或 ^

运算符:^

格式:x ^ y

功能:当两个操作对象二进制数的相同位的值相同时,结果数值的相应位为 0,否则相应位是 1。

主要用途:使一个数的某(些)位翻转(即原来为 1 的位变为 0,为 0 的变为 1),其余各位不变。

示例:如 x = 154,y = 214,则 x ^ y 如表 10.5 所示。

表 10.5 位 运 算 ˆ

	十进制	二进制
x	154	00000000000000000000000010011010
y	214	00000000000000000000000011010110
x ˆy	76	00000000000000000000000001001100
x ˆyˆy	154	00000000000000000000000010011010

注意,x 两次异或相同的数 y 等于 x,相当于还原。

10.2.5 左位移<<和右位移>>

运算符:<< 和>>

格式:x<<要位移的位数、x>>要位移的位数

功能:

(1)左位移<<,把操作对象的二进制数向左移动指定的位,并在右面补上相应的 0,高位溢出。

(2)右位移>>,把操作对象的二进制数向右移动指定的位,移出的低位舍弃;高位:

① 对无符号数和有符号中的正数,补 0。

② 有符号数中的负数,取决于所使用的系统:补 0 的称为"逻辑右移",补 1 的称为"算术右移"。

左移一位相当于对原来的数值乘以 2。左移 n 位相当于对原来的数值乘以 2^n。

右移一位相当于对原来的数值除以 2。右移 n 位相当于对原来的数值除以 2^n。

示例如表 10.6 所示。

表 10.6 位运算<<和>>

	十进制	二进制
x	154	00000000000000000000000010011010
x<<1	308	00000000000000000000000110101100
x<<2	616	00000000000000000000001101011000
x>>1	77	00000000000000000000000001001101
x>>2	38	00000000000000000000000000100110
x>>32	0	00000000000000000000000000000000
x<<32	0	00000000000000000000000000000000
x<<24>>32	−1	11111111111111111111111111111111
y	−154	11111111111111111111111101100110

续表

	十进制	二进制
y<<1	-308	11111111111111111111111011001100
y>>1	-77	11111111111111111111111110110011
y>>32	-1	11111111111111111111111111111111
y<<32	0	00000000000000000000000000000000

位移 32 位已经超过数据类型 int 的存储位长度,要么全 0,要么全 1,分别对应 0 或-1。

10.3　综合案例

10.3.1　取整数指定位域

【例 10.1】取一个整数 a 从右端开始的 4~7 位。

步骤如下。

(1) 先使 a 右移 4 位,目的是使要取出的那几位移到最右端,如图 10.1 所示。右移到右端可以用下面的方法实现:a >> 4。

图 10.1　右移示意图

(2) 设置一个低 4 位全为 1,其余全为 0 的数。可用下面的方法实现:~(~0<<4)。

(3) 将上面两者进行 & 运算,即(a>>4) & ~(~0<<4)。

根据上一节介绍的方法,与低 4 位为 1 的数进行 & 运算,就能将这 4 位保留下来。

程序代码:

```c
#include <stdio.h>
void main()
{
    int a,b,c,d;
```

```
    scanf("%x",&a);              /* 假设输入十六进制 12345678 */
    b=a>>4;                      /* b 等于 0x01234567 */
    c=~(~0<<4);                  /* c 等于 0x0000000F */
    d=b&c;                       /* 高 28 位清 0,留下低 4 位, 低 4 位是十六
                                    进制的 7 */
    printf("%x\n",d);
}
```

运行结果:

```
12345678
7
```

10.3.2 汉字反显

【例 10.2】编写程序将汉字"啊"(图 10.2)反显。

程序源代码 10.2:
c10_2.c

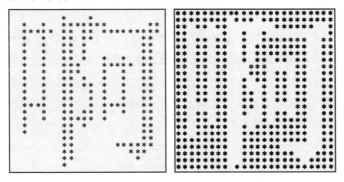

图 10.2 汉字"啊"示意图

汉字"啊"的点阵信息存储在下面程序中的数组 hz 中。每行 3 个整数,整数只表示了低位 1 个字节的内容,其他高位为 0。图形为 24×24 的点阵,每行 3 个整数的低位字节共 3 个字节正好表示字体的一行点阵(3×8=24)。字节中的二进制位 0 表示空,1 表示显示。程序显示部分用"*"打印出来。反显图形正好相反。

```
#include<stdio.h>
int main()
{
    int hz[24][3] = {
        {0x00,0x00,0x00},{0x00,0x88,0x00},{0x24,0xFE,0x06},
        {0x3E,0xDB,0xFE},{0x24,0xD8,0x0C},{0x24,0xD0,0x0C},
        {0x24,0xD0,0x0C},{0x24,0xD2,0x4C},{0x24,0xE3,0xEC},
        {0x24,0xE2,0x4C},{0x24,0xD2,0x4C},{0x24,0xDA,0x4C},
```

```
        {0x24,0xCA,0x4C},{0x24,0xCA,0x4C},{0x3C,0xCB,0xCC},
        {0x24,0xDA,0x4C},{0x24,0xFA,0x0C},{0x20,0xD0,0x0C},
        {0x20,0xC0,0x0C},{0x00,0xC0,0x0C},{0x00,0xC0,0xFC},
        {0x00,0xC0,0x38},{0x00,0xC0,0x10},{0x00,0x80,0x00}
    };
    int i,j,k,m,n;
    for(i=0; i<24; i++)
    {
        for(j=0; j<3; j++)
        {
            m=hz[i][j];
            for(k=7; k>=0; k--)
            {
                n=m>>k&0x01;
                if(n!=1) printf("*");/* n==1 正常显示,n!=1 反显 */
                else printf("%c",32);
            }
        }
        printf("\n");
    }
}
```

上面的程序通过位运算将指定二进制位移动到最低位,然后将其他高位清 0。例如:

```
m>>k&0x01
```

k 从 7 到 0,对应 8 个二进制位。

若有定义:

```
int mask[8]={128,64,32,16,8,4,2,1};
```

则上面输出语句可以改成

```
for(k=0;k<8;k++)
{
    if(m&mask[k]) printf("*");
    else printf("%c",32);
}
```

若 i 循环改成 for(i=23;i>=0;i--),将输出字体的投影。

若 j 循环改成 for(j=2;j>=0;j--),k 循环改成 for(k=7;k>=0;k--),则输出**水平**

反转字。

实际输出时,请将输出窗口的属性的字体改成**点阵字体**、大小为 8×8。图形为正方形,比较美观。

实际应用中,可以读取汉字的点阵字库获取如上数组存储的信息(字模)。汉字字库大小、格式较多,除了点阵字库,还有矢量字库(记录笔画形状、字体轮廓),单片机由于存储限制,可以使用外挂字库等。具体请参考相关资料。

本章小结

本章介绍的位运算在系统软件开发与计算机用于检测和控制领域中有重要应用,也是 C 语言的特色之一。重点要求读者掌握位运算符及其应用。

学好本章必须了解计算机内数据的组织与存储形式,二进制的原理是关键。本章介绍的位运算包括按位与(&)、按位或(|)、按位异或(^)、按位取反(~)、左移(<<)、右移(>>),实质上都是 1 和 0 的变换或者移动,学好本章对今后计算机系统的编程很有好处。

习题 10

一、选择题

1. 用 8 位无符号二进制数能表示的最大十进制数为(　　　)。

A. 127　　　　　　　B. 128　　　　　　　C. 255　　　　　　　D. 256

2. 设 int 型变量 x 中的值为 0x00000001,则表达式 $(2+x) \char94 (\sim 3)$ 的值是(　　　)。

A. 0x00000001　　　　　　　　　　B. 0x00000011

C. 0xFFFFFFFF　　　　　　　　　　D. 0xFFFFFF11

3. 有以下程序:

```c
#include "stdio.h"
void main()
{
    unsigned char a,b,c;
    a = 0x3; b = a |0x8; c = b<<1;
    printf("%d %d \n",b,c);
```

```
}
```
程序运行后的输出结果是(　　)。

A. -11　12　　　　　B. -6　-13　　　　C. 12　24　　　　　D. 11　22

4. 以下程序的输出结果是(　　)。

```
#include "stdio.h"
void main()
{
    charx=040;
    printf("%o \n",x<<1);
}
```

A. 100　　　　　B. 80　　　　　C. 64　　　　　D. 32

5. 以下程序的输出结果是(　　)。

```
#include "stdio.h"
void main()
{
    int   x=0.5;
    char  z='a';
    printf("%d \n", (x&1) && (z<'z'));
}
```

A. 0　　　　　B. 1　　　　　C. 2　　　　　D. 3

6. 整型变量 x 和 y 的值相等且为非 0 值,则以下选项中,结果为零的表达式是(　　)。

A. x || y　　　　　B. x | y　　　　　C. x & y　　　　　D. x ^ y

7. 设有定义语句:char c1=92,c2=92;,则以下表达式中值为零的是(　　)。

A. c1^c2　　　　　B. c1&c2　　　　　C. ~c2　　　　　D. c1|c2

8. 有以下程序:

```
#include "stdio.h"
void main()
{
    unsigned char a,b;
    a=4 |3;
    b=4&3;
    printf("%d %d \n",a,b);
}
```

执行后输出结果是(　　)。

A. 7 0   B. 0 7   C. 1 1   D. 43 0

9. 有以下程序:

```c
#include "stdio.h"
void main()
{
    int  x=3,y=2,z=1;
    printf("%d\n",x/y&~z);
}
```

程序运行后的输出结果是(　　)。

A. 3   B. 2   C. 1   D. 0

10. 有以下程序:

```c
#include "stdio.h"
void main()
{
    unsigned char a,b;
    a=7^3;
    b=~4&3;
    printf("%d %d\n",a,b);
}
```

执行后输出结果是(　　)。

A. 4 3   B. 7 3   C. 7 0   D. 4 0

二、填空题

1. 设变量 a 的二进制是 00101101, 若想通过运算 a^b 使 a 的高 4 位取反, 低 4 位不变, 则 b 的二进制数应是_____。

2. 运用位运算, 能将变量 ch 中的大写字母转换成小写字母的表达式是_____。

3. 能将两字节变量 x 的高 8 位置全 1, 低字节保持不变的表达式是_____。

4. 若 a 为任意整数, 能将变量 a 清零的表达式是_____。

5. 把操作对象的二进制数向右移动 n 位, 相当于对原来的数值_____ 2^n。

三、阅读程序题

```c
1. #include "stdio.h"
   void main()
   {
       int a,b;
       a=077;
       b=a&3;
```

```
        printf("The a & 3 is %d \n",b);
    }
2. #include "stdio.h"
   void main()
   {
        int a=3,b=4;
        a=a^b;
        b=b^a;
        a=a^b;
        printf("a = %d, b = %d \n",a,b);
   }
```

四、程序设计题

1. 编写一个函数 getbits,从一个 16 位的单元中取出某几位(即该几位保留原值,其余位为 0)。函数调用形式为 getbits(value,n1,n2)。value 为该 16 位(两个字节)中的数据值,n1 为欲取出的起始位,n2 为欲取出的结束位。如 getbits(0101675,5,8)表示对八进制 101675 这个数取出它的从左面起第 5 位到第 8 位。

2. 写一函数,对一个 16 位的二进制数取出它的奇数位(即从左边起第 1、3、5……15 位)。

3. 设计一个函数,使给出一个数的原码,能得到该数的补码。

五、问答题

C 语言中,位运算的对象可以是什么类型的数据?

第 11 章
文件

学习目标：

(1) 了解磁盘文件的概念和用途。

(2) 掌握文件指针的概念和文件指针变量的定义方法。

(3) 深刻理解文件的读、写、定位等基本操作的实现。

(4) 熟悉文件的打开、关闭、读、写、定位等函数的调用形式。

(5) 掌握文件操作在程序设计中的应用方法。

(6) 掌握编译预处理的基本概念和使用形式。

11.1　文件概述

问题：数据在计算机中如何被保存和阅读？

11.1.1　文件的概念

所谓"文件"是指一组相关数据的有序集合。这个数据集有一个名称，叫做文件名。在前面的章节中已经多次使用了文件，例如，源程序文件(.c)、目标文件(.obj)、可执行文件(.exe)、库文件(.lib)、头文件(.h)等。文件通常是存放在外部介质(如硬盘、光盘、优盘等)上的，操作系统也是以文件为单位对数据进行管理的，每个文件都通过唯一的"文件标识"来定位，即文件路径和文件名，例如：

C:\11124019100101\program.c

其中 C:\11124019100101 就是路径，program.c 是文件名。

当需要使用文件时，需要将文件调入到内存中。

11.1.2　文件的分类

从不同的角度可对文件作不同的分类。

(1) 从用户使用的角度看，文件可分为普通文件和设备文件两种。

普通文件指驻留在磁盘或其他外部介质上的一个有序数据集，可以是源文件、目标文件、可执行程序，也可以是一组待输入处理的原始数据，或者是一组输出的结果。对源文件、目标文件、可执行程序可以称为程序文件，对输入输出数据可称为数据文件。

设备文件指与主机相连的各种外部设备，如显示器、打印机、键盘等。在操作系统中，把外部设备也看作是一个文件来进行管理，把它们的输入和输出等同于对磁盘文件的读和写。通常把显示器定义为标准输出文件，一般情况下在屏幕上显示有关信息就是向标准输出文件输出。如前面经常使用的 printf、putchar 函数就是这类输出。键盘通常被指定为标准的输入文件，从键盘上输入就意味着从标准输入文件上输入数据。scanf、getchar 函数就属于这类输入。

(2) 从文件编码和数据的组织方式来看，文件可分为 ASCII 码文件和二进制码文件。

ASCII 文件也称文本文件,这种文件在磁盘中存放时每个字符占一个字节,每个字节中存放相应字符的 ASCII 码。内存中的数据存储时需要转换为 ASCII 码。

二进制文件则不同,内存中的数据存储时不需要进行数据转换,存储介质上保存的数据采用与内存数据一致的表示形式存储。

例如,short int 型数据 2008 的存储形式如表 11.1 所示。

表 11.1　ASCII 码与二进制存储比较表

ASCII 码	00110010	00110000	00110000	00111000	4 个字节
二进制	00000111	11011000			2 个字节

ASCII 码存储占用 4 个字节,而二进制存储占用 2 个字节,同内存中的格式。

ASCII 码文件可在屏幕上按字符显示。例如,源程序文件就是 ASCII 文件,用记事本打开可显示文件的内容。由于是按字符显示,因此能读懂文件内容。所以采用 ASCII 码存储可被操作系统直接识别,但占用存储空间较多,同时还要付出由内存的二进制形式转换为 ASCII 码的时间开销;用二进制存储则节省存储空间和转换时间,但一般不能直接识别。

事实上,C 语言系统在处理这些文件时,并不区分类型,都看成是字符流,按字节进行处理。输入输出字符流的开始和结束只由程序控制而不受物理符号(如回车符)的控制。因此也把这种文件称为"流式文件"。

(3)从 C 语言对文件的处理方法来看。旧的 C 版本(如 UNIX 系统下使用的 C)有两种对文件的处理方法:一种叫"缓冲文件系统",另一种叫"非缓冲文件系统"。

所谓缓冲文件系统是指,系统自动地在内存区为每一个正在使用的文件名开辟一个缓冲区。从内存向磁盘输出数据必须先送到内存中的缓冲区,装满缓冲区后才一起送到磁盘去。如果从磁盘向内存读入数据,则一次从磁盘文件将一批数据输入到内存缓冲区(充满缓冲区),然后再从缓冲区逐个地将数据送到程序数据区(给程序变量),缓冲区的大小由各个具体的 C 版本确定,一般为 512 个字节,如图 11.1 所示。

所谓非缓冲文件系统是指系统不自动开辟确定大小的缓冲区,而由程序为每个文件设定缓冲区。

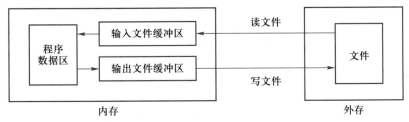

图 11.1　文件读写缓冲示意图

在 UNIX 系统下,用缓冲文件系统来处理文本文件,用非缓冲文件系统来处理二进

制文件。用缓冲文件系统进行的输入输出又称为高级(或高层)磁盘输入输出,用非缓
冲文件系统进行的输入输出又称为低级(或低层)输入输出。1983 年 ANSI C 标准决定
不采用非缓冲文件系统,而只采用缓冲文件系统。也就是说,用缓冲文件系统既可处理
文本文件,又可以处理二进制文件。本书主要讨论 ANSI C 的文件系统以及它们的输入
输出操作。

11.2　文件操作

11.2.1　FILE 文件类型指针

在 C 语言程序中,无论是一般磁盘文件还是设备文件,都可以通过文件结构类型的
数据集合进行输入输出操作。文件结构是由系统定义的,取名为 FILE。有的 C 语言版
本在 stdio.h 文件中有以下类型定义:

```
typedef struct
{
    short level;              /* 缓冲区"满"或"空"的程度 */
    unsigned flags;          /* 文件状态标志 */
    char fd;                 /* 文件描述符 */
    unsigned char hold;      /* 无缓冲区不读取字符 */
    short bsize;             /* 缓冲区大小 */
    unsigned char *buffer;   /* 数据缓冲区位置指针 */
    unsigned char *curp;     /* 当前指针指向 */
    unsigned istemp;         /* 临时文件指示器 */
    short token;             /* 用于有效性检查 */
}FILE;
```

有了 FILE 类型以后可以定义文件类型指针变量,例如:

```
FILE  *fp;
```

其中,fp 是一个指向 FILE 类型结构的指针变量。可以使 fp 指向某一个文件的结构
变量,从而能够通过该结构变量中的文件信息去访问该文件。也就是说,通过文件指针
变量能够找到与它相关的文件。

如果有多个文件,一般应设多个相应的指针变量(指向 FILE 类型结构的指针变
量),使它们分别指向对应的文件(实际上是指向该文件的信息结构),以实现对文件的
访问。当然这是指需要同时访问这些文件,同一指针变量通过对它的赋值也可以指向

不同的文件。

　　C 语言中的标准设备文件是由系统控制的,由系统自动打开和关闭,其文件结构指针由系统命名,用户无须说明即可直接使用,例如:

stdin　标准输入文件(键盘)

stdout　标准输出文件(显示器)

stderr　标准错误输出文件(显示器)

　　对文件进行操作之前必须"打开"文件,打开文件的作用实际上是建立该文件的信息结构,并且给出指向该信息结构的指针以便对该文件进行访问。文件使用结束之后应该"关闭"该文件。文件的打开与关闭是通过调用 fopen 和 fclose 函数来实现的。

11.2.2　文件的打开操作

　　C 语言用 fopen( )函数来实现文件的打开。fopen 函数的调用方式一般如下:

FILE　∗ fp;

fp＝fopen(文件名,文件使用方式);

例如:

fp＝fopen("result.txt","r");

　　它表示要打开名字为 result.txt 的文件,使用文件方式为"读入",fopen 函数返回指向 result.txt 文件的指针并赋给 fp,这样 fp 就与 result.txt 相联系了,或者说 fp 指向 result.txt 文件。使用文件方式可以是表 11.2 中的任一项。

表 11.2　文件使用方式标识符

文件使用方式		含义
"r"	(只读,文本)	以只读方式打开一个已有的文本文件
"w"	(只写,文本)	以只写方式建立一个新的文本文件。如果该文件已存在则将它删去,然后重新建立一个新文件
"a"	(追加,文本)	以添加方式打开一个文本文件,在文件末尾添加。如果该文件不存在,则建立一个新文件后再添加
"rb"	(只读,二进制)	以只读方式打开一个已有的二进制文件
"wb"	(只写,二进制)	以只写方式打开一个二进制文件
"ab"	(追加,二进制)	以添加方式打开一个二进制文件
"r+"	(读写,文本)	以读写方式打开一个已有的文本文件
"w+"	(读写,文本)	以读写方式建立一个新的文本文件
"a+"	(读写,文本)	以读写方式打开一个文本文件,在文件末尾添加和修改,如果文件不存在,则建立一个新文件后再添加和修改

续表

文件使用方式		含义
"rb+"	（读写,二进制）	以读写方式打开一个已有的二进制文件
"wb+"	（读写,二进制）	以读写方式建立一个新的二进制文件
"ab+"	（读写,二进制）	以读写方式打开一个二进制文件

注 意:

（1）用以上方式可以打开文本文件或二进制文件,这是 ANSI C 的规定,即用同一种缓冲文件系统来处理文本文件和二进制文件。但目前使用的有些 C 编译系统可能不完全提供所有这些功能(例如有的只能用"r"、"w"、"a"方式),有的 C 版本不用"r+"、"w+"、"a+"而用"rw"、"wr"、"ar"等,请注意所用系统的规定。

（2）如果不能执行"打开"的任务,fopen 函数将会返回一个出错信息。出错的原因可能是用"r"方式打开一个并不存在的文件;磁盘出故障;磁盘已满无法建立新文件等。此时 fopen 函数将带回一个空指针值 NULL(NULL 在 stdio.h 文件中已被定义为 0)。

常用下面的方法打开一个文件:

```
if((fp=fopen("filename","r")) == NULL)
{
    printf("cannot open this file.\n");
    exit(0);
}
```

即先检查打开文件有无出错,如果有错就在终端上输出"cannot open this file"。exit 函数的作用是关闭所有文件,终止正在调用的过程。待程序员检查出错误,修改后再运行。

（3）用"w"方式打开文件时,只能从内存向该文件输出(写)数据,而不能从文件向内存输入数据。如果该文件原来不存在,则打开时按指定文件名建立一个新文件。如果原来的文件已经存在,则打开时将文件删空,然后重新建立一个新文件,所以务必小心。

用"a"方式打开文件时,向文件的尾部添加新数据,文件中原来的数据保留,但要求文件必须存在,否则会返回出错信息。打开文件时,文件的位置指针在文件末尾。

用"r+"、"w+"、"a+"方式打开文件时,既可以输入也可以输出,不过 3 种方式是有区别的:"r+"方式要求文件必须存在;"w+"方式则建立新文件后进行读写;"a+"方式则保留文件原有的数据,进行追加或读的操作。

在用文本文件向计算机输入时,应将回车和换行两个字符转换为一个换行符;在输出时,应将换行符转换为回车和换行两个字符。在用二进制文件时,不需要进行这种转换,因为在内存中的数据形式与输出到外部文件中的数据形式完全一致,一一对应。

在程序开始运行时,系统自动打开3个标准文件:标准输入、标准输出、标准出错输出。通常这3个文件都与终端相联系。因此以前所用到的从终端输入或输出,都不需要打开终端文件。系统自动定义了3个文件指针 stdin、stdout 和 stderr,分别指向终端输入、终端输出和标准出错输出(也从终端输出)。如果程序中指定要从 stdin 所指的文件输入数据,就是指从终端键盘输入数据。

选择好打开的方式,在对文件进行操作时必须遵守打开方式的约定,否则会出错。例如以"r"方式打开,却要向文件中写入数据,会导致程序出错。另外要注意对原有文件的保护,如果原有数据需要保留,就不能用"w"或"w+"的方式打开,否则将丢失原有的数据。

11.2.3　文件的关闭操作

文件在使用完后应该及时关闭它,以防止它再被误用。"关闭"就是释放文件指针。释放后的文件指针变量不再指向该文件,为自由的文件指针。这种方式可以避免文件中的数据丢失。释放指针后不能再通过该指针对原对应的文件进行读写操作,除非再次用该指针变量打开该文件。

用 fclose 函数关闭文件。fclose 函数调用的一般形式如下:

fclose(文件指针);

例如:

fclose(fp);

用 fopen 函数打开文件时所带回的指针赋给了 fp,现把该文件关闭。

应该养成随时关闭不用文件的习惯,程序结束前应该保证所有操作文件均被关闭,如果不关闭将可能丢失数据。关闭文件的语句通常放在对文件的操作完成之后,也可以放在程序结束之前。由于在向文件写数据时,数据先被输送到缓冲区,待缓冲区充满后才正式输出给文件,如果数据未充满缓冲区而程序结束运行,就会将缓冲区中的数据丢失。用 fclose 函数关闭文件,可以避免这种情况发生,它先把缓冲区中的数据输出到磁盘文件,然后才释放文件指针变量。

如果文件关闭成功,fclose 函数返回值为0;如果关闭出错,则返回值为 EOF(-1)。这可以用 ferror 函数来测试。

11.2.4　文件的读写操作

1. 字符读写函数

(1) 字符输入函数 fgetc。从指定文件读入一个字符,该文件必须是以读或读写方式打开的。fgetc 函数的调用形式如下:

ch = fgetc(fp);

说明:fp 为文件型指针变量,ch 为字符变量。

功能:从 fp 指向的文件中读取一个字符并赋给变量 ch。

如果在执行 fgetc 读字符时遇到文件结束符或出错,则函数返回一个文件结束标志 EOF(-1)。当形参 fp 为标准输入文件指针 stdin 时,则读文件字符函数 fgetc(stdin) 与终端输入函数 getchar( ) 具有完全相同的功能。

【例 11.1】显示文本文件 readme.txt 的内容。

程序源代码 11.1: c11_1.c

微视频 11.1:例 11.1 调试过程

程序代码:

```c
#include <stdio.h>
#include <process.h>
void main()
{
    FILE * fp;
    char ch;
    if((fp=fopen("readme.txt","r"))==NULL)  /* 标准的文件打开方
                                               式,含错误处理 */
    {
        printf("file open error.\n");
        exit(0);
    }
    while((ch=fgetc(fp))!=EOF)
        putchar(ch);
    fclose(fp);
}
```

该程序实现:从一文件名为"readme.txt"的磁盘文件中顺序读取字符,并在标准输出设备显示器上输出。

注意:

EOF 为文本文件的结束标志。二进制文件中的数据,某一个字节的值可能是-1,而这又恰好是 EOF 的值。所以,上述程序只适合处理文本文件。ANSI C 已允许用缓冲区文件系统处理二进制文件,为了解决上述问题,ANSI C 提供了一个 feof 函数来判断文件是否真的结束。feof(fp) 用来测试 fp 所指向的文件当前状态是否为"文件结束"。如果是文件结束,函数 feof(fp) 的值为非 0 值(真),否则为 0(假)。

如果想顺序读取一个二进制文件的数据,上面的程序修改如下:

ch = fgetc(fp);

```
while(! feof(fp)) /* 相当于 while(feof(fp)==0)  */
{
    putchar(ch);
    ch=fgetc(fp);
}
...
```

feof(fp)的值为 0 时表示未到文件尾,feof(fp)的值为非 0 时表示到达文件尾,所以! feof(fp)相当于 feof(fp)==0。fgetc 读取一个字节的数据赋给字符变量 ch(当然可以接着对这些数据进行所需的处理)。直到遇文件结束,feof(fp)的值为非 0,! feof(fp)的值为 0,退出 while 循环。

对于文本文件这种方法也适用。

(2) 字符输出函数 fputc。fputc 函数把一个字符输出到磁盘文件上。其一般形式如下:

fputc(ch,fp);

说明:ch 是要输出的字符,它可以是一个字符常量,也可以是一个字符变量。fp 是文件指针变量,通常它从 fopen 函数得到返回值。

功能:将字符(ch 的值)输出到 fp 所指向的文件上。如果输出成功,函数返回值是输出的字符;如果输出失败,则返回 EOF(−1)。同样,fputc(ch,stdout)的作用是将 ch 的值在显示器上输出,与函数 putchar(ch)的功能完全相同。

【例 11.2】将从键盘上输入的字符代码顺序存入名为"result.txt"的磁盘文件中,按 Ctrl+Z 键则关闭文件,输入结束。

程序代码:

程序源代码 11.2: c11_2.c

```
#include<stdio.h>
#include <process.h>
void main()
{
    FILE * fp;
    int ch;
    if((fp=fopen("result.txt","w"))==NULL)
    {
        printf("file created error.\n");
        exit(0);
    }
    do
    {
```

```
        ch=getchar();    /* 注意次序,先输入字符再写到文件中 */
        fputc(ch,fp);
    }while(ch!=EOF);
    fclose(fp);
}
```

思考:

当键盘输入"#"时结束,如何修改程序?

【例 11.3】编程完成将文本文件 readme.txt 复制到 result.txt 中。

程序代码:

程序源代码 11.3:
c11_3.c

```
#include <stdio.h>
#include <process.h>
void main()
{
    FILE * fp1,* fp2;
    char ch;
    if((fp1=fopen("readme.txt","r"))==NULL)
    {
        printf("file1 openned error.\n");
        exit(0);
    }
    if((fp2=fopen("result.txt","w"))==NULL)
    {
        printf("file2 created error.\n");
        exit(0);
    }
    while((ch=fgetc(fp1))!=EOF)        /* 读取文件 fp1 的内容   */
        fputc(ch,fp2);                  /* 写到文件 fp2 中   */
    fclose(fp1);
    fclose(fp2);
}
```

思考:

(1) 两个文件的处理次序可以换一下吗?

(2) 文件名在程序运行后再输入确定,如何修改程序?

2. 字符串读写函数

（1）读文件字符串函数 fgets。从指定文件读入一个字符串,该文件必须是以读或读写方式打开的。fgets 函数的调用形式如下:

fgets(str,n,fp);

说明:参数 str 可以是一个字符型数组名或指向字符串的指针;参数 n 为读取的最多的字符个数;参数 fp 为要读取文件的指针。

功能:从 fp 指定的文件中读取长度不超过 n−1 个字符的字符串,并将该字符串放到字符数组 str 中。读取成功,函数返回字符数组 str 的首地址;如果文件结束或出错,则返回 NULL。读取操作遇到以下情况结束。

① 已经读取了 n−1 个字符。

② 当前读取到的字符为回车符。

③ 已读取到文件末尾。

注 意:

① 使用该函数时,从文件读取的字符个数不会超过 n−1 个,这是由于在字符串尾部还需自动追加一个"\0"字符,这样读取到的字符串在内存缓冲区正好占有 n 个字节。

② 从文件中读取到回车符时,也作为一个字符送入由 str 所指的内存缓冲区,然后再向缓冲区送入一个"\0"字符。

③ fgets()函数在使用 stdin 作为 fp 参数时与 gets()函数功能有所不同:gets()把读取到的回车符转换成"\0"字符,而 fgets()把读取到的回车符作为字符存储,然后再在末尾追加"\0"字符。

假设文件 readme.txt 的内容如下:

c	o	m	P	u	t	e	r	\n	l	e	v	e	l	EOF

有数组 char str[8];,文件指针 fp 指向 readme.txt,读写位置指向字符 c。

运行语句 fgets(str,8,fp);后 str 的内容为

c	o	m	P	u	t	e	\0

再次运行 fgets(str,8,fp);后 str 的内容为

r	\n	\0					

第 3 次运行 fgets(str,8,fp);后 str 的内容为

l	e	v	E	l	\0		

（2）字符串输出函数 fputs。fputs 函数把一个字符串输出到磁盘文件上。其一般形式如下:

fputs(str,fp);

说明:str 可以是指向字符串的指针或字符数组名,也可以是字符串常量;fp 为指向写入文件的指针。

功能:将由 str 指定的字符串写入 fp 所指向的文件中。

注意:

① 与 fgets( )函数在输入字符串时末尾自动追加" \0"字符的特性相对应,fputs( )函数在将字符串写入文件时,其末尾的" \0"字符自动舍去。

② 当 fputs( )函数使用 stdout 作为 fp 参数时,即 fputs(str,stdout)与 puts(str)在功能上有所不同:fputs( )舍弃输出字符串末尾加入的" \0"字符,而 puts( )把它转换成回车符输出。

③ 正常操作时,返回值为写入的字符个数;出错时,返回值为 EOF(−1)。

【例 11.4】将键盘输入的若干行字符存入到磁盘文件 result.txt 中。

程序源代码 11.4:
c11_4. c

程序代码:

```c
#include <stdio.h>
#include <process.h>
void main( )
{
    FILE * fp;
    char str[101];
    if(( fp = fopen( "result.txt","w"))==NULL)
    {
        printf( "file created error.\n");
        exit(0);
    }
    while( strlen( gets( str))>0)       /* 读取字符串,输入空串时结束 */
    {
        fputs( str,fp);                 /* 写到文件 fp 中   */
        fputs( "\n",fp);
    }
    fclose( fp);
}
```

【例 11.5】编程完成将文本文件 readme.txt 复制到 result.txt 中。

程序源代码 11.5:
c11_5. c

程序代码:

```c
#include <stdio.h>
#include <process.h>
```

```
void main()
{
    FILE *fp1,*fp2;
    char str[20];
    if((fp1=fopen("readme.txt","r"))==NULL)
    {
        printf("file1 openned error.\n");
        exit(0);
    }
    if((fp2=fopen("result.txt","w"))==NULL)
    {
        printf("file2 created error.\n");
        exit(0);
    }
    while(fgets(str,20,fp1)!=NULL)        /* 读取文件 fp1 的内容到
                                             字符串 str 中 */
        fputs(str,fp2);                   /* 将字符串 str 写到文件
                                             fp2 中   */
    fclose(fp1);
    fclose(fp2);
}
```

3. 数据块读写函数

（1）文件数据块读函数 fread。fread 函数用来从指定文件中读取一个指定字节的数据块。它的一般调用形式如下：

fread(buffer,size,count,fp);

说明：buffer 为读入数据在内存中存放的起始地址；size 为每次要读取的字符数；count 为要读取的次数；fp 为文件类型指针。

功能：在 fp 指定的文件中读取 count 次数据项（每次 size 个字节）存放到以 buffer 所指的内存单元地址中。

注意：

① 当文件以二进制形式打开时，fread 函数就可以读取任何类型的信息。例如：
fread(array,4,5,fp);

其中，array 为一个实型数组名，一个实型量占 4 个字节。该函数从 fp 所指的数据文件中读取 5 次 4 字节的实型数据，存储到数组 array 中。

② fread( )函数读取的数据块的总字节数应该是 size * count 个字节。正常操作时函数的返回值为读取的项数,出错时为-1。

（2）文件数据块写函数 fwrite。fwrite 函数用来将数据输出到磁盘文件上。它的一般调用形式如下：

fwrite(buffer,size,count,fp);

说明:buffer 为输出数据在内存中存放的首地址;size 为每次要输出到文件中的字节数;count 为要输出的次数;fp 为文件类型指针。

功能:将从 buffer 为首地址的内存中取出 count 次数据项(每次 size 个字节)写入 fp 所指的磁盘文件中。

注意:

① 当文件以二进制形式打开时,fwrite 函数就可以写入任何类型的信息。例如:

fwrite(array,2,10,fp);

其中,array 为一个整型数组名,一个整型量占两个字节。该函数将整型数组中 10 个两字节的整型数据写入由 fp 所指的磁盘文件中。

② 与 fread( )函数一样写入的数据块的总字节是 size * count 个字节。正常操作时返回值为写入的项数,出错时返回值为-1。

下面举例说明数据块读写函数的调用方法。

【例 11.6】编程从键盘输入 3 个学生的数据,将它们存入到文件 result.dat 中,然后再读出并显示在屏幕上。

程序源代码 11.6:
c11_6.c

程序代码:

```c
#include <stdio.h>
#dedefine SIZE 3
struct student
{
    int no;
    char name[10];
    int age;
    char address[20];
} stud[SIZE],fout;
void student_save()
{
    int i;
    FILE * fp;
    if((fp=fopen("result.dat","wb"))==NULL)    /*以二进制写方式
```

```
                                                打开文件 */
    {
        printf("file created error. \n");
        return;
    }
    for(i=0; i<SIZE; i++)                    /* 写学生的信息 */
    {
        if(fwrite(&stud[i],sizeof(struct student),1,fp) != 1)
            printf("file write error. \n");
    }
    fclose(fp);
}
void student_display()
{
    FILE *fp;
    int i;
    if((fout=fopen("result.dat","rb"))==NULL)   /* 以二进制读方式
                                        打开文件 */
    {
        printf("file openned error. \n");
        return;
    }
    printf("No.  Name  Age  Address \n");
    while(fread(&fout,sizeof(fout),1,fp))
        printf("%4d%-10s%4d%-20s",fout.no, fout.name, fout.age,
fout.address);
    fclose(fp);
}
void main()
{
    int i;
    for(i=0; i<SIZE; i++)        /* 从键盘读入学生的信息(结构) */
    {
        printf("Please input student %d:",i+1);
        scanf("%d%s%d%s",&stud[i].no, stud[i].name, &stud[i]
```

```
.age, stud[i].address);
        }
    student_save();
    student_display();
}
```

4. 格式化输入输出函数 fprintf 函数和 fscanf 函数

前面的章节介绍的 printf 函数和 scanf 函数适用于标准设备文件,读写对象是终端。fprintf 函数、fscanf 函数也是格式化读写函数,但读写对象是磁盘文件。

(1)格式化输入函数 fscanf。函数调用的格式如下:

fscanf(fp,格式控制串,输入列表);

说明:fp 是指向要读取文件的文件型指针,格式控制串,输出列表同 scanf 函数。

功能:从 fp 指向的文件中,按格式控制串中的控制符读取相应数据赋给输入列表中对应的变量地址。

例如:

fscanf(fp,"%d,%f",&a,&f);

该语句完成从指定的磁盘文件中读取 ASCII 字符,并按"%d"和"%f"格式转换成二进制形式的数据,赋给变量 a、f。

(2)格式化输出函数 fprintf。函数调用的格式如下:

fprintf(fp,格式控制串,输出列表);

说明:fp 是指向要写入文件的文件型指针,格式控制串,输出列表同 printf 函数。

功能:输出列表中的各个变量或常量,依次按格式控制串中的控制符说明的格式写入 fp 指向的文件中。

用 fprintf 和 fscanf 函数对磁盘文件读写,使用方便,容易理解,但由于在输入输出时要进行 ASCII 码和二进制的转换,时间开销大,因此,在内存与磁盘频繁交换数据的情况下,最好不用 fprintf 和 fscanf 函数,而用 fread 和 fwrite 函数。

5. 其他读写函数

(1)(字)整数输入输出函数 getw 和 putw。putw 和 getw 用来对磁盘文件读写一个字(整数)。例如:

putw(100,fp);

它的作用是将整数 100 输出到 fp 所指的文件,而

i=getw(fp);

的作用是从磁盘文件中读一个整数到内存,赋给整型变量 i。

(2)读写其他类型数据。对于系统没有提供函数的和不能方便完成的读写操作,用户可以自定义读写函数,这样的函数具有很好的针对性。

例如,定义一个向磁盘文件写一个 float 型数(用二进制方式)的函数 putfloat:

```
putfloat(float f, FILE * fp)
{
    char * s;
    int i;
    s = &f;
    for(i = 0;i<4;i++)
      putc(s[i],fp);
}
```

11.3 文件的定位

文件中有一个位置指针,指向当前读写的位置。顺序读写文件,每次读写一个字符,则读写完一个字符后,该位置指针自动移动指向下一个字符位置。

如果需要对文件进行随机读写,就需要使用由 C 语言提供的文件定位函数来实现。

11.3.1 置文件位置指针于文件开头位置的函数 rewind

rewind()函数的一般调用形式如下:

rewind(fp);

说明:fp 是指向由 fopen 函数打开的文件指针。

功能:使位置指针重新返回文件的开头,此函数没有返回值。

【例 11.7】有一磁盘文件 readme.txt,首先将其内容显示在屏幕上,然后把它复制到另一文件 result.txt 中。

程序代码:

程序源代码 11.7:c11_7.c

微视频 11.2:例 11.7 调试过程

```
#include <stdio.h>
#include <process.h>
void main()
{
    FILE * fp1,* fp2;
    if((fp1 = fopen("readme.txt","r"))==NULL)
    {
        printf("file openned error. \n");
        exit(0);
    }
```

```
if((fp2=fopen("result.txt","w"))==NULL)
{
    printf("file created error.\n");
    exit(0);
}
while(!feof(fp1))  putchar(fgetc(fp1));
rewind(fp1);   /*重置文件位置指针至文件头 */
while(!feof(fp1))  fputc(fgetc(fp1),fp2);
fclose(fp1);
fclose(fp2);
}
```

当第一次显示在屏幕上以后,文件 readme.txt 的位置指针已指到文件末尾,feof 的值为非 0(真)。执行 rewind 函数,使文件的位置指针重新定位于文件开头,并使 feof 函数的值恢复为 0(假)。

11.3.2 改变文件位置指针位置的函数 fseek

对于磁盘文件,顺序读写操作可以按照文件位置指针的自动下移来完成,但是需要随机读写时必须能控制文件位置指针的移动,将文件位置指针移到需要读写的位置上。C 语言提供的 fseek 函数就是用来改变文件位置指针的。

fseek 函数的调用形式如下:

```
fseek(fp,offset,whence);
```

说明:fp 为指向当前文件的指针;offset 为文件位置指针的位移量,指以起始位置为基准值向前移动的字节数,要求 offset 为 long 型数据;whence 为起始位置,用整型常量表示,ANSI C 规定它必须是 0、1 或 2 中的一个值,它们表示 3 个符号常数,在 stdio.h 中定义如表 11.3 所示。

表 11.3 文件 whence 值

名字	值	起始位置
SEEK_SET	0	文件开头
SEEK_CUR	1	文件当前位置
SEEK_END	2	文件末尾

功能:将文件位置指针移到由起始位置(whence)开始、位移量为 offset 的字节处。如果函数读写指针移动失败,返回值为-1。

fseek 函数一般用于二进制文件,因为文本文件要发生字符转换,计算位置时往往会发生混乱。

下面是 fseek 函数调用的几个例子：

```
fseek(fp,100L,0);        /* 将位置指针移到离文件头 100 个字节处 */
fseek(fp,50L,1);         /* 将位置指针移到离当前位置 50 个字节处 */
fseek(fp,-20L,2);        /* 将位置指针从文件末尾处向后退 20 个字节 */
```

注意偏移量为长整型，如 100L。

利用 fseek 函数就可以实现随机读写。

11.3.3 取得文件当前位置的函数 ftell

ftell 函数的作用是得到流式文件中的当前位置，用相对于文件开头的位移量来表示。由于文件中的位置指针经常移动，往往不容易辨清其当前位置。用 ftell 函数可以得到当前位置。如果 ftell 函数返回值为 -1L，则表示出错。例如：

```
if(ftell(fp)==-1L) printf("error \n");
```

11.3.4 文件的错误检测

C 标准提供一些检测输入输出函数调用中的错误的函数。

1. 文件读写错误检测函数

在调用各种输入输出函数（如 fputc、fgetc、fread、fwrite 等）时，如果出现错误，则除了函数返回值有所反映外，还可以用 ferror 函数检查，它的一般调用形式如下：

```
ferror(fp);
```

如果 ferror 返回值为 0（假），则表示未出错。如果返回一个非 0 值，则表示出错。应该注意，对同一个文件，每一次调用输入输出函数，均产生一个新的 ferror 函数值，因此，应当在调用一个输入输出函数后立即检查 ferror 函数的值，否则信息会丢失。

在执行 fopen 函数时，ferror 函数的初始值自动置为 0。

2. 清除文件错误标志函数

clearerr 函数的作用是使文件错误标志和文件结束标志置为 0。假设在调用一个输入输出函数时出现错误，ferror 函数值为一个非 0 值。在调用 clearerr(fp) 后，ferror(fp) 的值变成 0。

只要出现错误标志，就一直保留，直到对同一文件调用 clearerr 函数或 rewind 函数，或者其他任何一个输入输出函数。

11.4 编译预处理

编译预处理是指在进行编译的第一遍扫描（词法扫描和语法分析）之前所做的工

作。预处理是 C 语言的一个重要功能,它由预处理程序负责完成。当对一个源文件进行编译时,系统将自动引用预处理程序对源程序中的预处理部分作处理,处理完毕自动进入对源程序的编译,过程如图 11.2 所示。

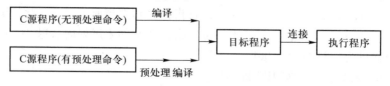

图 11.2 编译预处理的执行过程

C 语言提供了多种预处理功能,如宏定义、文件包含、条件编译等。合理使用预处理功能编写的程序便于阅读、修改、移植和调试,也有利于模块化程序设计。

预处理的命令有以下几个特点。

(1)预处理命令均以#开头,结尾不加分号。

(2)预处理命令可以放在程序中的任何位置,作用范围从定义处到文件结尾。

本章介绍常用的几种预处理功能。

11.4.1 宏定义

宏提供了用一个标识符来表示一个字符串的机制,实际上就是一种替换,有时称为宏替换。在编译预处理时,对程序中所有出现的"宏",都用宏定义中的字符串去代换。宏定义由宏定义命令完成,宏代换是由预处理程序自动完成的。宏分为无参数和有参数两种。

1. 无参宏定义

无参宏的宏名后不带参数。其定义的一般形式如下:

#define 标识符 字符串

说明:define 为宏定义命令,标识符为所定义的宏名,字符串可以是常数、表达式、格式串等。

程序源代码 11.8:
c11_8.c

【例 11.8】计算圆的面积和周长。

程序代码:

```c
#include <stdio.h>
#define PI  3.14159
void main()
{
    float s,l,r;
    printf("input r:");
    scanf("%f",&r);
```

```
      s = PI * r * r;
      l = 2 * PI * r;
      printf("s = %f,l = %f \n",s,l);
}
```

输入 5.2<回车>,程序的运行结果如下:

```
input r = 5.2
s = 84.948586,l = 32.672535
```

注 意:

(1) 宏定义是用宏名来表示一个字符串,在宏展开时又以该字符串取代宏名,这只是一种简单的替换,字符串中可以含任何字符,可以是常数,也可以是表达式,预处理程序对它不作任何检查。如有错误,只能在编译已被宏展开后的源程序时发现。

(2) 宏定义不是说明或语句,在行末不必加分号,如果加上分号则连分号也一起置换。

(3) 宏定义必须写在函数之外,其作用域为宏定义命令起到源程序结束。如要终止其作用域可使用# undef 命令,例如:

```
# define PI   3.14159
void  main()
{
①
}
# undef PI
②
```

PI 只在①中有效,在②中无效。

(4) 宏名在源程序中若用引号括起来,则预处理程序不对其作宏替换。

```
#define PI 3.14159
void main()
{
   printf("PI");
   ...
}
```

程序的运行结果为 PI,而不是 3.14159。

(5) 宏定义允许嵌套,在宏定义的字符串中可以使用已经定义的宏名。在宏展开时由预处理程序层层替换。例如:

```
#define PI    3.14159
```

```
#define S        PI*y*y        /* PI 是已定义的宏名 */
```

(6) 习惯上宏名用大写字母表示,以便于与变量区别。

2. 带参宏定义

格式:

#define 标识符(形参表) 形参表达式

例如:

#define MAX(a,b)   (a>b)？(a):(b)

进行宏替换时,可以像使用函数一样,通过实参与形参传递数据。

【例 11.9】计算 1 到 10 的平方和。

程序源代码 11.9:
c11_9.c

微视频 11.3：例
11.9 调试过程

程序代码:

```
#include <stdio.h>
#define FUN(a)   a*a
void main()
{
    int i;
    int s = 0;
    for(i = 1; i <= 10; i++)
        s = s+FUN(i);
    printf("s = %d\n",s);
}
```

运行结果:

s = 385

注 意:

(1) 宏名和括号之间不能有空格。

(2) 有些参数表达式必须加括号,否则会出现替换错误,例如:

#define S(x)   x*x

则 S(5+6)并不是 11 的平方,而是 5+6*5+6 结果为 41。

而如果宏定义为

#define S(x)   (x)*(x)

S(5+6)就会被替换为(5+6)*(5+6)从而符合设计的要求了。这样的问题在无参宏定义时也要注意。

(3) 注意函数和宏的区别。

函数要求实参与形参类型一致,而宏替换不需要。

函数只有一个返回值,而宏替换可能有多个。

函数影响运行时间,而宏替换只影响编译时间。

11.4.2　文件包含

文件包含是把指定的文件插入该命令行位置取代该命令行。

命令的一般形式如下:

#include <文件名>　　　　格式 1

或

#include "文件名"　　　　格式 2

例如:

#include "stdio.h"

#include "math.h"

注意:

(1) 使用格式 1 时,预处理程序在 C 编译系统定义的标准目录下查找指定的文件。

(2) 使用格式 2 时,预处理程序首先在当前源文件所在目录下查找指定文件,如没找到,则在 C 编译系统定义的标准目录下查找指定的文件。

(3) 一个#include 命令只能包含一个文件,而且必须是文本文件。

(4) 文件包含可以嵌套,如 a 包含 b 且 b 包含 c。

文件包含在程序设计中非常有用,像 C 语言中的头文件,其中定义了很多外部变量或宏,在设计程序时只要包含进来就可以了,不需要重复定义,节省了工作量,又可以避免出错。

11.4.3　条件编译

预处理程序提供了条件编译的功能。可以按不同的条件去编译不同的程序部分,因而产生不同的目标代码文件。这对于程序的移植和调试是很有用的。

条件编译有 3 种形式,下面分别介绍。

(1) 第一种形式:

#ifdef 标识符

　　程序段 1

#else

　　程序段 2

#endif

功能:如果标识符已被 #define 命令定义过则对程序段 1 进行编译;否则对程序段 2 进行编译。如果没有程序段 2(它为空),本格式中的#else 可以没有,即可以写为

#ifdef 标识符

　　　　程序段

```
#endif
```

例如下面的程序段。

【例 11.10】条件编译示例。

程序代码:

```c
#include <stdio.h>
#define NUM 2008
struct student
{
    int no;
    char *name;
    char sex;
    float score;
} *s;
void main()
{
    s =(struct student *) malloc(sizeof(struct student));
    s->no =102;
    s->name ="Zhang Ping";
    s->sex ='M';
    s->score =62.5;
#ifdef NUM
    printf("Number =%d \nScore =%f \n",s->no,s->score);
#else
    printf("Name =%s \nSex =%c \n",s->name,s->sex);
#endif
    free(s);
}
```

运行结果:

```
Number =102
Score =62.500000
```

　　程序根据 NUM 是否被定义过来决定编译哪一个 printf 语句。而在程序的第一行已对 NUM 做过宏定义,因此应对第一个 printf 语句作编译,所示运行结果是输出了学号和成绩。在程序的第一行宏定义中,定义 NUM 表示数值 2008,其实并没有使用,只是作为条件编译的判断条件。可以为任何数值,也可以没有,如#define NUM 也具有同样的意义。只有取消程序的第一行才会去编译第二个 printf 语句。

如果删除#define 命令,程序的运行结果如下:

Name = Zhang ping

Sex = M

(2)第二种形式:

#ifndef 标识符

    程序段 1

#else

    程序段 2

#endif

与第一种形式的区别是将 ifdef 改为 ifndef。它的功能是,如果标识符未被#define 命令定义过则对程序段 1 进行编译,否则对程序段 2 进行编译。这与第一种形式的功能正相反。

(3)第三种形式:

#if 常量表达式

    程序段 1

#else

    程序段 2

#endif

功能:如常量表达式值为真(非 0),则对程序段 1 进行编译,否则对程序段 2 进行编译。

上面介绍的条件编译当然也可以用条件语句来实现。但是用条件语句将会对整个源程序进行编译,生成的目标代码程序很长,而采用条件编译,则根据条件只编译其中的程序段 1 或程序段 2,生成的目标程序较短。如果条件选择的程序段很长,采用条件编译的方法是十分必要的。

11.5 文件中的字母转换

【例 11.11】将文件 readme.txt 中所有大写字母改写成小写字母后保存,文件中其他字符不变。

程序代码:

程序源代码 11.11:c11_11.c

```c
#include <stdio.h>
#include <stdlib.h>
```

```
#include <ctype.h>
#include <process.h>
void main()
{
    FILE *fp;
    char ch;
    if((fp=fopen("readme.txt","r+"))=NULL)
    {
        printf("can not rewrite. \n");
        exit(0);
    }
    while((ch=fgetc(fp))!=EOF)
        if(isupper(ch)!=0)       /*当读取字符为大写时*/
        {
            fseek(fp,-1L,1)      /*将位置指针前移一个位置*/
            ch=tolower(ch);      /*改写成小写字母*/
            fputc(ch,fp);        /*将小写字母写入文件*/
            fseek(fp,-1L,1);     /*再将位置指针前移一个位置*/
        }
    fclose(fp);
}
```

该程序按命令行参数输入磁盘文件名,程序运行后该磁盘文件中所有大写字母均改写成了小写字母。

11.6　文件的合并

【例11.12】编写程序,实现将命令行中指定的文本文件的内容追加到另一个文件之后。

程序代码:

```
#include <stdio.h>
#include <process.h>
void main(int argc,char argv[])
{
```

```
FILE *fp1,*fp2;
int ch;
if(argc !=3 )
{
    printf("Usage: Command Filename1 Filename2 \n");
    exit(0);
}
if((fp1=fopen(argv[1], "r")) == NULL)
{
    printf("Can not open file %s \n",argv[1]);
    exit(1);
}
if((fp2=fopen(argv[2], "a")) == NULL)
{
    printf("Can not open file % s \n",argv[2]);
    exit(1);
}
fseek(fp2,0L,SEEK_END);
while((ch=fgetc(fp1)) != EOF)
    fputc(ch,fp2);
fclose(fp2);
fclose(fp1);
}
```

11.7　带参数宏的困惑

【例 11.13】阅读下面的程序,观察运行结果。
程序代码:

程序源代码 11.13:
c11_13.c

```
#include <stdio.h>
#define Tap(X) 2 * X+1
void main()
{
    int a=6,k=2,m=1;
```

```
    a+=Tap(k+m);
    printf("a=%d\n",a);
}
```

运行结果:

a=12

本题主要考察关于带参宏定义的理解,Tap(k+m)宏替换后为 2 * 2+1+1,而不是 2 * (2+1)+1。

由于 k+m 外没有括号,所以替换后的结果并非设计者的本意,本题答案显然是 12,而不是 13。

本章小结

文件是 C 语言的重要内容。C 语言通过库函数操作文件,而很多程序语言都有专门的文件操作语句,这一点 C 语言具有自己的特点。

本章的主要内容如下。

(1) 文件的基本概念,包括分类、输入输出基本概念、文件的基本操作形式及特点、文件类型指针等。

(2) 常用的文件操作库函数,包括 fopen、fclose、fgetc、fputc、fgets、fputs、fread、fwrite、fprintf、fscanf、feof、ferror、clearerr、fseek、rewind、ftell 等。

(3) 文件操作的基本算法,包括读写文本文件和二进制文件、追加操作等。

(4) 文件的顺序读写和随机读写。

(5) 编译预处理的过程和常见的编译预处理命令,包括宏定义、文件包含和条件编译。

学习和掌握本章的内容,首先要搞清楚文件的组织形式,在学会打开和关闭的操作后,逐渐学会如何读写文件的内容以及结合实际的需求对文件进行各种形式的操作,在这些操作中,关键要控制文件指针的位置,这样才能实现正确的读写操作;另外不同形式的读写函数在不同场合具有不同的效能,需要根据实际选用。

编译预处理放在本章的后面,主要是考虑到文件包含和编译对文件的影响,对于其中宏定义的内容需要从概念上认真把握并结合实验来体会。

习题 11

一、选择题

1. 在进行文件操作时,读文件的含义是(　　)。

A. 将磁盘中的文件信息存入计算机的 CPU

B. 将磁盘中的文件信息存入计算机的内存

C. 将磁盘中的文件信息显示在屏幕上

D. 将计算机内存中的信息存入磁盘文件中

2. C 语言中标准输出文件 stdout 是指(　　)。

A. 键盘　　　　　　B. 显示器　　　　　　C. 鼠标　　　　　　D. 硬盘

3. C 语言可以处理的文件类型是(　　)。

A. 文本文件和数据文件　　　　　　B. 数据文件和二进制文件

C. 文本文件和二进制文件　　　　　　D. 以上答案都不完整

4. 读写操作时需要进行转换的文件类型是(　　)。

A. 文本文件　　　　　　　　　　B. 二进制文件

C. 两者都需要转换　　　　　　　　D. 两者都不需要转换

5. 以读写方式打开一个已有的文件 file1,下面有关 fopen 函数正确的调用方式为(　　)。

A. FILE ∗fp;fp=fopen("file1","r");

B. FILE ∗fp;fp=fopen("file1","r+");

C. FILE ∗fp;fp=fopen("file1","rb");

D. FILE ∗fp;fp=fopen("file1","w");

6. 在 C 程序中,可把整型数以二进制形式存放到文件中的函数是(　　)。

A. fprintf 函数　　　　　　　　B. fread 函数

C. fwrite 函数　　　　　　　　D. fputc 函数

7. 若 fp 是指向某文件的指针,且已读到此文件末尾,则库函数 feof(fp)的返回值是(　　)。

A. EOF　　　　　　B. 0　　　　　　C. 非零值　　　　　　D. NULL

8. 在 C 语言中,用 w+方式打开一个文件后,可以执行的文件操作是(　　)。

A. 可任意读写　　　　　　　　B. 只读

C. 只能先写后读　　　　　　　D. 只写

9. 当顺利执行了文件关闭操作时,fclose 函数的返回值是(　　)。

A. 0　　　　　　B. True　　　　　　C. −1　　　　　　D. 1

10. 下列关于文件描述正确的是(　　　)。

A. 对文件操作必须先打开文件

B. 对文件操作必须先关闭文件

C. 对文件操作打开和关闭的顺序无关紧要

D. 对文件操作打开和关闭的顺序要看是读还是写操作

11. 下列语句中,不能将文件型指针 fp 指向的文件内部指针置于文件头的语句是(　　　)。

(注:假定能正确打开文件)

A. fp = fopen("abc.dat","w")　　　　　B. rewind(fp)

C. feof(fp)　　　　　　　　　　　　　D. fseek(fp,0L,0)

12. fread 和 fwrite 函数常用来要求一次输入输出(　　　)数据。

A. 一个整数　　　B. 一个实数　　　C. 一个字节　　　D. 一组

13. 判断二进制文件结束的方式是(　　　)。

A. fgetc(fp) == EOF　　　　　　　　B. fgetc(fp) != EOF

C. feof(fp) == 0　　　　　　　　　　D. feof(fp) != 0

14. 若要打开 C 盘上 user 子目录下名为 readme.txt 的文本文件进行读、写操作,则正确的语句是(　　　)。

A. fopen("C:\user\readme.txt","r")

B. fopen("C:\\user\\abc.txt","r+")

C. fopen("C:\user\readme.txt","rb")

D. fopen("C:\\user\\readme.txt","w")

15. 函数调用语句 fseek(fp,10L,1) 的含义是(　　　)。

A. 将文件指针移到距离文件头 10 个字节处

B. 将文件指针移到距离文件尾 10 个字节处

C. 将文件指针从当前位置后移 10 个字节

D. 将文件指针从当前位置前移 10 个字节

16. 下列程序执行后的输出结果是(　　　)。

```c
#include <stdio.h>
#define  M(x)  x*(x+1)
void main()
{
    int a=2,b=3;
    printf("%d \n",M(1+a+b));
}
```

A. 6   B. 8   C. 24   D. 42

17. 假设 myfile.c 在当前源程序 test.c 所在目录 d:\user 下,则 test.c 中可以使用的正确的文件包含命令是(   )。

A. #include <myfile.c>   B. #include "myfile.c"

C. #include "myfile.c" ;   D. #include myfile.c

18. 条件编译和 if 语句的根本区别是(   )。

A. 条件编译不能处理复杂的关系或逻辑表达式,而 if 语句可以

B. 条件编译必须在 if 前加上#号,而且需要有 endif 配合,而 if 语句比较简单一点

C. 条件编译在编译前处理完成,而 if 语句则在编译后执行

D. 两者差不多,没什么大的区别

二、填空题

1. 在 C 语言中,数据可以用_____和_____两种形式的代码存放。

2. 假设文件指针指向 readme.txt 文本文件,将字符变量 ch 输入到该文件中的命令语句主要有_____、_____和_____。

3. 对于文本文件判断文件尾的方法是_____,而二进制文件判断文件尾的方法却是_____。

4. 宏在编译预处理时将被_____。

三、编程题

1. 设计程序将 26 个大写英文字母按顺序写入文件 result.txt 中。

2. 键盘输入 5 个字符(ABCDE),以字符"#"结束输入,并用 fputc 函数将它们输出到文件(result.txt)。请不要定义其他变量或数组。

3. 已知结构数组:

```
struct student
{
    char name[10];
    int age;
    char address[20];
    char tel[20];
}stud[5];
```

设计程序输入 5 位学生的信息到文件 result.txt 中,然后读出显示在屏幕上。

4. 设计程序统计文本文件 readme.txt 中 the 的个数。

第 12 章
C 语言进阶

学习目标：

（1）了解面向对象程序设计方法的基本概念。

（2）了解 C++、C#、Java、Python 语言的特点。

（3）理解几个经典的进阶程序。

12.1 面向对象程序设计方法

电子教案：
C 语言进阶

12.1.1 概述

面向对象程序设计（object-oriented programming，OOP）是 20 世纪 80 年代发展起来的一种程序设计方法。它通过模拟现实世界中的事物和关系，利用抽象、分类、归纳等方法来构造软件系统。

在面向对象程序设计出现之前，人们一直采用**结构化程序设计**（structured programming，SP）来解决实际问题。结构化程序设计是面向过程的，其主要思想是将功能分解并逐步求精。按照结构化程序设计的要求，当需要解决一个复杂的问题时，首先应将它按功能划分为若干个小问题，每个小问题又可以按功能划分为若干个更小的问题，依此类推，直到最低一层的问题较容易用程序实现为止；然后将所有的小问题全部解决并把它们组合起来，复杂的问题就迎刃而解了。然而到了 20 世纪 80 年代末，随着所要开发程序规模的增大，结构化程序设计的一些缺点就显得越来越突出，这主要表现在以下两方面。

（1）**数据和算法的一致性差**。在结构化程序设计中，数据与处理数据的算法是相互分离的。当数据量增大时，程序会变得越来越难理解。如果根据需要而改变某一项数据时，处理此数据的所有算法都要作相应的修改，这就很容易使算法与数据出现不一致的现象，从而使程序难以修改和维护。

（2）**程序的可重用性差**。结构化程序设计并不支持可重用性，这就使得程序员在开发软件时每次都从零做起，重复着许多同样的工作。如果在程序设计中可重用性高，那么在很大程度上可以减少人力和物力的浪费。例如在电子技术中，要实现某种功能往往有标准的元器件供选择，而不需要自己去设计发明。这就体现出了可重用的思想，即某种通用功能由事先设计好的标准部件来实现。

针对结构化程序设计在开发管理大型系统方面面临的困难，从 20 世纪 70 年代开始，程序设计人员便开始追求实现"数据抽象"的概念，经过不断地研究和改进，于 1980 年推出了商品化的 Smalltalk-80。这种程序设计语言引入了对象、类、方法等概念，引入了动态联编和继承机制，它标志了面向对象的编程语言已经建立了较为完整的概念和理论体系，也为解决大型软件管理问题，提高软件可靠性、可重用性、可扩充性和可维护性提供了有效的手段和途径。随后又逐渐推出了多种面向对象的程序设计语言，如 C++、C#、Java 等。它们都是目前广泛使用的程序语言。

12.1.2　面向对象程序设计的基本概念

1. 对象

实体（entity）是指客观存在的事物，而对象（object）是指现实世界中无所不在的各式各样的实体。每一个实体都有一些特定的属性和行为，在面向对象的程序设计中将该实体的属性（数据）和行为（操作数据的函数）封装在一个整体里；每一个实体都有一个所属的类，在该类中还有许多其他的不同实体，因此在建立对象时，必须给对象赋予唯一的标识符，用来标识该对象。

例如，一辆汽车可以用型号、颜色、载重量、行驶速度等信息进行描述，这些都是这辆汽车的属性；而开动汽车使它前进、后退、左转、右转等，都是对汽车状态的操作。这样，全部属性和操作的集合就定义了这种汽车的类型。

2. 类

类是对一组对象共同具有的属性和行为进行的抽象，它提供了一个具有特定功能的模块和一种代码共享的手段。

类将数据的结构和对数据的操作封装在一起，实现了类的外部特性和类的内部实现相隔离。类的内部实现细节对用户来说是隐藏的，用户只需了解类的外部特性，而不必关心内部实现的具体细节。

类具有层次性，即一个类的上层可以有父类，下层可以有子类，一个类继承其父类的所有特性，且这种继承具有传递性。

类和对象是面向对象程序设计的基础，是实现数据抽象和封装的工具。类是对一组对象的抽象，而对象则是类的一个实例。比如，人们将颜色不同、品种不同、会"汪汪"叫的四足动物称为狗，即狗是一个类，而马戏团的那只白色的斑点狗则是狗类的一个对象。在程序中，从语法上来看，类和对象的关系相当于数据类型和变量的关系。

3. 消息

消息是向某对象请求服务的一种表达方式，如果用户或其他对象向该对象提出服务请求，便可以称为向该对象发送消息。在面向对象的程序中，程序执行是靠对象之间传递消息来完成的。消息实现了对象与外界、对象与其他对象之间的联系，消息传递一般由如下部分组成。

（1）接收消息的对象，又被称为目标对象。

（2）请求对象的方法。

（3）一个或多个参数。

4. 方法

方法是一个类似于过程的实体，是对某个对象接受了某一消息后所采取的一系列操作的描述。

12.1.3　面向对象程序设计的特点

1. 封装性

封装性是指将数据和算法捆绑成一个整体,这个整体就是对象,描述对象的数据被封装在其内部。如果需要存取数据,可以通过对象提供的算法来进行操作,而无须知道内部的数据是如何表示和存储的。例如,使用者不必知道一台电视机内部电路的具体构造和工作原理,就可以用它来收看电视节目。封装性和数据隐藏从根本上解决了结构化程序设计中数据和算法一致性差的问题。

例如:通过建立用户定义类型——类,来支持封装性和信息隐藏。用户定义的类一旦建立,就可看成是一个完全封装的实体,可以作为一个整体单元来使用。类的内部数据表示被隐藏起来,类的用户不需要知道类内数据的表示方法,只需要执行类对外提供的算法,就可以完成某项功能。

2. 继承性

继承性是指一种事物保留了另一种事物的全部特征,并且具有自身的独有特征。例如,建筑工程师已经设计出了一座普通楼房的图纸,后来又要设计办公楼和居民楼。这时,可以有两种选择:一是从零开始,分别重新设计办公楼和居民楼;二是在普通楼房图纸的基础上分别添加新的功能,使它成为办公楼和居民楼。当然不想总是从头做起,因为办公楼和居民楼都属于楼房,它们都具有楼房的全部特征。既然已经成功地设计出普通楼房的图纸,就不必再费力劳神地重复设计普通楼房了。实际上,工程师在设计具有新功能的楼房时,重复地使用着普通楼房的概念。这种思想被称为可重用。可见,利用继承性可以很好地解决结构化程序设计中可重用性差的问题。

3. 多态性

多态性是指当多种事物继承自一种事物时,同一种操作在它们之间表现出不同的行为。例如,在一个使用面向对象思想编写的绘图程序中可能含有 4 种类型的对象,它们分别用于表示抽象概念——形状和具体概念——三角形、矩形、圆形。其中三角形、矩形、圆形对象都继承了形状对象的全部特征,并且三者都有一个名为"显示"的操作。但当用户对这 3 种不同的具体形状分别执行"显示"操作时,会在屏幕上得到 3 种不同的图案,这就是多态性。

12.2　C++、C#、Java 和 Python 语言

12.2.1　C++

1. C++概述

C++是从 C 语言发展演变过来的,是 C 语言的超集。

1972—1973 年美国贝尔实验室的 Denis Ritchie 改造了 Ken Thompson 设计的 B 语言,命名为 C 语言,并重写了 UNIX 系统的内核。此后 C 语言迅速成为应用最为广泛的系统设计语言。

C 语言由于自身的原因,开发大型程序比较困难,对类型检查和代码重用缺少支持。1983 年,贝尔实验室的 Bjarne Stroustrup 博士及其同事对 C 语言进行改进和扩充,引入类、运算符重载、引用、虚函数等概念,这就是 C++语言。1989 年推出 AT&T C++ 2.0版。随后经过 ANSI 和 ISO 的标准化,并于 1998 年正式发布 C++语言国际标准 ISO/ IEC:98-14882,各软件商都支持该标准,并有不同程度的拓展。

C++支持面向对象的程序设计方法,特别适合大中型软件开发项目。无论开发效率、软件的可重用性、可扩充性、可维护性和可靠性都具有很大的优越性。由于对 C 语言的完全兼容,很多 C 语言程序不经修改就可以被 C++编译通过。

2. C++语言的特点

在众多的高级程序设计语言中,C++能够取得成功的原因在于它有着许多与众不同的优点,其突出的特点主要体现在以下几方面。

(1) C++是 C 语言的超集。即 C++中包含 C 语言的全部语法特征。因此,每一个用 C 语言编写的程序都是一个 C++程序。C++语言的设计宗旨就是在不改变 C 语言语法规则的基础上扩充新的特性。

实际上,C++之所以取得成功,原因如下。

① C++继承了 C 语言简明、高效、灵活等众多优点。

② 以前使用 C 语言编写的大批软件可以不加任何修改,直接在 C++开发环境下维护。

③ C 语言程序员只需要学习 C++扩充的新特性,就可以很快地使用 C++编写程序。

(2) C++是一种面向对象的程序设计语言。C++语言支持几乎所有的面向对象程序设计特征。可以说,C++语言集中体现了近 20 年来在程序设计和软件开发领域出现的新思想和新技术,这主要包括以下内容。

① 抽象数据类型。

② 封装和信息隐藏。

③ 以继承和派生方式实现程序的重用。

④ 以运算符重载和虚函数来实现多态性。

⑤ 以模板来实现类型的参数化。

（3）C++具有很好的通用性和可移植性。C++语言是一种标准化的、与硬件基本无关的、广泛使用的程序设计语言,继承了 C 语言灵活、高效的优点,具有很好的通用性和可移植性。

（4）C++具有丰富的数据类型和运算符,并提供了功能强大的函数库。由于具有上述特点,C++已经开始取代 C 语言,被广泛地应用于各种领域的程序设计工作中。实践表明,对于中型和大型程序的开发工作,使用 C++的效果比 C 语言好得多。C++正在从软件的可靠性、可重用性、可扩充性、可维护性等方面体现出它的优越性。

3. 几个简单的 C++程序

C++语言主要包括面向过程和面向对象两部分内容。其中面向过程部分可以看成是功能增强的 C 语言,而面向对象部分是 C 语言中所没有的,它是 C++支持面向对象程序设计的主体。要学习面向对象程序设计,首先必须具有面向过程语言的基础。所以,有了 C 语言基础,再学习 C++也相对容易一些。当然在学习 C++之前,也可以不先学 C 语言。

下面是简单的 C++程序。

程序 1:

```
//el2-1.cpp
#include <iostream.h>
int main()
{
  cout <<"This is a simple C++ program.\n";
  return 0;
}
```

解 释:

（1）第一行:// el2_l.cpp

// 用于注释一行,类似于/ * … */。C++源程序文件以.cpp 为扩展名。

（2）第二行:# include <iostream.h>

预处理的包含头文件命令。iostream.h 是一个 C++标准头文件,其中定义了一些输入输出流对象,类似于 stdio.h 文件。

（3）第三行:int main()

主函数的声明。主函数是所有 C++程序开始执行的入口。无论主函数处于程序中的什么位置,其中的代码总是最先被执行。按照 C++语言的规定,每个程序都必须有且仅有一个主函数,主函数的名称必须为 main。

(4)第四、七行:在主函数 main 的声明之后用花括号"{}"括起来的是函数主体部分。

(5)第五行:cout <<"This is a simple C++ program.\n";

cout 是 C++中的标准输出流对象,"<<"是输出操作符,两者完成向屏幕上输出一行字符串。

(6)第六行:return 0;

返回语句,对于 main 而言表示程序结束。在 C++标准中本行可以省略。

程序 2:

```cpp
//e12-2.cpp
#include <iostream.h>
class DrowArroy                      // 定义一个类
{
  public:
  void Drow(int num);               //声明类的公有成员函数
};
void DrowArroy :: Drow (int num)    //成员函数的实现
{
  for(int i = 0;i<num;i++)          //循环语句
  {
    for(int j = 0;j<=i;j++)
    cout<<" * ";
    cout<<endl;
  }
}
void main()
{
  int num = 5;                      //定义并初始化变量
  DrowArroy myDrow;                 //定义类的一个对象
  myDrow.Drow(num);                 //调用此对象的成员函数
}
```

12.2.2 C#和 Java 语言

1. 概述

C#(读 sharp)是微软.NET 开发人员的首选语言,是 21 世纪最重要的编程语言之一。

C#继承了多种程序设计语言的精髓,它直接继承了当今最成功的两种计算机语言—— C 和 C++语言的功能,并且与 Java 有紧密联系。

程序设计语言的一个主要进步是 Java 语言,它最初被称为 Oak,是由 Sun Microsystems 公司在 1991 年开始使用的。Java 的主要设计人员是 James Gosling,Patrick Naughton、Chris Warth、Ed Frank 和 Mike Sheridan 等人也参与了这项工作。

Java 是一种结构化的面向对象语言,它继承了 C++的语法和设计理念。随着 Internet 的兴起,多种不同类型的 CPU 和操作系统连接在一起,为解决程序的可移植的问题,Java 通过将程序员的源代码转换成为一种称为"字节码"的中间代码,从而使得程序可移植。然后,由 Java 虚拟机(JVM)来执行该字节码,所以 Java 程序能够在任何有 Java 虚拟机的环境中运行。另外,由于 Java 虚拟机相对容易实现,因此它对于大多数环境都是可用的。

Java 使用字节码,这和 C、C++语言的机制完全不同,C 和 C++程序通常要编译为可执行的机器码。机器码是和特定的 CPU 和操作系统相关联的。因此,如果要在不同系统上执行 C/C++程序,就必须将它们重新编译为该环境下的特定机器码。所以,要创建一个可以在多种环境中运行的 C/C++程序,就需要程序有多种不同的可执行版本,这不仅不切实际,代价也十分昂贵。Java 采用中间语言不失为一种优雅而高效的解决方案。这也正是 C#所采用的方案。

如前所述,Java 源自 C 和 C++语言,其语法基于 C 语言,而面向对象模型则基于 C++语言。尽管 Java 代码既不向上也不向下兼容 C/C++,但它们的语法极其相似,从而使得大量 C/C++程序员能够很容易地转向 Java。此外,因为 Java 基于并改进了现有的范例,所以 Gosling 等人得以集中精力完成那些新添加的、富于创新的功能。正如 Stroustrup 开发 C++语言时不需要从头开始一样,Gosling 在开发 Java 语言时也不需要创建一门新语言。而且,随着 Java 的创建,C 和 C++已成为创建新计算机语言的公认的底层基础。

当 Java 成功解决了 Internet 环境下的可移植性问题时,另一些缺乏的功能随即暴露出来。首先是多语言互操作性,也称为混合语言程序设计,这指的是用一种语言编写的代码和用另一种语言编写的代码协同工作的能力。多语言互操作性是创建大型分布式软件系统所需要的功能,也是创建软件组件所期望的功能,因为最有价值的组件往往能够被尽可能多的计算机语言采用,并能最广泛地应用于不同的操作环境中。

Java 另一个缺乏的功能是没有与 Windows 平台完全集成。尽管 Java 程序能够在 Windows 环境中运行(假定已经安装了 Java 虚拟机),但 Java 和 Windows 不是完全兼容的。由于 Windows 是当今应用最广泛的操作系统,因此缺乏对 Windows 的直接支持是 Java 的一大缺陷。

为满足种种需要,微软公司开发了 C#语言,它是微软在 20 世纪 90 年代后期开发的,也是整个.NET 战略的一部分。2000 年中期发布了 C#的第一个版本,其首席设计师是 Anders Hejlsberg。Hejlsberg 是当今世界上处于领导地位的计算机语言专家之一,他取得了许多出色的成就,例如,20 世纪 80 年代,极其成功且极具影响力的 Turbo Pascal 软件因其语法的精简实现而成了以后所有编译器的标准,该软件的最初创建者就是 Hejlsberg。

C#与 C、C++和 Java 直接相关。C#的"祖父"是 C,从 C 那里继承了语法、许多关键字和运算符。接下来,C#基于并改进了 C++所定义的对象模型。

C#和 Java 之间的关系稍显复杂。如前面所说,Java 也是从 C 和 C++衍生而来,也继承了 C/C++的语法和对象模型。类似于 Java,C#被设计用来产生可移植的代码。但是 C#不是衍生于 Java,C#和 Java 更像堂兄弟,有共同的祖先,但在许多重要方面也有所不同。

C#包含许多新增加的功能,其中最重要的功能体现在其对软件组件的内置支持。事实上,C#已经被特征化为面向组件的语言,因为它包含对面向软件组件编程的完整支持。例如,C#包含了支持组件创建的功能,如属性、方法和事件。然而,C#程序能够在安全的混合语言环境中运行,这一点才是它最重要的面向组件的功能。

2. C#的特点

与 C 和 C++比较,C# 在许多方面有所限制和增强,如下所示。

(1)指针。C#是真正支持指针,但是其指针只能在非安全作用域中使用,而只有具有适当权限的程序,才可以执行标记为非安全的代码。绝大多数对象的访问是通过安全的引用(references)来进行的,而引用是不会造成无效的,而且大多数算法都是要进行溢出检查的。一个非安全指针,不仅可以指向值类型,还可以指向子类和 System.Object。也可以使用指针(System.IntPtr)来编写安全代码。

(2)托管。在 C# 中,托管内存不能显式释放,取而代之的是(当再没有内存的引用存在时)垃圾收集。但是,引用非托管资源的对象,例如 HBRUSH,是通过标准的 IDisposable 接口的指示来释放指定内存的。

(3)多重继承。在 C# 中多重继承被禁止(尽管一个类可以实现任意数目的接口,这点似 Java),这样做的目的是为了避免复杂性和"依存地狱",也是为了简化对 CLI 的结构需求。

(4)转换。C#比 C++更类型安全,唯一的默认隐式转换也是安全转换,例如加宽整数和从一个派生类型转换到一个基类(这是在 JIT 编译期间间接强制进行的)。在布尔和整数之间、枚举和整数之间都不存在隐式转换,而且任何用户定义的隐式转换,都必须显式地标出。

(5)数组声明。和 C/C++的数组声明的语法不同,C# 中用"int[ ] a = new int[5];"代替了 C/C++的"int a[5];"。

(6)枚举。C#中的枚举被放入它们自己的命名空间。

(7) 泛型。C#从 2.0 起,开始支持泛型或参数类型。C# 还支持一些 C++模板不支持的特性,例如对泛型参数的类型约束。另一方面,C# 的表达式不能用作泛型参数,而这在 C++中却是允许的。C# 的参数化的类型为虚拟机的首个类对象,允许优化和保存类型信息,这一点与 Java 不同。

除此以外,新的 C#版本有很多特性,这里就不再一一给出了。

12.2.3 Python 语言

Python 是由 Guido van Rossum 在 20 世纪 80 年代末和 90 年代初,在荷兰国家数学和计算机科学研究所设计出来的。Python 从一种教学语言 ABC 发展起来,并受到了 Modula-3(另一种相当优美且强大的语言,为小型团体所设计)的影响,并且结合了 UNIX Shell 和 C 的习惯。

Python 语言是开源项目的优秀代表,其解释器的全部代码都是开源的,可以在 Python 语言的主网站上自由下载。

1991 年,第一个 Python 编译器诞生,2000 年,Python 2.0 发布,到 2010 年,Python 2.x系列发布了最后一个版本 2.7,Python 2.7 将于 2020 年 1 月 1 日终止支持。用户如果想在这个日期之后继续得到与 Python 2.7 有关的支持,则需要付费给商业供应商。

2008 年,Python 3.0 发布,该版本在语法和解释器内部都做了很多改进,这些修改导致 3.x 系列版本无法向下兼容 Python 2.0 系列的既有语法,因此,所有基于 Python 2.0 系列版本编写的库函数都必须修改后才能被 Python 3.0 系列解释器运行。

Python 规定了一个 Python 语法规则,实现了 Python 语法的解释程序就成了 Python 的解释器。Python 是一种高级通用的脚本编程语言,虽采用解释执行方式,但它的解释器也保留了编译器的部分功能,随着程序运行,解释器也会生成一个完整的目标代码。

Python 中的 CPython(ClassicPython)解释器,是原始的 Python 实现,是用 C 语言实现的 Python,也是最常用的 Python 版本。

下面是一个用 Python 写的判断素数的程序:

```
import math
n = input('请输入一个整数:')
n = int(n)
m = math.ceil(math.sqrt(n)+1)
for i in range(2, m):
    if n%i == 0 and i<n:
        print(str(n)+'不是素数')
        break
else:
```

```
            print(str(n)+'是素数')
```

注意,程序中的 else 是对应 for 的,不是对应 if 语句。

12.3　三个进阶程序

12.3.1　计算 10 000 的阶乘

　　计算 10 000 的阶乘,结果无法用 C 语言内置的类型精确保存,下面采用字符串存储的方法来实现。

　　已知 10 000! = 10 000×9 999! = 10 000×9 999×9 998! …

　　每次乘的数是小于等于 5 位数的,通过实际运行得到的 10 000! 共 35 660 个数字,尾数有 2 499 个 0,所以字符串的长度 BufferSize 设定为 40 000,数码长度 NumLenth 设定为 6,即可满足计算的要求。

　　程序代码:

```
#include <stdio.h>
#include <string.h>
#include <malloc.h>
#define BufferSize 40000
#define NumLenth 6
void StringMul(char *a,char *b,char *t);/*用字符串实现的乘法*/
void Facorial(int n,char *t);            /*计算 n 的阶乘*/
void IntToString(int m,char *s);         /*整型数转存为字符串*/
void Reverse(char *s);                   /*字符串反转*/
void DeleteLeftZero(char s[],int Size);  /*删除前导 0*/
int IsStringEmpty(char *s);              /*判断字符串是否为空*/
int main()
{
    char *t;
    t =(char *) malloc(BufferSize * sizeof(char));
    Facorial(10000,t);
    printf("%s \n",t);
    free(t);
}
```

```
void DeleteLeftZero(char s[],int Size)
{
    int i,j;
    for(i=0; i<Size-1 && s[i]!='\0'; i++)if(s[i]!='0') break;
    j=0;while(i<Size-1 && s[i]!='\0')s[j++]=s[i++];
    s[j]='\0';
}
void Reverse(char *s)
{
    char *p=s,*q=s,t;
    while( *q!='\0') q++;
    while(p<--q) {t=*p;*p++=*q;*q=t;}
}
void IntToString(int m,char *s)
{
    int i=0;
    while(m){s[i++]=m%10+'0';m=m/10;}
    s[i]='\0';
    Reverse(s);
}
void Facorial(int num,char *t)
{
    int i,j,m,n;
    char a[NumLenth]="",temp;
    strcpy(t,"1");
    for(i=2; i<=num; i++)
    {
        IntToString(i,a);
        StringMul(a,t,t);    /* a 乘 t,结果放在 t 中 */
    }
}
int IsStringEmpty(char *s)
{
    if(s[0]=='\0') return 1;
    else    if(s[0]=='0'&& s[1]=='\0') return 1;
```

```
            else return 0;
    }
    void StringMul(char *a,char *b,char *t)
    {
        static char s[NumLenth][BufferSize];
        int i,j,k;
        int n1,n2,m,n=0,max=0,p=0;
        char temp;
        int End[NumLenth];
        DeleteLeftZero(a,BufferSize);
        DeleteLeftZero(b,BufferSize);
        if(IsStringEmpty(a) ||IsStringEmpty(b))
        {
            strcpy(t,"0");
            return;
        }
        i=0;while(a[i]!='\0')i++;       /* i 指向 a 最后一个数字 */
        while(--i>=0)
        {
            k=0;                        /*进位 */
            m=0;
            while(m<p)s[n][m++]='0'; /* 乘法移位补 0 */
            n1=a[i]-'0';                /*a 从后向前取数码去乘 b */
            j=0;
            while(b[j]!='\0')j++;       /*j 指向 b 最后一个数字 */
            while(--j>=0)
            {
                n2=b[j]-'0';
                s[n][m++]=(n1*n2+k)%10+'0';   /*乘的结果,逆序保存 */
                k=(n1*n2+k)/10;         /*进位保存 */
            }
            if(k>0)                     /*最后可能还有进位 */
                s[n][m++]=k+'0';
            s[n][m++]='\0';
            End[n]=m;
```

```
        n++;p++;
    }
    k = 0;
    max = End[0];
    for(i = 1; i<n; i++)if(End[i]>max) max = End[i];
    for(i = 0; i<max; i++)    /*按列累加,可能有进位 k */
    {
        n1 = 0;
        for(j = 0; j<n; j++)
            if(i<End[j] && s[j][i]>='0'&&s[j][i]<='9')
                                        /*只累加数字 */
                n1 = n1+s[j][i]-'0';
        t[i] = (n1+k)%10+'0';
        k = (n1+k)/10;
    }
    if(k>0)
    {
        t[max++] = k%10+'0';
        k = k/10;
    }
    t[max] = '\0';
    Reverse(t);
    DeleteLeftZero(t,BufferSize);
}
```

运行结果字符太多,下面只显示前面一部分:

2846259680917054518906413212119868890148051401702799230794179994274411340003764444377299078675778477581588406214231752883004233994015351873905242116138271617481982419982759241828925978789812425312059465996259867065601615720360323979263287367170557419759620994797203461536981198970926112775004841988454104755446424421365733030767036288258035489674611170973695786036701910715127305872810411586405612811653853259684258259955846881464304255898366493170592517172042765974074461334000541940524623034368691540594040662278282483715120383221786446271838229238996389928272218797024593876938030946273322925705554596900278752822425443480211275590191694254290289169072190970836905398737474524833728995218023632827412170402680867692104

515558405671725553720158521328290342799898184493136106403814893044996215
999993596708929801903369984840466541923625842494716317896119204123310682
686510713454168455409360330096072103469443779823494307806260694223026818
852275920570292308431261884976065607425862794488271559568315334405344254
466484168945804257094616736131876052349822863264529215294234798706033442
907371586884991789325806914831688542519560061723726363239744207869246429
560123062887201226529529640915083013366309827338063539729015065818225742
954758943997651138655412081257886837042392087644847615690012648892715907
063064096616280387840444851916437908071861123706221334154150659918438759
610239267132765469861636577066264386380298480519527695361952
……

12.3.2 八皇后问题

八皇后问题是一个以国际象棋为背景的问题：如何能够在 8×8 的国际象棋棋盘上放置 8 个皇后，使得任何一个皇后都无法直接吃掉其他的皇后。为了达到此目的，任两个皇后都不能处于同一条横行、纵行或斜线上（图 12.1）。八皇后问题可以推广为更一般的 n 皇后问题。

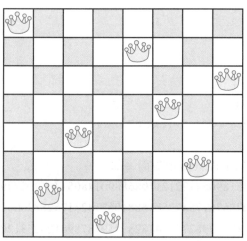

图 12.1 八皇后示意图

关于八皇后的程序可以搜索网络，这里给出作者的几种算法供读者参考。程序中为了能输出棋盘效果，在输出时，除了皇后字符外，交替显示不同的字符代表棋盘的方格。

程序代码：

```
#include <stdio.h>
```

```
#include <string.h>
int count = 0;
char Flag[3][3] = {"::","■","Ⅷ"};
void print(char s[])
{
    int i,j,k;
    for (i = 0; i < 8; i++)
    {
        k = s[i]-'0';
        for (j = 0; j < k; j++) printf("%s",Flag[(i+j)%2]);
        printf("%s",Flag[2]);
        while(j++<7)   printf("%s",Flag[(i+j)%2]);
        printf("\n");
    }
    printf("\n");
}
void swap(char s[],int i,int j)
{
    char t;
    t = s[i];
    s[i] = s[j];
    s[j] = t;
}
int check(char s[])
{
    int i,j,dy;
    for(j=1; j<8; j++)
    {
        /*前 j 行*/
        for (i = 0; i < j; i++)
        {
            dy = s[i]-s[j];
            if(dy<0) dy = -dy;
            if (j-i == dy) return 0;        /*对角线*/
        }
```

```
        }
        return 1;
    }
    void getnext(char s[],int k,int m)
    {
        int i;
        if(k==m)
        {
            if(check(s))
            {
                count++;
                print(s);
            }
        }
        else
            for(i=k; i<=m; i++)
            {
                swap(s,k,i);
                getnext(s,k+1,m);
                swap(s,k,i);
            }

    }
    int main()
    {
        char s[1000]="01234567";
        int n=strlen(s);
        getnext(s,0,n-1);
        printf("count=%d\n",count);
        return 0;
    }
```

以上方法采用字符数组存储排列,下面的算法进行了一点改进,检测函数从第 1 行开始检测,如果不合格,回溯下一个。

```
#include<stdio.h>
int count = 0;
```

```
char Flag[3][3] = {"::","■","Ⅷ"};
void print(char s[])
{
    int i,j,k;
    for (i = 0; i < 8; i++)
    {
        k = s[i]-'0';
        for (j = 0; j < k; j++) printf("%s",Flag[(i+j)%2]);
        printf("%s",Flag[2]);
        while(j++<7)   printf("%s",Flag[(i+j)%2]);
        printf("\n");
    }
    printf("\n");
}
int check(int queen[],int row, int m)/*检查是否存在有多个皇后在同
                                        一行/列/对角线的情况*/
{
    int i,dy;
    for (i = 0; i < row; i++)/*前 row 行*/
    {
        dy = queen[i]-m;
        if (0 == dy)/*同列*/
            return 0;

        if(dy<0)dy=-dy;

        if (row-i==dy) /*对角线*/
            return 0;

    }
    return 1;    /*value 有效*/
}
void getnext(int queen[],int index)
{
    int m;
```

```
    for (m = 0; m < 8; m++)
    {
        if (check(queen,index, m))
        {
            queen[index] = m;
            if (7 == index)
            {
                count++;
                print(queen);
                queen[index] = 0;
                return;
            }
            getnext(queen,index + 1);
            queen[index] = 0;
        }
    }
}
void getqueen(int queen[],int row)
{
    int col = 0;
    while(col<8)
    {
        if (check(queen,row, col))
        {
            queen[row] = col;
            if (7 == row)
            {
                count++;
                print(queen);
                queen[row] = 0;
                return;
            }
            getqueen(queen,row+1);
            queen[row] = 0;
        }
```

```
            col++;
        }
    }
}

int main()
{
    int queen[8] = {0};
    getqueen(queen,0);
    printf("count =%d \n",count);
    return 0;
}
```

运行结果:

······

12.3.3 分解 24 点

问题:给出 4 个小于 10 个正整数,可以使用加减乘除 4 种运算以及括号把这 4 个数连接起来得到一个表达式。

例如:4 个数 1、3、5、8,可以有

$24 = (8 * (5+(1-3)))$

$24 = ((1+8)+(3*5))$

$24 = (8*(1-(3-5)))$

$24 = ((3*5)+(1+8))$

如果允许整除的话,还有

$24 = ((1/5)+(3*8))$

如果是用 n 个整数分解任意整数 m 呢? 例如:用以下 8 个数分解 100? 答案有

1 2 3 4 5 6 7 8

$100 = ((3+7)*((5+6)+(((1+2)+4)-8)))$

$100 = ((8*((3+4)+7))+((1-2)-(5+6)))$

$100 = ((8-7)+((5+6)*((3+4)+(1*2))))$

$$100 = (((1/2)-(5-(3+4)))+(7*(6+8)))$$
$$100 = ((4+6)*((5+(2+(1+3)))+(7-8)))$$
$$100 = ((7*8)+((5+(2+4))*((1-3)+6)))$$
$$100 = ((7+(1*3))*((5+(2+4))-(8/6)))$$
$$100 = ((1/3)-(8-(6*(7+(5+(2+4))))))$$
$$100 = (((2+3)+5)*(((1+4)+6)+(7-8)))$$
$$100 = ((5*((2+3)+6))-((1-4)*(7+8)))$$
$$100 = (5*((7/(1*4))+(8+((2+3)+6))))$$
$$100 = ((8*((2+3)+6))+((1/4)+(7+5)))$$
……

这里就不再一一列出了。

下面的程序可以实现上面的需求。

程序代码:

```c
#include <stdio.h>
#include<string.h>

#define true 1
#define false 0
#define N 4
#define RESULT 24
#define INTDIV true        /* 是否允许整除 */
#define OnlyFirst false    /* 是否只查找第 1 个 */

int count = 0;
int t[N-1][3];             /* 存储分解算式,N 个数,有 N-1 个算式 */
int OpNumber;              /* 运算符个数 */
char op[] = "+-*/";        /* 运算符 */

static int print(void);
static int sum(int a,int p,int b);
static int f(int a[],int n);

int f(int a[],int n)
{
    int b[N];
```

```
int i,j,k,p,q;
if(n==1)
    return (a[0]==RESULT);
for(i=0; i<n-1; i++)
{
    for(j=i+1; j<n; j++)
    {
        q=0;
        for(k=0; k<n; k++)
            if(k!=i&&k!=j)
                b[q++]=a[k];
        for(p=0; p<OpNumber; p++)
        {
            if(a[j]!=0 && (INTDIV==true || a[i]%a[j]==0))
            {
                b[q]=sum(a[i],p,a[j]);
                if(f(b,n-1))
                {
                    /* 当最后一层 n==1 返回 true 时,逐层返回,否则下
                       一个 */
                    t[n-2][0] = a[i];
                    t[n-2][1] = p;
                    t[n-2][2] = a[j];
                    if(n==N)
                    {
                        count++;
                        if(! OnlyFirst) printf("No.%d\t",count);
                        print();
                        if(OnlyFirst) return true;
                        /* 继续找下一个 */
                    } else return true; /* 返回上一级递归调用 n=
                                           2,3,4,…;N */
                }
            }
            /* 尝试下一个 b[q] */
```

```
            }
            /* 下一个 j */
        }
        /* 下一个 i */
    }
    return false;
}


int sum( int a,int p,int b)
{
    int m;
    switch(p)
    {
        case 0：
            return a+b;
        case 1：
            return a-b;
        case 2：
            return a * b;
        case 3：
            if( b && ( INTDIV || a% b== 0))
                return a /b;
    }
    return m;
}
int print(void)
{
    int value[N-1],Flag[N-1] = {0}; /* Flag 存储算式是否被套用 */
    int i,j;
    char r[N-1][100];/* 套用算式 */
    char temp[100],p[100];
    /* 计算所有分解算式的值 */
    for( i = 0; i <N-1; i++)
        value[i]=sum(t[i][0],t[i][1],t[i][2]);
    /* 生成最后一个运算式 */
```

```
sprintf(r[N-2],"(%d%c%d)",t[N-2][0],op[t[N-2][1]],t[N-2]
[2]);


/*逆序处理套用算式*/
for(i=N-3; i>=0; i--)
{
    /*逆序搜索是否有等值算式*/
    strcpy(temp,"");
    /*左值*/
    for(j=N-2; j>i; j--)
        if(Flag[j]==0 && t[i][0]==value[j])
        {
            sprintf(temp,"(%s%c",r[j],op[t[i][1]]);
            Flag[j]=1;
            break;
        }
    /*左值未套用*/
    if(j<=i) sprintf(temp,"(%d%c",t[i][0],op[t[i][1]]);
    /*右值*/
    for(j=N-2; j>i; j--)
        if(Flag[j]==0 && t[i][2]==value[j])
        {
            strcat(temp,r[j]);
            strcat(temp,")");
            Flag[j]=1;
            break;
        }
    /*右值未套用*/
    if(j<=i)
    {
        sprintf(p,"%d)",t[i][2]);
        strcat(temp,p);
    }
    /*存储处理后的算式*/
    strcpy(r[i],temp);
```

```
        }
        printf("%d=%s\n",RESULT,r[0]);
        return 0;
    }
    int main()
    {
        int a[N],i;
        OpNumber=strlen(op);
        while(true)
        {
            count=0;
            printf("输入%d个整数(输入 0 退出):\n",N);
            for(i=0; i<N; i++)
            {
                scanf("%d",&a[i]);
                if(a[i]==0) return 1;
            }
            f(a,N);
            if(count==0) printf("未能找到分解算式\n");
        }
        return 0;
    }
```

程序的算法思想如下。

（1）从 n 个数中抽取 2 个数,进行加减乘除运算。

（2）将（1）得到的值和剩余的 n-2 个数再如（1）进行运算。

（3）如果最后得到的值等于目标值,算法终止或继续查找下一个分解算式。

程序中函数 f 是递归的,由于采用循环递归的方式,相当于遍历所有可能的算式。其中关键的代码如下。

（1）当 n==1 时,如果获得目标值,返回 true,再逐级保存算式,返回至顶级层,调用 print 函数输出分解算式;否认返回 false,终止递归。

（2）如果需要查找所有可能的分解算式（修改 OnlyFirst 宏为 false）,只需要在步骤（1）中,当返回顶级层时,放弃返回 true 即可。

（3）print 函数用套用子算式的方法输出完整的分解算式。t 数组保存了所有子算式的参数,print 函数在整合时逆序加入套用子算式,需要注意的是,由于每个算式都仅包含左值、运算符、右值,所以整合过程需要进行左右值匹配,相等的情况下作套用替换,并记录是否被套用,每个子算式只能被套用 1 次。

(4) 对于两个整数,除法运算在 C 语言中是整除,程序允许设置是否整除,如果允许的话(修改 INTDIV 宏为 true),类似于 1/5、9/4 分别等于 0、2。

上面的程序是允许增加运算符的,如果增加的话,需要同时修改 sum 函数以增加对应的计算。

以上算法中 n 个数字是运行后输入的,能否遍历一个集合中所有的数字实现相同的算法？ 更换下面的主函数即可实现:

```
int main()
{
    int i,j;
    int a[N],b[N];
    int m[10]={1,2,3,4,5,6,7,8,9,10}; /* 数字集合 */
    OpNumber=strlen(op);
    for(i=0;i<N;i++)
    {
        b[i]=i;
        a[i]=m[i];
    }
    while(true)
    {
        count=0;
        for(i=0;i<N;i++)
            printf("%d ",a[i]);
        printf("\n");
        f(a,N);
        if(count==0) printf("未能找到分解算式\n");
        for(i=0;i<N;i++)
            if(b[i]<i+10-N)break;
        if(i>=N) break;
        /* 下一组 */
        for(i=N-1;i>=0;i--)
            if(b[i]<i+10-N)      /* 还有可用的 m 元素 */
            {
                b[i]++; /* 指向下一个 m 元素 */
                /* 重置后面的 b 元素 */
```

```
                    for(j=i+1;j<N;j++)
                        b[j]=b[i]+j-(i+1)+1;
                    /*重置 a */
                    for(j=0;j<N;j++)
                        a[j]=m[b[j]];
                    break;
                }
        }
    return 0;
}
```

下面是运行结果的最后几行：

……

5 7 9 10

$24 = (9-(5*(7-10)))$

5 8 9 10

未能找到分解算式

6 7 8 9

未能找到分解算式

6 7 8 10

$24 = ((6*7)-(8+10))$

6 7 9 10

未能找到分解算式

6 8 9 10

$24 = (6-(9*(8-10)))$

7 8 9 10

未能找到分解算式

本章小结

　　本章主要介绍了面向对象编程思想的基本概念。列举并简单介绍了几种主流的编程语言，如 C++、C#、Java、Python 等。

　　本章三个进阶程序都是经典的 C 程序，具有极好的代表性，供感兴趣的读者参考。

习题 12

一、选择题

1. C++语言是以(　　)语言为基础逐渐发展演变而成的一种程序设计语言。

A. Pascal　　　　　　　B. C

C. B　　　　　　　　　D. Simula 67

2. 下面关于 C 语言与 C++关系的说法中,错误的是(　　)。

A. C++是 C 语言的超集

B. C++对 C 语言进行了扩充

C. C++包含 C 语言的全部语法特征

D. C++与 C 语言都是面向对象的程序设计语言

3. 在 C++中,实现封装性需要借助于(　　)。

A. 枚举　　　　　　　　B. 类

C. 数组　　　　　　　　D. 函数

4. 面向对象程序设计思想的主要特征中不包括(　　)。

A. 继承性　　　　　　　B. 封装性

C. 多态性　　　　　　　D. 功能分解,逐步求精

5. 下列关于 C++类的描述中错误的是(　　)。

A. 类的定义包括描述事物的属性和对事物的操作

B. 通过封装,类具有明确的独立性

C. 类与类之间必须是平等的关系,而不能组成层次的关系

D. 类与类之间可以通过一些手段进行通信和联络

6. 在 Visual C++ 6.0 的集成开发环境中,打开一个项目,只需打开对应的项目工作区文件,项目工作区文件的扩展名是(　　)。

A. .obj　　　　　　　　B. .dsp

C. .dsw　　　　　　　　D. .cpp

7. 每个 C++程序都必须有且仅有一个(　　)。

A. 函数　　　　　　　　B. 预处理命令

C. 主函数　　　　　　　D. 语句

8. 下列 C++标点符号中表示一条语句结束的是(　　)。

A. #　　　　　　　　　B. ;

C. //　　　　　　　　　D. }

二、填空题

　　1. 在 C++中,源文件的扩展名为_____。

　　2. cout 是 C++中的标准输出流对象,它通常代表_____。

　　3. 一个 C++程序的开发通常包括编辑、_____、连接、运行和调试。

　　4. 一个程序必须有一个名为_____的函数。

三、问答题

　　1. C++与 C 语言的区别是什么?

　　2. 什么是面向对象程序设计? 它与传统的程序设计有何不同?

　　3. 什么是项目,项目工作区有什么作用?

附录 A　常用字符与 ASCII 码对照表

常用字符与 ASCII 码对照表如表 A.1 所示。

表 A.1　常用字符与 ASCII 码对照表

ASCII 值	HEX	字符	ASCII 值	HEX	字符	ASCII 值	HEX	字符
32	20	空格	54	36	6	76	4C	L
33	21	!	55	37	7	77	4D	M
34	22	"	56	38	8	78	4E	N
35	23	#	57	39	9	79	4F	O
36	24	$	58	3A	:	80	50	P
37	25	%	59	3B	;	81	51	Q
38	26	&	60	3C	<	82	52	R
39	27	'	61	3D	=	83	53	S
40	28	(	62	3E	>	84	54	T
41	29	)	63	3F	?	85	55	U
42	2A	*	64	40	@	86	56	V
43	2B	+	65	41	A	87	57	W
44	2C	,	66	42	B	88	58	X
45	2D	-	67	43	C	89	59	Y
46	2E	.	68	44	D	90	5A	Z
47	2F	/	69	45	E	91	5B	[
48	30	0	70	46	F	92	5C	\
49	31	1	71	47	G	93	5D	]
50	32	2	72	48	H	94	5E	^
51	33	3	73	49	I	95	5F	_
52	34	4	74	4A	J	96	60	`
53	35	5	75	4B	K	97	61	a

续表

ASCII 值	HEX	字符	ASCII 值	HEX	字符	ASCII 值	HEX	字符
98	62	b	108	6C	l	118	76	v
99	63	c	109	6D	m	119	77	w
100	64	d	110	6E	n	120	78	x
101	65	e	111	6F	o	121	79	y
102	66	f	112	70	p	122	7A	z
103	67	g	113	71	q	123	7B	{
104	68	h	114	72	r	124	7C	|
105	69	i	115	73	s	125	7D	}
106	6A	j	116	74	t	126	7E	~
107	6B	k	117	75	u	127	7F	DEL

说明：① 0~31 之间的 ASCII 码是计算机使用的控制字符，不能直接显示，在此省略。

② 大小写字母值差 32，数字字符 0~9 的 ASCII 码为 48~57。

附录 B　常用库函数

常用库函数涉及低级和高级 I/O、串和文件操作、存储分配、进程管理、数据转换、数字运算、图形功能、日期管理等多方面内容。

子程序包含在库文件(.lib)中,所有的函数原型都在一个或多个头文件(.h)中,由于篇幅有限,下面仅将常用的函数列出,详细说明见实验指导书的配套光盘。

1. 数学函数

数学函数的原型包含在 math.h 中,如表 B.1 所示。

表 B.1　数　学　函　数

名称	用法与功能	函数说明
acos	double acos(double x) 计算 $\cos^{-1}(x)$	$-1 \leqslant x \leqslant 1$ 返回计算结果
asin	double asin(double x) 计算 $\sin^{-1}(x)$	$-1 \leqslant x \leqslant 1$ 返回计算结果
atan	double atan(double x) 计算 $\tan^{-1}(x)$	返回计算结果
atan2	double atan(double x, double y) 计算 $\tan^{-1}(x/y)$	y 不等于 0 返回计算结果
cos	double cos(double x) 计算 $\cos(x)$	x 单位为弧度 返回计算结果
exp	double exp(double x) 求 e^x 的值	返回计算结果
fabs	double fabs(double x) 求 x 的绝对值	返回计算结果
floor	double floor(double x) 求不大于 x 的最大整数	返回计算结果
fmod	double fmod(double x, double y) 求整除 x/y 的余数	y 不等于 0 返回计算结果
log	double log(double x) 求 lnx	返回计算结果

名称	用法与功能	函数说明
log10	double log10(double x) 求 $\log_{10}x$	返回计算结果
pow	double pow(double x, double y) 求 x^y 的值	返回计算结果
sin	double sin(double x) 计算 sin(x)	x 单位为弧度 返回计算结果
sqrt	double sqrt(double x) 计算 $\sqrt{x}$	$x \geqslant 0$ 返回计算结果
tan	double tan(double x) 计算 tan(x)	x 单位为弧度 返回计算结果

2. 字符函数

字符函数的原型包含在 ctype.h 中, 如表 B.2 所示。

表 B.2 字 符 函 数

名称	用法与功能	函数说明
isalnum	int isalnum(int ch) 检查 ch 是否为字母或数字	ch 是字母或数字返回 1, 其他字符返回 0
isalpha	int isalpha (int ch) 检查 ch 是否为字母	ch 是字母返回 1, 其他字符返回 0
iscntrl	int iscntrl (int ch) 检查 ch 是否为控制字符	ASCII 码 0x7f、0x00~0x1f 是则返回 1, 否则返回 0
isdigit	int isdigit (int ch) 检查 ch 是否为数字(0~9)	是则返回 1, 否则返回 0
isgraph	int isgraph (int ch) 检查 ch 是否为可打印字符	ASCII 码 0x21~0x7e 是则返回 1, 否则返回 0
islower	int islower (int ch) 检查 ch 是否为小写字母	是则返回 1, 否则返回 0
isprint	int isprint (int ch) 检查 ch 是否为可打印字符	ASCII 码 0x21~0x7e 是则返回 1, 否则返回 0
isspace	int isspace m(int ch) 检查 ch 是否为空格、制表符或换行符等	ASCII 码 0x09~0x0d、0x20 是则返回 1, 否则返回 0

续表

名称	用法与功能	函数说明
isupper	int isupper（int ch） 检查 ch 是否为字母或数字	是则返回 1,否则返回 0
isxdigit	int isxdigit（int ch） 检查 ch 是否为字母或数字	是则返回 1,否则返回 0
tolower	int tolower m(int ch) 检查 ch 是否为字母或数字	返回 ch 对应的小写字母
toupper	int toupper（int ch） 检查 ch 是否为字母或数字	返回 ch 对应的大写字母

3. 字符串函数

字符串函数的原型包含在 string.h 中,如表 B.3 所示。

表 B.3　字符串函数

名称	用法与功能	函数说明
memcpy	void * memcpy(void * destin, void * source, unsigned n); 从源 source 中复制 n 个字节到目标 destin 中	返回指向 destin 的指针
memcr	void * memchr(void * s, char ch, unsigned n); 在数组 s 的前 n 个字节中搜索字符 ch	返回指向 s 中 ch 第一次出现的位置指针;若没有找到返回 NULL
memmove	void * memmove(void * destin, void * source, unsigned n); 将 source 中前 n 个字符移动到 destin 中	返回指向 destin 的指针
memset	void * memset(void * s, char ch, unsigned n); 设置 s 中的所有字节为 ch,s 数组的大小由 n 给定	返回指向 destin 的指针
memicmp	int memicmp(void * s1, void * s2, unsigned n); 比较两个串 s1 和 s2 的前 n 个字节,忽略大小写	s1<s2 返回负数 s1 = s2 返回 0 s1>s2 返回正数
stpcpy	char * stpcpy(char * destin, char * source); 复制字符串 source 到字符串 destin	返回 destin
strcat	char * strcat(char * destin, char * source); 将字符串 source 连接到 destin 之后,取消 destin 的串结束符 '\0'	返回 destin

续表

名称	用法与功能	函数说明
strchr	char * strchr(char * s, char c); 在串 s 中查找字符 c 的第一个匹配之处	返回指向该位置的指针;否则 返回 NULL
strcmp	int strcmp(char * s1, char * s2); 比较两个串 s1 和 s2	s1<s2 返回负数 s1=s2 返回 0 s1>s2 返回正数

strrev	char * strrev(char * s);
	串倒转
		char * s = "string";
		strrev(s);
		printf("%s\n",s);
		结果为 gnirts

strstr	int strstr (char * s1, char * s2); 在串 s1 中查找 s2 第一次出现的位置	返回指向该位置的指针;否则 返回 NULL
strupr	char * strupr(char * s); 将串中的小写字母转换为大写字母	返回 s
strlwr	char * strlwr(char * s); 将串中的大写字母转换为小写字母	返回 s
strlen	unsigned int strlen(char * s) 统计串 s 中字符的个数(不包括结束符'\0')	返回字符个数

4. 输入/输出函数

输入/输出函数的原型包含在 stdio.h 中,如表 B.4 所示。

表 B.4 输入输出函数

名称	用法与功能	函数说明
clearerr	void clearerr(FILE * fp); 清除文件指针错误	
close	int close(int handle); 关闭文件	成功返回 0;否则返回-1
feof	int feof(FILE * fp); 检查文件是否结束	是返回非 0;否则返回 0
fclose	int fclose(FILE * fp); 关闭文件 fp,释放文件缓冲区	成功返回 0;失败时返回 EOF
ferror	int ferror(FILE * fp); 测试文件 fp 是否有错	若检测到错误返回非 0 值;否 则返回 0

续表

名称	用法与功能	函数说明
fgetc	int fgetc(FILE * fp); 从文件中读取下一个字符	成功时返回文件中的下一个字符；至文件结束或出错时返回 EOF
fgets	char * fgets(char * s, int n, FILE * fp); 从文件读 n-1 个字符或遇换行符'\n'为止，把读出的内容存入 s 中。与 gets 不同，fgets 在 s 末尾保留换行符。一个空字节被加入 s，用来标记串的结束	成功时返回 s 所指的字符串；在出错或遇到文件结束时返回 NULL
fopen	FILE * fopen (char * filename, char * mode); 打开文件 filename	出错返回 NULL；成功返回文件指针
fprintf	int fprintf(FILE * fp, char * format[,argument,…]); 按格式串 format 指定格式依次输出表达式 argument 的值到 fp 中	返回写的字符个数；出错时返回 EOF
fputc	int fputc(int c, FILE * fp); 写一个字符到文件 fp 中	成功时返回所写的字符；失败或出错时返回 EOF
fputs	int fputs(const char * s, FILE * fp); 把 s 所指的以空字符终结的字符串送入文件 fp 中，不加换行符'\n'，不复制串结束符'\0'	成功时返回最后的字符；出错时返回 EOF
free	void free(void * block); 释放先前分配的首地址为 block 的内存块	
fscanf	int fscanf(FILE * fp, char * format, address,…); 按照由 format 所指的格式从文件 fp 中读入数据送到 address 所指向的内存变量中	返回成功地扫描、转换和存储输入字段的个数；遇文件结束返回 EOF
fseek	int fseek(FILE * fp, long offset, int whence); 设置文件指针指到新的位置，新位置与 whence 给定的文件位置的距离为 offset 字节	返回当前位置；否则返回-1
ftell	long int ftell(FILE * stream); 返回当前文件指针位置。偏移量是文件开始算起的字节数	出错时返回-1L，是长整数的-1值

名称	用法与功能	函数说明
fwrite	int fwrite (char * s, unsigned size, unsigned n, FILE * fp); 把 s 指向的 n * size 个字节输出到文件 fp 中	成功返回确切的数据项数（不是字节数）；出错时返回短（short）计数值。可能是 0
fread	int fread(char * s, unsigned size, unsigned n, FILE * fp); 从文件 fp 中当前指针位置开始读取 n * size 个字节到 s 中	成功时返回所读的数据项数（不是字节数）；遇到文件结束或出错时可能返回 0
getc	int getc(FILE * fp); 从文件 fp 中读入下一个字符	返回读入的字符；否则返回 EOF
getchar	int getchar(void); 从 stdin 流中读字符	返回读入的字符；否则返回-1
getch	int getch(void); 从控制台无回显地取一个字符	返回读入的字符；否则返回-1
gets	char * gets(char * s) 从标准输入设备读取字符串存入 s 中	返回 s；否则返回 NULL
putc	int putc(int ch, FILE * fp); 输出一字符到指定文件 fp 中	返回输出的字符；否则返回 EOF
putchar	int putchar(int ch); 在 stdout 上输出字符	返回输出的字符；否则返回 EOF
puts	int puts(char * string); 送一字符串到标准输出设备中,并将 '\0' 转换为回车换行符	返回换行符；否则返回 EOF
printf	int printf(char * format, arguments, ⋯) 在 format 串控制下依次输出 arguments 项	返回输出字符的个数,否则返回负数
rewind	void rewind(FILE * fp); 将 fp 文件的指针重新置于文件头,并清除文件结束标志和错误标志	成功返回 0;出错返回-1
scanf	int scanf(char * format, arguments, ⋯) 在 format 串控制下输入数据到 arguments 项,其中 arguments 为指针	正常返回读入并赋值的个数;出错返回 0

5. 其他函数

其他函数如表 B.5 所示。

表 B.5　其 他 函 数

名称	用法与功能	函数说明
abs	int abs(int n) ; 计算 n 的绝对值	返回计算结果
atof	double atof(char ∗ s) ; 把字符串 s 转换成浮点数	返回计算结果
atoi	int atoi(char ∗ s) ; 把字符串 s 转换成整型数	返回计算结果
atol	long atol(char ∗ s) ; 把字符串 s 转换成长整型数	返回计算结果
chdir	int chdir(char ∗ path) ; 改变工作目录至 path	正常返回 0;出错返回−1
clrscr	void clrscr(void) ; 清除文本模式窗口	类似于 system(" cls") ;
delay	void delay(unsigned milliseconds) ; 将程序的执行暂停一段时间(毫秒)	
exit	void exit(int status) ; 终止程序运行	
fabs	double fabs(double x) ; 计算双精度 x 的绝对值	返回计算结果
itoa	char ∗ itoa(int value, char ∗ string, int radix) ; 把一整数转换为字符串,radix 为进制	返回指向 string 的指针
malloc	void ∗ malloc(unsigned size) ; 分配 size 字节内存	返回所分配的内存地址;错误返回 0
mkdir	int mkdir(char ∗ pathname) ; 建立一个目录	正常返回 0;出错返回−1
rmdir	int rmdir(char ∗ pathname) ; 删除一个目录	正常返回 0;出错返回−1
rand	int rand(void) ; 产生 0~RAND_MAX 之间的伪随机数	返回伪随机数
random	int random(int n) 产生 0~n 之间的随机数	

续表

名称	用法与功能	函数说明
randomize	void randmize( ); 初始化随机函数,要求包含 time.h	
strtod	double strtod(char * str, char * * endptr); 将字符串转换为 double 型值	返回运算结果
strtol	long strtol(char * str, char * * endptr, int base); 将串转换为长整数	返回运算结果
system	int system(char * command) 发出一个 DOS 命令	例如:system("cls");清屏
window	void window(int left, int top, int right, int bottom) 定义活动文本模式窗口	(left, top)、(right, bottom)分别为窗口左上角和右下角坐标

上面的函数说明包含在头文件中,主要的头文件如表 B.6 所示。

表 B.6 主要的头文件

头文件	说明	函数举例
alloc.h	内存管理函数	malloc、calloc
conio.h	说明调用 DOS 控制台 I/O 子程序的函数	clrscr
ctype.h	字符类及其转换函数	isalpha、isdigit、isprint
dir.h	目录和路径类操作函数	mkdir、chdir、rmdir
float.h	关于浮点运算类的函数	_fpreset87
graphics.h	图形功能函数	circle、bar
io.h	低级 I/O 子程序	creat、close、read、write
math.h	数学运算函数	sin、cos、exp、fabs
mem.h	内存操作函数	memcpy、memchr
process.h	进程管理函数	execl、exit、abort
stdio.h	标准 I/O 子程序	printf、scanf、fopen、feof
stdlib.h	常用子程序,包括转换、排序、搜索等	atof、ltoa、strtod
string.h	串操作及相关内存操作函数	strlen、strchr、strcat、strcmp
time.h	时间类函数	clock、time

参考文献

［1］丁亚涛.C 语言程序设计教程［M］.3 版.北京:高等教育出版社,2014.

［2］Yung Hsiang Lu.C 语言程序设计进阶教程［M］.北京:机械工业出版社,2017.

郑重声明

高等教育出版社依法对本书享有专有出版权。任何未经许可的复制、销售行为均违反《中华人民共和国著作权法》,其行为人将承担相应的民事责任和行政责任;构成犯罪的,将被依法追究刑事责任。为了维护市场秩序,保护读者的合法权益,避免读者误用盗版书造成不良后果,我社将配合行政执法部门和司法机关对违法犯罪的单位和个人进行严厉打击。社会各界人士如发现上述侵权行为,希望及时举报,本社将奖励举报有功人员。

反盗版举报电话　(010)58581999　58582371　58582488

反盗版举报传真　(010)82086060

反盗版举报邮箱　dd@hep.com.cn

通信地址　北京市西城区德外大街4号

　　　　　高等教育出版社法律事务与版权管理部

邮政编码　100120

防伪查询说明

用户购书后刮开封底防伪涂层,利用手机微信等软件扫描二维码,会跳转至防伪查询网页,获得所购图书详细信息。也可将防伪二维码下的20位密码按从左到右、从上到下的顺序发送短信至106695881280,免费查询所购图书真伪。

反盗版短信举报

编辑短信"JB,图书名称,出版社,购买地点"发送至10669588128

防伪客服电话

(010)58582300